Christian Kern

Anwendung von RFID-Systemen

Christian Kern

Anwendung von RFID-Systemen

2., verbesserte Auflage

Mit 164 Abbildungen und 24 Tabellen

Dr. agr. Christian Kern
InfoMedis AG
Brünigstraße 25
6055 Alpnach-Dorf
Schweiz
Christian.kern@rfid-application.org

Website zum Buch: www.rfid-application.org

Einbandbild: Unter Verwendung von Bildmaterial der Firma UPM-Rafsec Oy, Finnland

Bibliografische Information der Deutschen Nationalbibliothek
Die Deutsche Bibliothek verzeichnet diese Publikation in der Deutschen Nationalbibliografie; detaillierte bibliografische Daten sind im Internet über http://dnb.d-nb.de abrufbar.

ISBN-10 3-540-44477-7 Springer Berlin Heidelberg New York
ISBN-13 978-3-540-44477-0 Springer Berlin Heidelberg New York
ISBN-10 3-540-27725-0 1. Aufl. Springer Berlin Heidelberg New York

Springer ist ein Unternehmen von Springer Science+Business Media

springer.de

Satz: Digitale Druckvorlage des Autors
Herstellung: LE-TEX Jelonek, Schmidt & Vöckler GbR, Leipzig
Einbandgestaltung: medionet AG, Berlin

Gedruckt auf säurefreiem Papier 68/3100/YL – 5 4 3 2 1 0

Vorwort

Radiofrequenzidentifikation (RFID) ist ein äußerst spannendes und aktuelles Thema. Es gibt kaum jemanden, auch wenn er nur wenig technisches Verständnis mitbringt, der nicht bei der ersten Berührung mit dieser Technologie von ihren Möglichkeiten überrascht wäre – und der nicht sofort anfinge über Anwendungen in seinem Umfeld nachzudenken. Das vorliegende Buch soll die Fantasie unterstützen und helfen, Realitäten entstehen zu lassen. Es richtet sich an Projektleiter, Systemanbieter, Studenten, Wissenschaftler und Endanwender.

Meine Sicht ist die eines Theoretikers und Praktikers zugleich. Ich gehe stets von den Anforderungen der Anwendung aus und versuche, diese mit der heute möglichen Leistung von RFID-Systemen zu vereinen. Es ist nicht die Sicht eines Chipdesigners oder Hochfrequenzexperten. Das Buch soll auch eine gesunde Portion Skepsis erzeugen gegenüber manchen Großprojekten, in die viel Energie und vor allem Geld gesteckt wurde. Rückblickend wäre bei sorgfältigem Durchdenken häufig vorher schon klar gewesen, dass ein Projekt aus technischen Gründen scheitern musste. Oft gibt es aber kein Zurück mehr, wenn sich mehrere Leute einer Sache verschrieben haben; es wird dann mit ungenügenden Informationen gearbeitet und Projekte werden weitergeführt, obwohl sie hätten neu konzipiert oder verworfen werden müssen.

Es gibt heute bereits viel Grundlagenwissen zu RFID – keiner muss noch in die Entwicklung investieren, um eine erste rudimentäre Testinstallation zu machen. Trotzdem sind viele Anwender zögerlich bei der Einführung eines RFID-Systems, da ihnen häufig Neuentwicklungen und vor allem kostengünstigere Produkte (vor allem von neu in den Markt drängenden Anbietern) versprochen werden. Als Beispiel seien hier die gedruckten Schaltungen genannt, die vielleicht in fünf Jahren die Silizium-Chips auf dem Transponder ablösen könnten. An den Prinzipien der möglichen Anwendungen, insbesondere der Ausbreitungscharakteristik von Radiowellen, wird sich jedoch kaum etwas ändern. Die Tieridentifikation, die Wegfahrsperre in Automobilen, die Selbstverbuchung in Bibliotheken und viele andere Anwendungen haben bewiesen, dass RFID-Systeme erfolgreich und gewinnbringend eingesetzt werden können, ohne dass auf die neueste oder nächste Generation von Chips gewartet werden müsste. Viel wichtiger ist es, bereits jetzt die richtige Infrastruktur (IT-System) aufzubauen und eine Kompatibilität zum Folgesystem über Standards sicherzustellen.

Die Anzahl der Presseberichte zu RFID nimmt momentan exponentiell zu. Es sind außerdem sehr viele Informationen im Internet vorhanden und es steckt viel Know-how in den Firmen, die sich seit vielen Jahren mit der Technologie befasst haben. Was es allerdings kaum gibt, sind – etwas salopp formuliert - Kochrezepte für Anwendungen. Die bisherigen Berichte zeigen immer, wie gut das Resultat ist, aber sehr selten wird der konkrete Weg zu diesen Ergebnissen beschrieben. Dieses Buch soll im übertragenen Sinne ein paar Rezepte bereitstellen und zu neuen Gerichten inspirieren. Das Quäntchen Salz und Pfeffer muss der Leser selber einbringen.

Eines wird das vorliegende Buch nicht leisten können: die physikalischen Grundlagen und die Messtechnik ausführlich zu erklären. Zwar gibt es viele Modelle und Formeln, aber sie auf die praktische Ebene herunter zu brechen, Labor- und Praxistests entsprechend ihrer notwenigen Genauigkeit zu definieren, würde den Rahmen dieser Arbeit bei weitem sprengen. Der Techniker wird am ehesten in Kapitel 4 angesprochen – und wer noch weiter eindringen möchte, sei auf das RFID-Handbuch von Klaus Finkenzeller verwiesen, von dem ohnehin einige Abbildungen übernommen wurden.

An dieser Stelle möchte ich mich sehr herzlich bei den zahlreichen Firmen und Instituten bedanken, die mit ihrem Material und oft auch persönlicher Hilfe zum Gelingen des Buches beigetragen haben. Ganz besonders möchte ich drei Personen danken: meiner Lebenspartnerin Simona Gambini und zwei Freunden, Michael Matthes und Kostas Aslanidis. Alle drei haben viel Arbeit in das Werk gesteckt, in die Korrektur, das Layout und die fachliche Überprüfung.

Christian Kern, Zürich, im Sommer 2006

Ein Hinweis: Im Umschlag des Buches befinden sich zwei RFID-Etiketten (Chiphersteller Philips Semiconductors, Graz; Assembly und Finishing: Smartag, Singapore). Das erste entspricht denjenigen Etiketten, die auch in Büchern verwendet werden (HF-Etikett). Das Zweite ist ein UHF-Etikett aus dem Logistikbereich. Es ist das erste Buch, das bereits ab Verlag einen Chip enthält, der später in der Bibliothek direkt zum Ausleihen verwendet werden kann.

Inhaltsverzeichnis

Abbildungsverzeichnis

Tabellenverzeichnis

1 Einleitung

RFID (Radio-Frequenz-Identifikation) ist eine Technologie, die zur Kennzeichnung von Gegenständen, Tieren und Personen verwendet wird. Ein RFID-System besteht aus einem Lesegerät und einem Transponder. Beide enthalten eine integrierte Schaltung (Chip) und eine Antenne, über die sie durch Radiowellen miteinander kommunizieren. RFID-Systeme gehören zu den Auto-ID-Systemen, welche ein Objekt automatisch identifizieren, oder mit anderen Worten maschinenlesbar machen. Der bekannteste Vertreter der Auto-ID-Systeme ist der Barcode, der heute fast auf jeder verkauften Ware zu finden ist. Die RFID-Technologie birgt diesem gegenüber ein enormes zusätzliches Nutzenpotential, weil sie noch weniger als bei bisher bekannten Auto-ID-Systemen der menschlichen Intervention bedarf. Ein zu identifizierendes Objekt muss zum Scannen/Einlesen nicht mehr in eine bestimmte Position (Sichtkontakt) zu einem Laserstrahl gebracht oder aus einer Kiste ausgepackt werden. Die Radiowellen können Verpackungen durchleuchten, dabei mehrere Objekte gleichzeitig erkennen und zusätzlich auf dem Chip am Objekt weitere Daten ablegen. Durch diese Eigenschaften wird der bisherige Medienbruch zwischen der Objekt- und Informationsebene sehr stark verringert (Abb. 1-1 [22]), stellenweise sogar aufgehoben. Fleisch [23] definiert den Medienbruch wie folgt: „Ein Medienbruch ist vergleichbar mit einem fehlenden Glied einer digitalen Informationskette und ist Mitursache für Langsamkeit, Intransparenz, Fehleranfälligkeit etc. inner- und überbetrieblicher Prozesse“[1].

[1] In: Mattern et al, 2003, S. 144

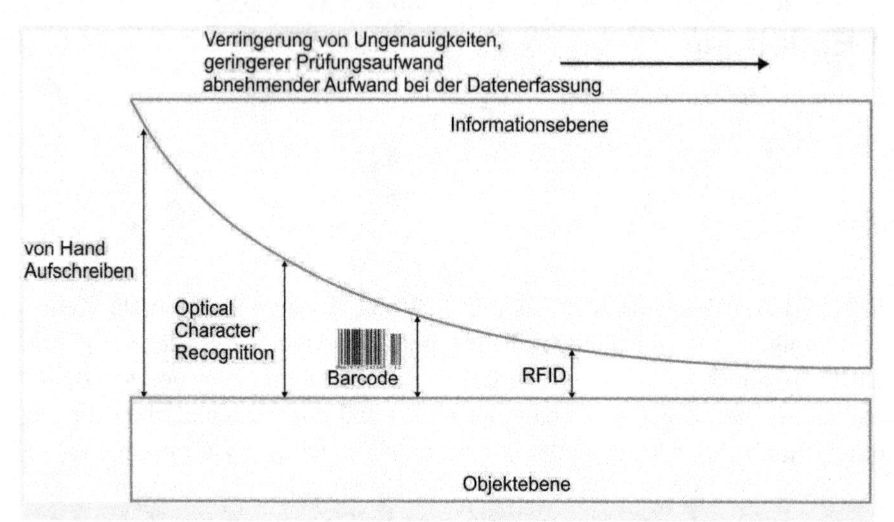

Abb. 1-1. RFID zwischen der Objekt- und Informationsebene (in Anlehnung an Fleisch et al [22])

RFID wird sich vermutlich in den kommenden Jahren in der Wirtschaft – durch das Schließen der Lücke zwischen Objekt- und Informationsebene – ähnlich stark auswirken wie die Einführung des Computers auf die Informationsverarbeitung. Heute übernimmt RFID häufig noch die Funktion des Barcodes zur einfachen Identifikation von Gegenständen in Prozessen, morgen bietet RFID jedoch die Möglichkeit, die Gegenstände intelligent werden und sie direkt untereinander kommunizieren zu lassen. Bekannt ist das Beispiel des intelligenten Kühlschranks: er kommuniziert über RFID mit den Lebensmitteln, weiß welche ihm entnommen wurden und kann, wenn eines aufgebraucht ist, genau dieses online nachbestellen. Mattern et al. (2003) sehen RFID als einen ganz wesentlichen Teil einer Welt, in der die klassischen Personal Computer verschwinden, neue Computer in immer kleinerer Form in vielen Gegenständen des Alltags auftauchen (zum Beispiel in der Kleidung) und so ein Internet der Dinge entsteht.

Sicherlich ist der Weg bis dorthin noch weit, aber die Entwicklungstendenz hin zum ubiquitous computing ist deutlich sichtbar. Für RFID eröffnen sich bereits heute fast unbegrenzte Anwendungsmöglichkeiten in der Logistik, der Zutrittskontrolle, der Optimierung innerbetrieblicher Abläufe, usw. Da in einem solchen Szenario theoretisch alle Gegenstände gekennzeichnet werden können, sind die Prognosen für den Absatz von benötigten Chips nach oben offen. Zumindest sind die Prognosen für die Marktentwicklung in Europa sehr positiv (Abb. 1-2 [73]).

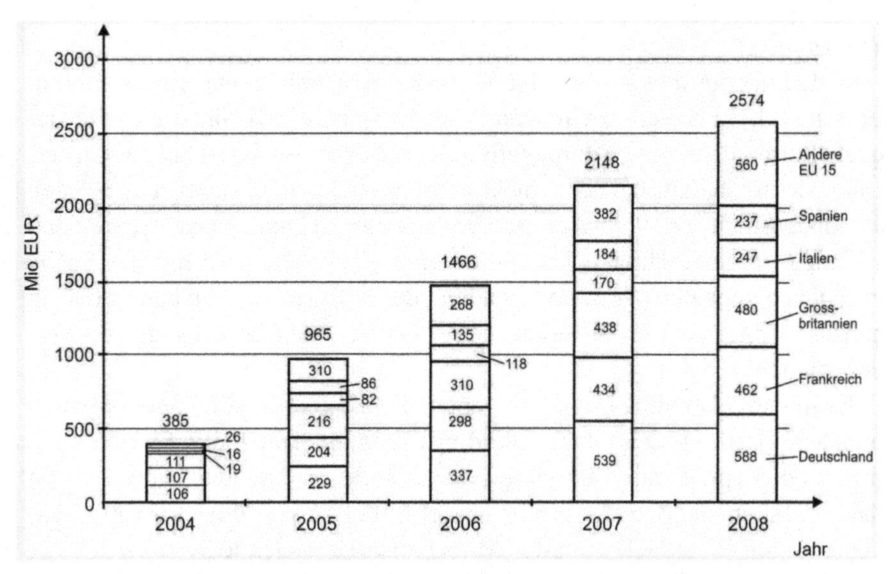

Abb. 1-2. Entwicklung Gesamtmarkt für RFID in Europa (Soreon, 2004 [73])

Die RFID-Technologie ist seit ihrer ersten breiteren Verwendung vor ca. 15 Jahren keine ganz junge Technologie mehr; wohl aber eine, die offensichtlich eine lange Reifezeit benötigt, um sich die vielen denkbaren Anwendungen zu erschließen. In den zurückliegenden Jahren wurden zahlreiche Tests zum praktischen Einsatz von RFID durchgeführt, zum Beispiel in der Airline Industrie, der Tierkennzeichnung und der Behälterkennzeichnung. Dabei zeigte sich, dass, sobald eine neue RFID-Anwendung ausgewählt und verfolgt wurde, oftmals ähnliche technische und ökonomische Fragen auftraten. Aufgrund der Vielfalt der Ergebnisse fällt es aber demjenigen, der neu mit RFID konfrontiert ist schwer, die bisherigen Erfahrungen zu bewerten, Allgemeingültigkeiten herauszuarbeiten und diese auf seine neue Applikation zu übertragen. Es ist auch typisch für die Einführung einer neuen Technologie, dass in der frühen Phase über das Ziel hinausgeschossen wird, sowohl in der Einschätzung des Nutzens als auch der Risiken. Die derzeitige Diskussion über den Datenschutz (können mit RFID unbeabsichtigt Verhaltensprofile von Konsumenten erstellt werden? [54]) ist für die ungenügende Einschätzung von Risiken ein gutes Beispiel.

Vielleicht liegt es an der ungleichen Verteilung des Wissens, vielleicht auch daran, dass es nicht allgemeinverständlich aufbereitet wird. Der Techniker jedenfalls neigt zur Belehrung und Verzettelung in durchaus interessanten, aber unwesentlichen Details, der Verkäufer hingegen neigt zur Nichtbeachtung von technischen Grenzen, zum Vereinfachen und zum Überzeichnen der Chancen.

Zielsetzung

Dem Erfindergeist von Technikern, Verkäufern und Managern sind beim Einsatz von RFID kaum Grenzen gesetzt. Es ist *die* Technologie, mit der heute Rationalisierungen durchgeführt werden können. Es ist bei der Umsetzung wichtig, bereits bei der Projektidee die Machbarkeit richtig einschätzen zu können, sich vor allem aber das Umhertasten im Dunkeln zu ersparen und wichtige von unwichtigen Dingen unterscheiden. Oft wird mit der Suche nach den geeigneten Chips und Readern, der Software etc. ein halbes bis ein ganzes Jahr vertan, obwohl auf bewährte Systeme hätte zurückgegriffen werden können.

Es scheint also allen Grund zu geben, die Thematik RFID aufzuarbeiten und detailliert zu beschreiben. Allerdings kann niemand mehr die vielen aus dem Boden sprießenden Berichte zusammenfassen und analysieren. Es ist daher geboten, die Betrachtung der Systeme und Anwendungen einzuschränken und sich auf aktuelle, auf den Massenmarkt abzielende Systeme zu konzentrieren. Daher treten in diesem Buch die kontaktlosen Kartensysteme mit hoher Rechen- und Speicherleistung in den Hintergrund. Der Markt für diese Karten ist weitgehend mit sehr guten Produkten abgedeckt. Eine weitere Einschränkung des Themas ist bei den physikalischen Grundlagen möglich: sie sind nur insofern für den Anwender interessant, als er die Möglichkeiten und Grenzen der Technologie in der Praxis verstehen soll. Von grosser Bedeutung sind diese Grundlagen erst dann, wenn der Entwickler die Messtechnik braucht.

Für den Anwender ist folgender Zusammenhang von besonderer Bedeutung, der im Zentrum des vorliegenden Buches stehen soll: der Erfolg und die Zuverlässigkeit eines Lese- oder Programmiervorganges ist abhängig von bestimmten Umweltbedingungen. Radiowellen haben eine Ausbreitungscharakteristik, die wiederum mit mehr oder weniger aufwändigen Antennenkonstellationen beeinflusst werden kann. Erst wenn eine ausreichende Lese- und Programmiersicherheit gegeben ist, lohnt es sich, die Verwendung eines RFID Systems in Betracht zu ziehen.

Die Ziele sind im Einzelnen:

- Es gibt eine Vielzahl von Auto-ID-Systemen, mit denen sich RFID messen muss. Eine **Übersicht zu ausgewählten Auto-ID-Systemen** und zur Entwicklung von RFID-Systemen soll bei der grundsätzlichen Diskussion und Auswahl eines Auto-ID-Systems helfen.
- Anwender, Verkäufer und Techniker sollen sich auf einer Plattform treffen und Anwendungsmöglichkeiten diskutieren können. Daher gilt es, die bis-

herigen **technischen Informationen gut verständlich aufzubereiten** und die Einflussfaktoren auf den Leseerfolg des RFID-Lesers ausführlich darzulegen. Dies erfolgt in einem ersten technischen Teil.

- Die Zahl der Anwendungen ist inzwischen recht groß. Es werden eine ganze Reihe von heutigen **Anwendungen in einer Übersicht** dargestellt. Drei Anwendungen, die heute gut etabliert sind, und zwar die Tierkennzeichnung, die Organisation von Bibliotheken und die Kontrolle der Supply Chain werden detaillierter betrachtet. Einige weitere Anwendungen (Kliniken, Personenerkennung etc.) werden weniger ausführlich beschrieben.
- Eine systematische Übersicht zeigt, an welchen Stellen RFID über- und innerbetrieblich eingesetzt werden kann. Welches sind die **am besten geeigneten Systeme** für welche Anwendungen? An welchen Stellen ist besonders auf eine Kompatibilität der Transponder (RFID-Etiketten) zu achten?
- Es werden Erläuterungen zu **Standards und zu technischen Neuentwicklungen** wie Near Field Communication gegeben. Weitere für den Anwender interesante Punkte betreffen die RFID-Middleware, die Herstellung von Transpondern sowie die Diskussion um den Datenschutz. Eine allgemeine Einschätzung der Marktentwicklung schliesst die Betrachtungen ab.
- Im Anhang wird eine **Liste von Organisationen und Firmen** aufgeführt, die dem Einsteiger zuverlässige weitere Informationsquellen aufzeigen soll. Zwar kann heute jeder in eine Suchmaschine RFID eingeben, aber die Treffer sind nur noch wenig spezifisch und ungeordnet. Die Auswahl in der Liste ist, angesichts der Zahl neu in den Markt drängender RFID-Firmen unvollständig, aber sie ermöglicht eine erste Orientierung.

2 Kurze Entwicklungsgeschichte der Radio-Frequenz-Identifikation

Die RFID-Technologie wurde erstmals während des zweiten Weltkriegs bei Flugzeugen zur Freund-Feinderkennung eingesetzt [1]. Vor gut 25 Jahren wurde die Technologie für die Identifikation von Wildtieren und landwirtschaftlichen Nutztieren weiterentwickelt ([3, 7, 24] Abb. 2-1). Im nächsten Schritt entdeckten die Halbleiterfirmen (Texas Instruments, Philips Semiconductors und andere) die flächendeckende Tierkennzeichnung als potentiellen Markt und widmeten sich der Miniaturisierung der Schaltungen für die Integration in Transponder.

Ab etwa 1990 begann die eigentliche Entwicklung moderner RFID-Systeme. Die bis dato noch großen passiven (batterielosen) Transponder (etwa 8 x 2 x 2 cm) wurden bei etwa gleicher Lesereichweite von 35 cm auf Abmessungen von ca. 30 x 2 mm Durchmesser verkleinert (Glasröhrchen, Kap. 4.9.1). Mit diesem Entwicklungsschritt war auch eine wesentliche Reduktion der Preise in der Größenordnung von 30 auf 3 EUR möglich. Es wurden neben der Tierkennzeichnung für Rinder und Schweine, für Tauben und andere Kleintiere zahlreiche weitere Massenapplikationen erkannt: Die Wegfahrsperre im Auto, die Zutrittskontrolle zu Gebäuden, den Streckengebühren bei Fahrzeugen (Toll Collection) oder der Zeiterfassung bei Sportveranstaltungen. Die ursprüngliche Idee, allen Nutztieren einen Transponder zu injizieren, konnte zunächst nicht verwirklicht werden, da die technischen Schwierigkeiten der Anwendung in keiner Weise berücksichtigt wurden.

All diese passiven Transponder arbeiteten im LF-Bereich (Low Frequency < 135 kHz). Die parallel entwickelten aktiven Transponder (mit eigener Stromversorgung durch eine Batterie [16] und höherer Frequenz) fanden nur in Nischenmärkten Anwendung, da sie relativ groß und teuer waren und eine begrenzte Lebensdauer aufwiesen. Eine neue Generation von passiven Transpondern nutzte den HF-Bereich mit 13,56 MHz [30]. Mit dem Frequenzwechsel ging eine Änderung der Bauweise und Eigenschaften einher. Von nun an war es möglich, die Antennen zusammen mit dem Chip in ein flaches Etikett zu laminieren. Durch die Entwicklung von Antikollisions-Algorithmen konnten mehrere Transponder angesprochen werden und schließlich wurden die Speicher dieser RFID-Etiketten erweitert und programmierbar. Die Lesereichweite der Etiketten war für den Benutzer wiederum vergleichbar mit derjenigen der ersten LF-Transponder in den Glasröhrchen. Es eröffneten sich jedoch für diese RFID-Etiketten im HF-Bereich vollkommen neue Anwendungsgebiete, da sie ebenso wie Barcodeetiketten auf jegliche (nicht-metallische) Gegenstände geklebt werden konnten.

Erste Interessenten für diese Etiketten waren Paketdienste und Fluglinien [39, 40]. Versuche mit dem Deutschen Paketdienst (DPD) zur Kennzeichnung von Paketen und British Airways zur Kennzeichnung von Fluggepäck zeigten, dass die Technologie durchaus ihre erste Bewährungsprobe bestanden hatte [43]. Die Leseraten lagen auch nach mehrmaliger Benutzung nahe 100 % und waren damit deutlich zuverlässiger als diejenigen der Barcodes.

Einer breiten Einführung standen gewichtige Argumente entgegen: fehlende Standards für die Kompatibilität der Chips, zu wenig Nutzungsmöglichkeiten in offenen Systemen (bei denen der Transponder pro Station nur einmal genutzt und dann am Ende der Kette weggeworfen wird, Einweg-Transponder), fehlende Software zur Anbindung an bestehende Verwaltungssysteme (ERP), sowie zu hohe Preise pro Transponder. Die Standardisierung war eine der wichtigsten Forderungen der Kunden, da bei den zu erwartenden hohen Stückzahlen (damals im oberen zweistelligen Millionenbereich) bereits eine Mehrlieferanten-Strategie erforderlich war. Dies war mit ein Hauptgrund für die Entwicklung verschiedener ISO Standards zur Definition der Luftschnittstelle zwischen Transponder und Lesegerät. Auch die IATA (International Air Transport Association) befasste sich intensiv mit der Thematik und empfahl die Frequenz von 13,56 MHz als am besten geeignet für die Erkennung von Fluggepäck [27]. Bezüglich der Preise wurde erwartet, dass mit zunehmenden Stückzahlen auch die Kosten für die RFID-Etiketten auf insgesamt ca. 0,15 EUR zurückgehen würden. Weitere Versuche wurden zur Einführung von RFID zur Fluggepäckkennzeichnung durchgeführt. Ein flächendeckender Einsatz ist bis heute jedoch ausgeblieben, ähnliches gilt für die Paketdienste.

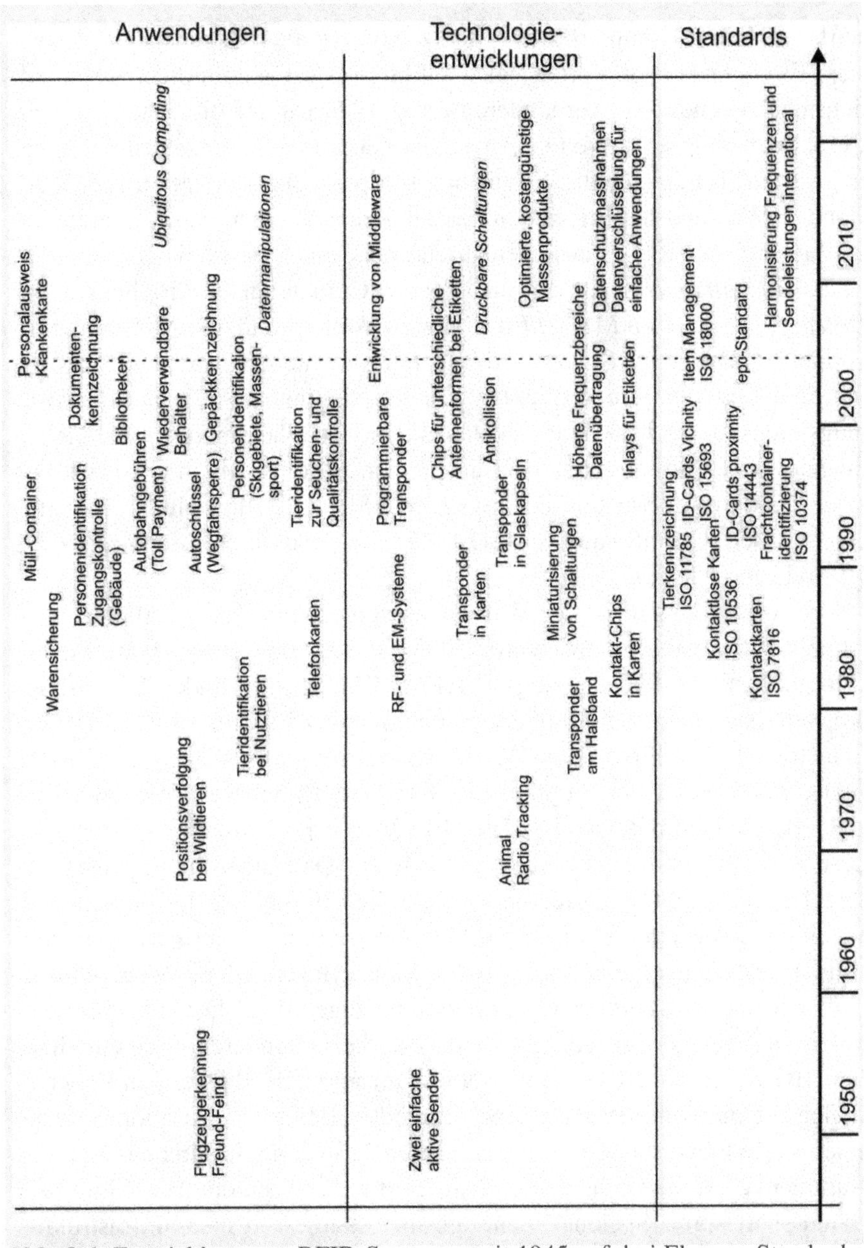

Abb. 2-1. Entwicklung von RFID-Systemen seit 1945 auf drei Ebenen: Standards, Technik und Anwendung

Bezüglich Smart Cards, die eng mit den Transpondern verwandt sind, vollzog sich eine wesentlich heterogenere Entwicklung. Sie waren nie so stark auf den Massenmarkt (die Kennzeichnung aller Gegenstände) fokussiert. Es waren bei den Karten stets vielfältige Lösungen für die unterschiedlichsten Anwendungen vorhanden. Bereits 1984 wurden die ersten Telefon-Chipkarten eingesetzt. Weitere Anwendungen waren die Bezahlfunktion mit EC-Karten, Karten für die Krankenkassen oder die Chipkarten für GSM-Handys. Während die Prioritäten bei der Kennzeichnung von (mehrere cm bis 1 m entfernten) Gegenständen durch Transponder eher bei der *Lesereichweite und Antikollision* lagen, stand bei den Chipkarten die Möglichkeit zur *Datenspeicherung und Verschlüsselung* im Vordergrund, um Missbrauch zu vermeiden. Die ersten Smart Cards nutzten zur Datenübertragung Chips, die mit dem Lesegerät einen direkten Kontakt eingingen. Aufgrund der Wartungsintensität der Leser entwickelten sich jedoch die Smart Cards in Richtung der kontaktlos arbeitenden Transponder. Für diese Smart Cards wurden zwei Standards entwickelt, der ISO 15693 Standard für vicinity cards (bis 30 cm Lesereichweite) und der ISO 14443 Standard für proximity cards (bis 10 cm Lesereichweite).

Für Anwendungen in der Warenhauslogistik und deren Zulieferungen (supply chain management) wurde 1998 ein Auto-ID-Center [9] am Massachusetts Institute of Technology (MIT) in Chicago gegründet. Die Gruppe arbeitete das Thema sehr umfassend und in enger Zusammenarbeit mit der Industrie auf (mit Firmen wie Wal-Mart, Metro, Marks & Spencer, Gillette, Benetton). Das Center empfahl die Verwendung höherer Frequenzen im UHF-Bereich (zum Beispiel 868 und 915 MHz), die deutliche Vorteile in der Lesereichweite und der Lesegeschwindigkeit (Datenübertragungsrate) versprachen (s. Kap. 6.3). Außerdem wurde die Limitierung des Speichers in Verbindung mit einer eindeutigen Nummer angeregt. Diese wird als epc-Nummer bezeichnet (electronic product code). Sie enthält nur wenige Informationen und wird benutzt, um dem Produkt zugeordnete Daten in einer zentralen Datenbank abrufen zu können. Starke Unterstützung erfuhr diese Initiative durch die UCC- und EAN-Organisation, den bisherigen Vergabestellen für die Nummernkreise bei Barcodes. Beide Organisationen sehen einen wesentlichen neuen Aufgabenbereich darin, eine zu Barcodes ähnliche Nummer zu vergeben, die zentral registriert ist. Die zentrale Verwaltung der Daten spart somit Speicher, benötigt aber stattdessen mehr Infrastruktur. Dieser Ansatz ermöglicht eine Einsparung von Kosten, indem günstigere Chips verwendet werden können. Ob diese Einsparung jedoch in Zukunft eintreten wird, ist abhängig davon, ob die eingesparten Kosten für Chips nicht teilweise wieder durch die erhöhten Kosten für die Infrastruktur (inklusive Verwaltungskosten und Gebühren) aufgehoben werden.

Inzwischen werden die epc-Etiketten in breitem Umfang für die Kennzeichnung von Paletten und Transportbehältern in der Zulieferindustrie der Warenhäuser eingesetzt. Dabei ist noch offen, ob und wie die Kennzeichnung hinunter auf die Ebene der Einzelgegenstände (item tagging) vordringt. Einerseits ist dies von der Preisentwicklung der Etiketten, andererseits von den technischen Eigenschaften der jeweiligen Frequenzen abhängig. Es zeichnet sich ab, dass die höheren Frequenzen (UHF) für die Kennzeichnung von Einzelteilen in den Behältern nur bedingt geeignet sind und hierfür eher Transponder auf Basis von 13,56 MHz eingesetzt werden müssen (s. Kap. 6.3, [70], Eigenschaften der Radiowellen).

RFID ist ein Teil der Telekommunikation. Allerdings ist es keine Kommunikation zwischen Personen, sondern die Massenkommunikation von Gegenständen untereinander. Wann und in welchem Ausmaß die Computer vom Tisch verschwinden und in die Gebrauchsgegenstände (Kleider etc.) integriert werden, ist noch offen [58].

Entsprechend dem heutigen Stand der Entwicklung sollte der Name RFID bereits angepasst werden, denn es ist heute nicht nur eine Identifikationsnummer die vom Transponder gesendet wird, sondern eine Kommunikation in zwei Richtungen zwischen Transponder und Lesegerät, bei der Datenpakete ausgetauscht werden. Der Name RFID sollte eventuell treffender zu RFDE – Radio Frequency Data Exchange – geändert werden.

3 Einordnung verschiedener Auto-ID-Systeme

Auto-ID bedeutet automatische Identifikation. Es gibt heute eine ganze Reihe solcher Systeme. Sie werden zur Identifikation von Objekten, Tieren und Personen eingesetzt. Die Auto-ID-Systeme konkurrieren untereinander in ihren Eigenschaften: Es gibt altbewährte und sehr kostengünstige Systeme für Massenanwendungen im Bereich Warenkennzeichnung, wie auch äußerst zuverlässige oder fälschungssichere Systeme zur Personenidentifikation.

Relativ neu in der Diskussion sind biometrische und bildverarbeitende Verfahren, die teilweise auch in Ergänzung mit RFID verwendet werden. Sie sind in den letzten Jahren wesentlich betriebssicherer geworden und finden vor allem im Sicherheitsbereich (Zutrittskontrolle, Geldtransaktionen, Passkontrolle etc.) Verwendung.

In jedem Falle ist es sinnvoll, RFID mit den weiteren Auto-ID-Systemen zu vergleichen und ihre spezifischen Vor- und Nachteile zu verstehen, um für eine bestimmte Applikation das oder die am besten geeigneten Systeme auszuwählen (Abb. 3-1). RFID ist sicherlich von allen die leistungsfähigste Technologie, die auch die breitesten Einsatzmöglichkeiten bietet. Aber sie kann auch nicht alles leisten; manchmal ist ein alternatives System in der gewünschten Anwendung einfacher zu implementieren, genauso effektiv oder einfach kostengünstiger.

	Alarm-auslösung	Identität	Maschinen-lesbarkeit	Zusatz-daten	Veränderung der Daten	Keine Sicht-verbindung	Mehrfach-erkennung	Fälschungs-sicherheit
EM/RF-Waren-sicherung	□		□			□	□	
Barcode		□	□	□				
OCR		□	□	□				
Finger-abdruck		□	□					□
DNA		□	Labor					□
RFID	□	□	□	□	□	□	□	□

Abb. 3-1. Ausgewählte Auto-ID-Systeme und deren wichtigste Eigenschaften im Vergleich (Mehrfacherkennung: bei RFID Antikollision; Fälschungssicherheit bei RFID variiert und ist u. a. von der Speicherkapazität des Chips abhängig)

Es sind durchaus noch weitere Systeme vorhanden (Lochstreifen etc.) oder sogar weitere Untergruppen zu addieren – allerdings spielen diese in der Praxis eine untergeordnete Rolle. In Tab. 3-1 werden einige Eigenschaften der am häufigsten eingesetzten Auto-ID-Systeme beschrieben. Für weitergehende Details wird auf die entsprechende Fachliteratur und Spezifikationen verwiesen [12, 20].

Tabelle 3-1. Verschiedene Auto-ID-Systeme im Vergleich

Auto-ID-System	Unter-gruppe	Lese-reich-weite	Gleichz. Anspre-chen (Anti-kollisi-on)	Daten-menge	Sicht-verbin dung	Program-mierbar-keit, Um-schreiben, zus. In-formation	Sicher-heit
Barco-de	Codabar EAN 2-dim. Barcode	Bis 50 cm	Nein	Bis 2k byte	Ja	Nein	Gering (einf. kopie-ren)
OCR	OCR	1 cm	Nein	Bis 100 byte	Ja	Nein	Gering (einf. Kopie-ren)
Mag-net-streifen	Magnet-streifen-karten	Direkter Kontakt	Nein		Direk-ter Kon-takt	Ja	Mittel
	Magnet-band	Direkter Kontakt					
Bio-metrie	Iris	Wenige cm	Nein	n.a., nur ID	Ja	Nein	
	Finger-abdruck	Direkter Kontakt	Nein	n.a., nur ID	Direk-ter Kon-takt		
	Sprache	Mehrere m möglich	Nein	n.a. nur ID	Nein		
	Bluttest	Labor-test	Nein	n.a. nur ID			Höchste Sicher-heit
	DNA	Labor-test	Nein	n.a. nur ID			Höchste Sicher-heit
Chip-karten	Spei-cherkarte		Nein				Hoch
	Mikro-prozesso rkarte		Nein				Hoch
RFID	RF		Ja				Mittel
	EM		Ja				Mittel
	RFID passiv	0,01 bis 2 m	Ja				Hoch
	RFID aktiv	Bis 20 m	Ja				Hoch
Opti-sche Daten-träger		Fast Kon-takt, Lauf-werk					Mittel

3.1 Barcode

Der Barcode ist sicherlich das am weitesten verbreitete Auto-ID-System. Die Etiketten befinden sich auf den meisten im Supermarkt erhältlichen Waren, auf Büchern in Bibliotheken, auf Ersatzteilen, auf Briefen etc. Barcodes können heute mit frei verfügbaren Computerprogrammen und auf Standarddruckern generiert werden, so dass nur noch die Druck- und Etikettenkosten anfallen.

Barcodes sind maschinenlesbar, indem ein Laserstrahl die Oberfläche abtastet, die Abfolge der Striche als Reflexion erkennt und diese in ein binäres Signal umwandelt. Es werden ein- und zweidimensionale Barcodes unterschieden, wobei letztere nochmals in Stapel- und Matrix-Codes unterteilt sind. Tabelle 3-2 zeigt die häufigsten Arten von Barcodes und ihre Anwendungsgebiete (Datalogic [12]).

Tabelle 3-2. Verschiedene Barcodearten und ihre Verwendung (nach Datalogic [12])

Codeart	Paketdienste	Konsumgüter	Bibliotheken	Elektronik	Stahl	Chemie	Medizin, Pharma	Spedition
2/5 Interleaved	X	X		X			X	X
Code 39	X		X	X	X	X		X
Code 128	X			X		X	X	X
Codabar			X				X	
EAN 128	X	X		X		X		X
EAN		X		X				X
Stapel-Codes							X	X
Matrix-Codes	X			X			X	X

Tabelle 3-3. Allgemeine Vor- und Nachteile von Barcodes

Vorteile	Nachteile
Sehr kostengünstig	Sichtverbindung erforderlich
Sicher in der Funktion	Neigungswinkel darf nicht zu groß sein
Einfach applizierbar	Scanner muss zumeist von Hand geführt werden (bzw. Objekt zum Scanner)
Meist ausreichende Datenmenge	Verschmutzung
	Druckqualität variiert
	Codierfläche und Dateninhalt sind begrenzt und nicht veränderbar
	Lesereichweite begrenzt
	Leicht kopierbar

Bei Barcodelesegeräten unterscheidet man zwischen zwei Funktionsprinzipien: der eigentlichen Abtastung durch einen Laserstrahl und der Bilderfassung durch eine Kamera. Das Lesegerät kann entweder ein handgeführter Stift, ein Handscanner oder ein fest installierter Scanner sein.

Unter den verschiedenen Arten von Barcodes ist der EAN-Code (Europäische Artikelnummerierung) besonders zu erwähnen, da dieser in der Zusammensetzung und der Vergabe der Datenfelder für den so genannten epc (electronic product code) bei RFID Pate gestanden hat (Abb. 3-2).

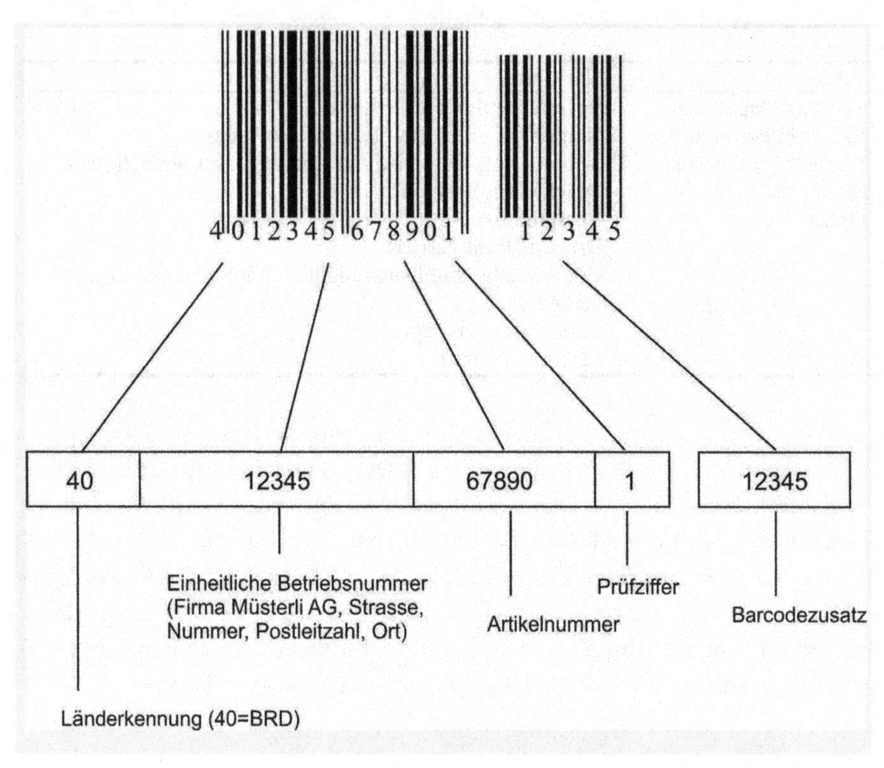

Abb. 3-2. EAN-Barcode (EAN-13)

3.2 Optical Character Recognition (OCR)

Die Klarschriftlesung (OCR) wurde bereits vor ca. 40 Jahren entwickelt. Sie bietet den Vorteil, dass die Ziffern nicht nur maschinenlesbar sondern auch visuell lesbar sind. Die Klarschriftlesung wird heute vorrangig im Finanzbereich eingesetzt, die Ziffern sind beispielsweise auf Überweisungsträgern vorhanden (Abb. 3-3). Während früher eine spezielle Schrift entwickelt wurde, die maschinenlesbar ist, wird heute daran gearbeitet, normale Schrift einzuscannen und in digitale Buchstaben umzuwandeln. Die traditionelle Klarschriftlesung wie auf Überweisungsträgern wird immer seltener genutzt.

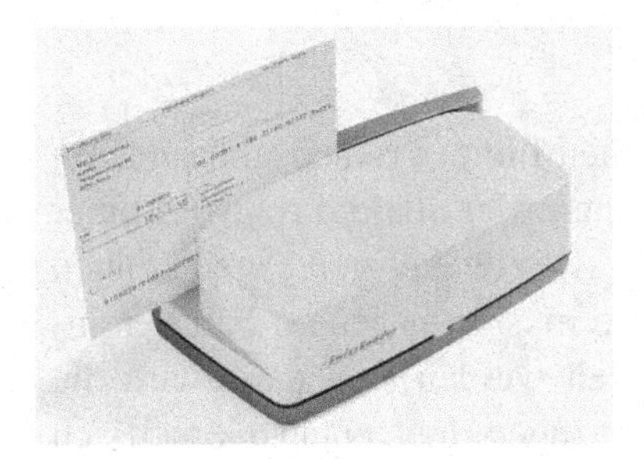

Abb. 3-3. OCR-Klarschriftleser mit Überweisungsschein (Dative Swiss Reader)

3.3 Magnetstreifen

Das Funktionsprinzip ist ähnlich dem eines Barcodelesers, nur dass nicht eine optische Abtastung erfolgt, sondern die Abfolge von Änderungen von magnetisierten Teilen auf einem Streifen in eine Nummer umgesetzt wird. Der Streifen wird an einem Leser sehr dicht (Kontakt) vorbeigezogen (Abb. 3-4).

Die Vorteile liegen darin, dass es sich um eine längst etablierte Technologie handelt, die fast überall sehr preisgünstig erhältlich ist. Die Daten können einfach überschrieben werden.

Nachteilig sind die mögliche Entmagnetisierung, die einfache Kopierbarkeit und stellenweise auch die geringe Funktionssicherheit. Trotzdem haben sich die Magnetkarten in vielen Bereichen etabliert, etwa in der Gebäudezutrittskontrolle (Hotelzimmer), auf Kreditkarten, Geldkarten und Bordkarten in Flughäfen.

Abb. 3-4. Magnetstreifenkarte und Zutrittskontrolle (Studentenwerk München)

3.4 Biometrische Verfahren

Ein erstes Unterscheidungsmerkmal zwischen biometrischen und anderen Auto-ID-Systemen ist, dass die biometrischen Merkmale direkt mit einer Person (oder einem Objekt) verbunden sind. Die zugehörigen Daten können fast einen beliebigen Umfang erreichen. Sie müssen in jedem Fall vereinfacht und in ein binäres Signal umgewandelt werden, erst dann wird die eigentliche Identität (der Name einer Person) zugeordnet. Nicht-biometrisch arbeitende Auto-ID-Systeme haben die Information (den Namen) direkt verfügbar, sie ist bereits auf dem Objekt lesbar und muss nicht erst umgewandelt werden. Als Beispiel für ein biometrisches System sei die Iris-Erkennung genannt: Ein Scanner kann zwar die Strukturen klar erkennen und sie von Millionen anderer unterscheiden. Für die eigentliche Identifikation des Personennamens braucht es aber immer noch eine Routine, welche die Merkmale verdichtet und ihnen einen Namen zuweist. Bei einem Barcodeetikett kann dieser Name direkt interpretiert werden.

Der Schwerpunkt liegt bei biometrischen Verfahren eindeutig auf Merkmalseindeutigkeit und Fälschungssicherheit, wo hingegen er bei den anderen Verfahren auf der schnellen und sicheren Lesbarkeit liegt. Die genauere Einordnung der Technologie ist sicherlich den Fachleuten der Sicherheitsbranche zu überlassen, aber es gibt zwischen beiden Bereichen Überlappungen, die neu zu definieren sind, da die Technologie sich auf beiden Seiten (RFID und Biometrie) in großen Schritten weiterentwickelt hat. Daher werden auch viele aktuelle Konferenzen zu traditionellen Sicherheitselementen neu mit RFID ergänzt. Wichtig erscheint die Feststellung, dass RFID durchaus eine Zwitterstellung zwischen den Sicherheitsanwendungen und der einfachen Identifikation zu Prozesszwecken einnimmt.

Abbildung 3-5 zeigt, dass innerhalb der biometrischen Verfahren der Fingerabdruck bei weitem führend ist, gefolgt von Gesichts-, Iris- und Handerkennung.

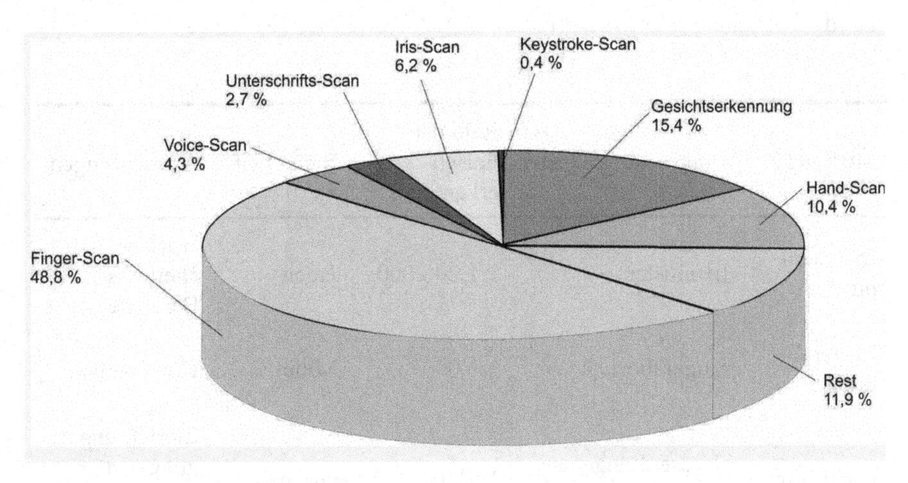

Abb. 3-5. Marktanteile verschiedener biometrischer Verfahren (uni-magdeburg)

Beim Vergleich der biometrischen Verfahren untereinander ist die Fehlersicherheit ein sehr wichtiges Kriterium. Tabelle 3-4 zeigt eine Einordnung der Methoden nach der Umsetzung in ein digitales, aufbereitetes Muster. Die Iriserkennung ist klar führend, gefolgt vom Fingerabdruck. Anzumerken ist, dass der Vergleich den Stand von 2001 wiedergibt und die biometrischen Verfahren einer starken Entwicklung unterliegen, so dass durchaus Verbesserungen und Verschiebungen in der Rangfolge auftreten können. Einige Verfahren sind nicht aufgeführt, obwohl sie zukünftig an Relevanz gewinnen könnten: der Hand-Scan und die Signaturerkennung, für landwirtschaftliche Nutztiere ist es der nose print.

Tabelle 3-4. Einordnung der biometrischen Identifikationsverfahren nach ihrer Erkennungssicherheit, Stand 2001 [2]

Methode	Umgesetztes Muster	Rate der Falsch-erkennung	Sicherheit	Anwendungen
Iriserken-nung	Irismuster	1/1,200,000	Hoch	Hochsi-cherheits-Bereiche
Fingerab-druck	Fingerabdruck	1/1,000	Mittel	Universell
Handform	Grösse, Länge und Dicke der Hände	1/700	Gering	Einrichtungen mit geringen Sicherheitsan-sprüchen
Gesichtser-kennung	Umriss, Form und Position von Augen und Nase	1/100	Gering	Einrichtungen mit geringen Sicherheitsan-sprüchen
Unterschrift	Form der Buchsta-ben, Reihenfolge der Worte, Druck des Stiftes	1/100	Gering	Einrichtungen mit geringen Sicherheitsan-sprüchen
Stimmer-kennung	Stimmenmerkmale	1/30	Gering	Telefonservice

3.4.1 Iriserkennung

Die Iriserkennung nutzt die sehr feinen und individuellen Unterschiede der Iris als Erkennungsmerkmale. Die Strukturen der Iris bleiben während des gesamten Menschenlebens unverändert. Über entsprechende Kameras kann die Iriserkennung bis zu einem Meter Distanz erfolgen [77]. Sie hat in den letzten Jahren an Verbreitung gewonnen, da sie eines der genauesten und zuverlässigsten biometrischen Erkennungsverfahren geworden ist. Zudem ist eine Fälschung sehr schwierig.

Aus der Aufnahme werden die signifikantesten Punkte in eine Art zweidimensionalen Barcode überführt (Abb. 3-6, Abb. 3-7, Abb. 3-8).

Abb. 3-6. Iris-Erkennungsgerät (www.cl.cam.ac.uk)

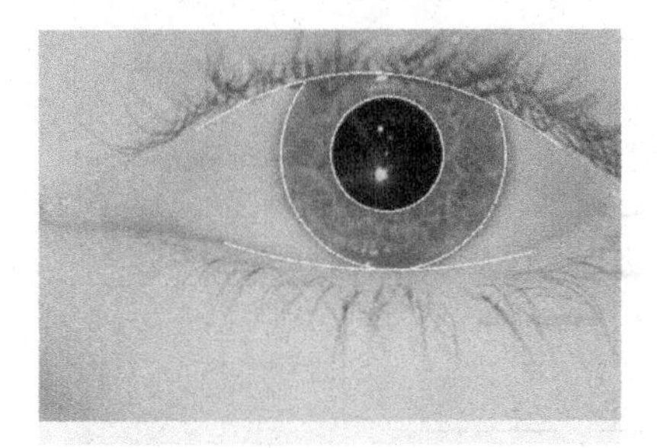

Abb. 3-7. Aufnahme der Irisstruktur (www.cl.cam.ac.uk)

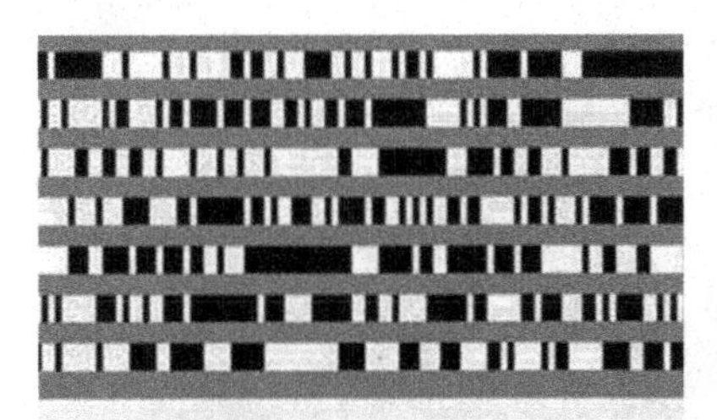

Abb. 3-8. Umsetzung des Iris-Scans (www.cl.cam.ac.uk)

Anwendungen der Iriserkennung sind heute in folgenden Bereichen zu finden: Hochsicherheit, Gebäudezutritt, Gerätebenutzung, Geldautomaten, Flughafen, als Zusatzelement zur Passkontrolle.

3.4.2 Fingerabdruck

Beim Fingerabdruck wird ein Bild der individuellen Erhöhungen der Hautoberfläche erstellt. Die Strukturen des Fingerabdrucks werden über Sensoren erfasst. Diese bestehen im Wesentlichen aus einer Halbleiterplatte und integrierten Antennen, welche die Erhebungen der Haut an jedem Punkt in elektrische Signale umwandelt und anschließend digitalisiert (Abb. 3-9, Abb. 3-10, Abb. 3-11). Neben der Erfassung der Oberfläche ist es auch möglich, die Strukturen unterhalb der oberen Hautschicht, d. h. im wachsenden Gewebe, zu erfassen [74]. Dadurch können Fehler durch Änderungen der obersten Hautschicht (Abrieb etc.) oder auch Fälschungsversuche vermieden werden. Die digitalisierten Strukturen werden mit Informationen in einer Datenbank abgeglichen und so die Identität der Person festgestellt.

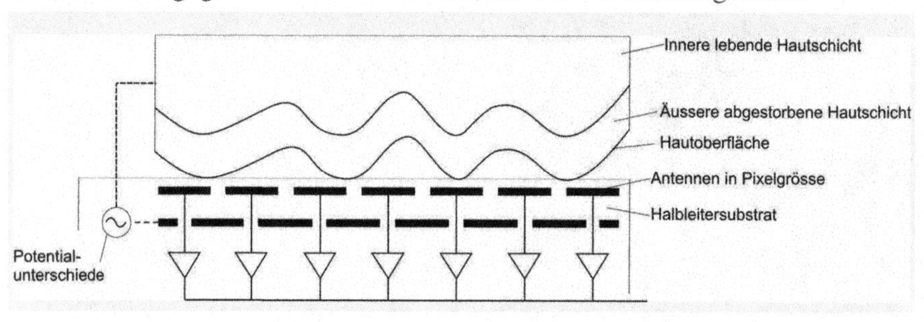

Abb. 3-9. Prinzip eines Fingerabdrucklesers, nach [74]

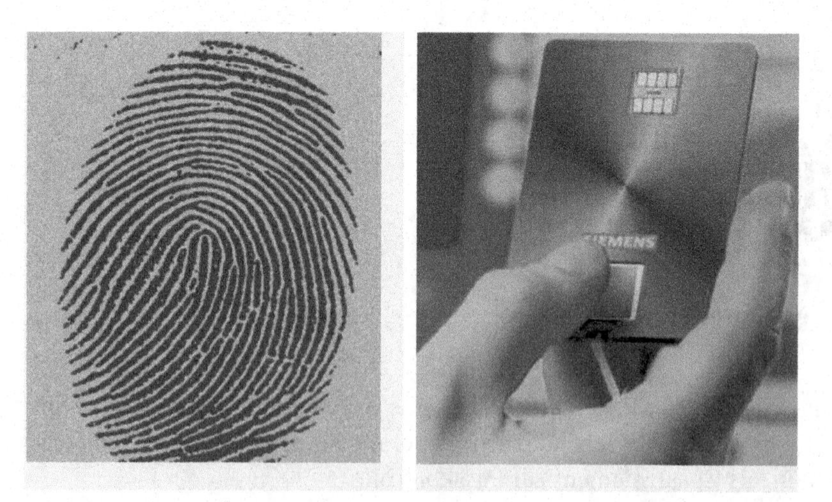

Abb. 3-10. Fingerabdruckmuster und Sensor zur Aufnahme (www.cs.ucsd.edu, Siemens)

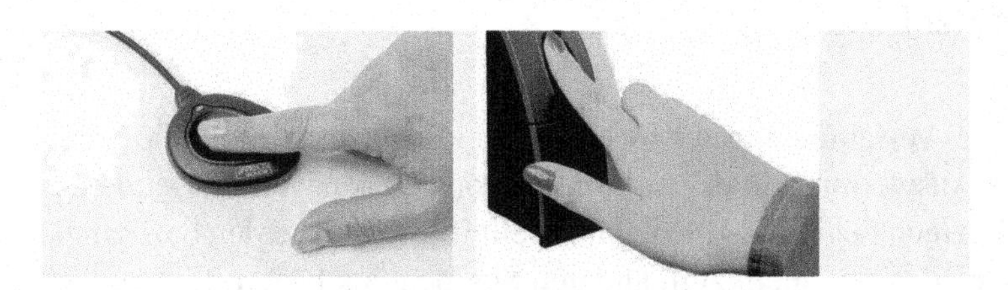

Abb. 3-11. Verschiedene Fingerabdruckleser (www.precisebiometrics.com)

Fingerabdrucksensoren werden inzwischen in einer ganzen Reihe von Anwendungen eingesetzt: Zugangskontrolle zu Gebäuden, Gerätebenutzung, Kassenautomaten, PDAs, Mobiltelefone, Kriminalistik etc.

3.4.3 Stimmerkennung

Stimmerkennung dient der Identifikation einer Person. Eine nächste Stufe ist die Spracherkennung, die die gesprochenen Worte so in digitale Signale umwandelt, dass sie direkt vom Computer in Schrift umgesetzt werden können. Abbildung 3-12 zeigt nach der Aufnahme über ein Mikrofon zwei Stufen: die ersten Signale in der Bildmitte können anhand von individuellen, für eine Person typischen Mustern für die Identifikation verwendet werden. In der zweiten Stufe (Abb. 3-12 unten) werden die Signale in Wörter umgesetzt. Die dabei ablaufenden Algorithmen sind um ein Vielfaches komplexer als bei der Stimmerkennung. Im unteren Rand ist dargestellt, wie die Sprachmuster zu einer Wortfolge zusammengesetzt werden. Die Entwicklung der Algorithmen ist noch nicht abgeschlossen.

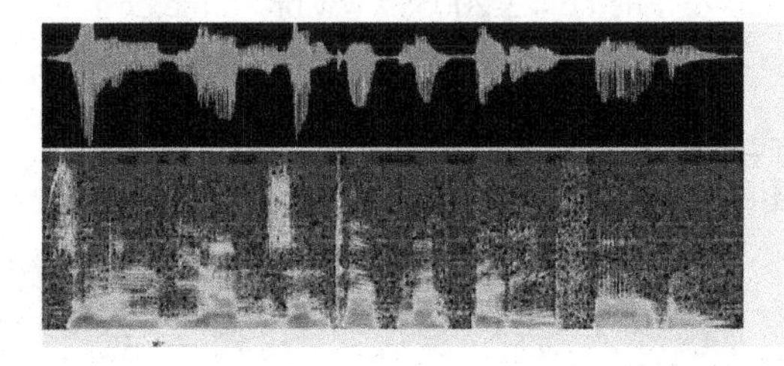

Abb. 3-12. Aufnahme und Umwandlung bei der Stimmerkennung und der Spracherkennung (Beispiel der RWTH-Aachen „Sollen wir am Sonntag nach Berlin fahren“)

3.4.4 Gesichtserkennung

Es werden zwei Verfahren angewendet: die zweidimensionale und die dreidimensionale Auswertung. In der zweidimensionalen Auswertung wird das Gesichtsbild in rechteckige Segmente unterteilt [8]. Diese werden bezüglich ihrer Unterschiede von einem zum anderen Segment analysiert. Es werden nur etwa 10 % der Segmente benötigt, um bereits eine ausreichende Zuverlässigkeit zu erhalten. Aktuelle Informationen verweisen darauf, dass mit diesem Verfahren auch Zwillinge unterschieden werden können. Die dreidimensionale Auswertung enthält, wie in Abb. 3-13 dargestellt, zusätzlich die räumliche Komponente.

Zu den Faktoren, welche bei der Gesichtsanalyse beachtet werden müssen, um als Resultat eine sichere Erkennung zu erhalten, zählen die Folgenden:
- Frontalfotografie
- Kein unscharfes Bild
- keine Über- oder Unterbelichtung
- keine Gesichtsteile (das Gesicht muss vollständig abgebildet sein)

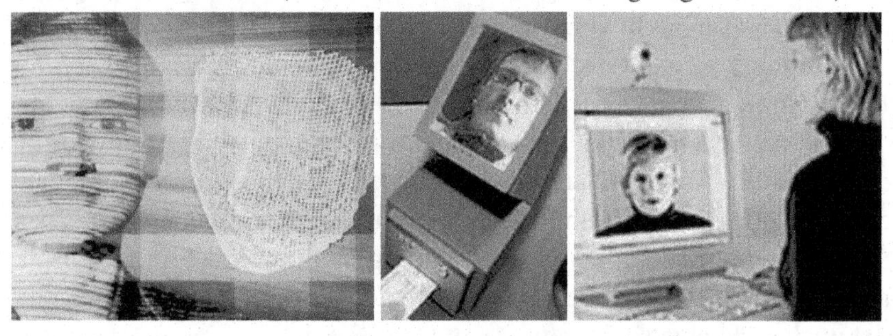

Abb. 3-13. Gesichtsbild, Umwandlung in 3D, digitale Information und Aufnahme (www.security-forum.at; www.heute.de/ZDFheute 4.3.2005; www.br-online.de)

Die Gesichtserkennung wird derzeit bei der Zutrittskontrolle zu Gebäuden, in Seehäfen und kleineren Flughäfen angewendet.

3.4.5 DNA-Analyse

Die DNA-Analyse ist heute das zuverlässigste biometrische Verfahren zur Identifikation von Lebewesen (Abb. 3-14). Es wurde in den zurückliegenden 15 Jahren wesentlich weiterentwickelt, so dass heute weitgehend automatisierte Analysemethoden angewendet werden können [17]. Zuerst wurde das Multi Locus Profiling (MLP)-Verfahren angewendet. Diese Methode erforderte relativ große DNA-Mengen. Anfang der 90er-Jahre wurde das Single Locus Profiling (SLP)-Verfahren angewendet, das auch unter dem Namen Restriction Fragment Length Polymorphism (RFLP) bekannt ist, eine geringere Probenmenge benötigt und gemischte Proben analysieren kann. Ein weiteres Folgesystem ist die Polymerase Chain Reaction (PCR). Das Analyseprinzip beruht auf der Extraktion der DNA, Elektrophorese und anschließender Separation der Fragmente nach dem Molekulargewicht. Die Proben werden denaturiert und durch ein Verfahren Southern Blotting auf eine Nylom-Membran übertragen. Nach weiteren Zwischenschritten wird die Probe auf Röntgenfilm abgebildet und kann digitalisiert werden.

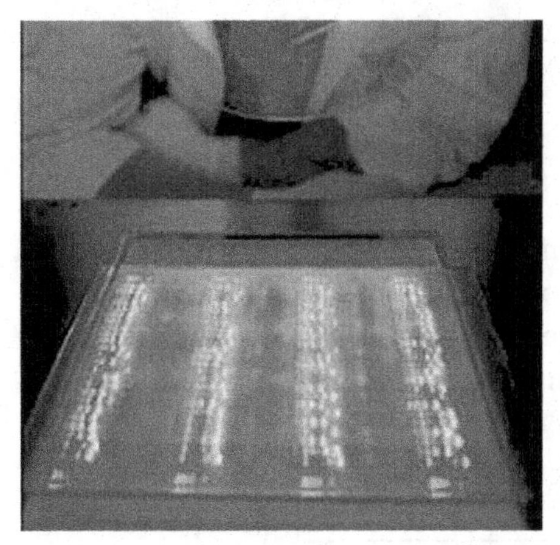

Abb. 3-14. DNA-Muster (http://caspar.bgsu.edu)

Die DNA-Analyse wird vorwiegend in der Kriminalistik, der Archäologie, für Vaterschaftstests und in der Tieridentifikation eingesetzt. Sie kann auch sehr effektiv mit RFID kombiniert werden, indem RFID für die schnelle und einfache Identifikation (zum Beispiel von Rennpferden vor dem Start über einen injizierten Transponder) verwendet wird, aber diese jederzeit über die DNA verifiziert werden kann.

3.5 Kontakt-Chipkarten

Chipkarten sind den Auto-ID-Systemen als eigene Gruppe zuzuordnen. Sie nutzen einen direkten galvanischen Kontakt zwischen Leser und Karte für die Datenübertragung. Sobald sie Radiowellen nutzen, sind sie der Untergruppe der RFID-Systeme zuzuordnen. Innerhalb der Chipkarten werden Speicherkarten und Prozessorkarten unterschieden. Chipkarten sind zumeist als ISO-Kunststoffkarten (in Kreditkartengrösse) erhältlich. Erste Beispiele dafür waren 1984 die Telefonkarten [20]. Ein wichtiger Vorteil gegenüber anderen Auto-ID-Systemen ist, dass die Daten nur vom Eigentümer genutzt werden können und durch Passwort oder PIN geschützt sind. Ihr wesentlicher Nachteil besteht darin, dass sie nicht vor Korrosion, Verschmutzung und Abnutzung geschützt sind. Zudem verursachen die Lesegeräte relativ hohe Wartungskosten im Vergleich zu kontaktlosen (RFID-) Systemen.

3.5.1 Speicherkarten

Abbildung 3-15 zeigt den prinzipiellen Aufbau einer Speicherkarte [20]: Sie enthalten einfache Sicherheitsfunktionen (Sicherheitslogik) über die auf einen Speicher (meist EEPROM) zugegriffen wird. Mit ihrer Funktionalität sind sie stets auf bestimmte Anwendungen zugeschnitten.

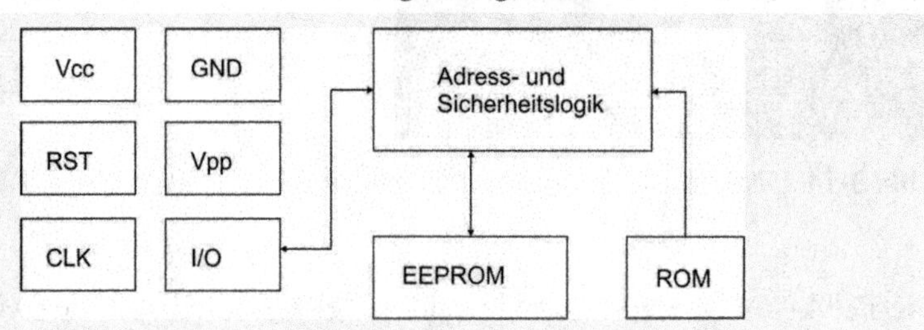

Abb. 3-15. Aufbau einer Speicherkarte [20]

Die Speicherkarten sind sehr kostengünstig verfügbar und bereits seit langem etabliert. Eine typische Anwendung sind Krankenkassenkarten.

3.5.2 Prozessorkarten

Wesentliche Bestandteile der Prozessorkarten sind in Abb. 3-16 aufgeführt. Im Gegensatz zu den Speicherkarten ist zwischen dem Speicher und der Ausgabe noch ein Prozessor geschaltet, der eine Verschlüsselung vornehmen kann. Der Speicher selbst enthält einen fest programmierten Teil (ROM), sowie ein EEPROM. Auf das EEPROM kann nur mithilfe des Betriebssystems zugegriffen werden. Das RAM wird als Arbeitsspeicher des Prozessors benötigt. Die anwendungsspezifischen Programme werden nach der Kartenproduktion geladen.

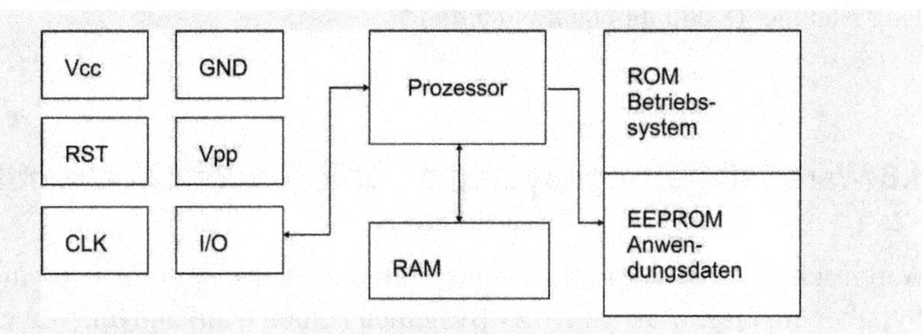

Abb. 3-16. Aufbau einer Prozessorkarte [20]

Typische Anwendungen sind Chipkarten in Mobiltelefonen und EC-Karten. Abbildung 3-17 zeigt eine Karte mit mehreren Funktionen. Sie enthält neben dem Kontaktchip (Mitte unten) für den Geldtransfer an Automaten noch einen kontaktlosen Chip nach ISO 15693 oder ISO 14443 (nicht sichtbar), da keine RFID-Chips mit höherem Speicher und größerer Lesereichweite verfügbar waren, um beiden Anforderungen nach hoher Sicherheit (Geldtransfer) und hoher Lesereichweite zu erfüllen. Die große Lesereichweite wird benötigt, wenn die Besucherkarte zum Beispiel in einer Bibliothek zusammen mit einem Stapel Bücher auf eine Verbuchungsstation aufgelegt wird.

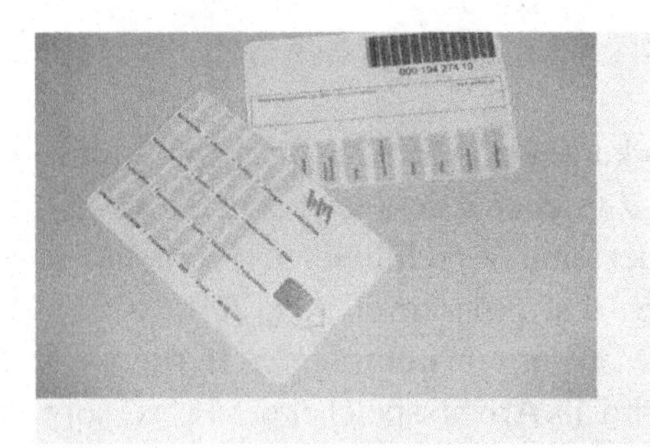

Abb. 3-17. Multifunktionale Chipkarte mit Kontaktchip, RFID-Inlay mit ISO-15693-(oder 14443) Chip (in Karte integriert), Schriftfeld, Barcode und visuell lesbarer Nummer (Stadtbibliothek Winterthur)

3.6 Warensicherungssysteme auf RF- oder EM-Grundlage

Warensicherungssysteme dienen ausschließlich der Diebstahlsicherung[2]. Sie enthalten im Gegensatz zu RFID-Systemen keinen Chip und übertragen oder erzeugen lediglich eine Information, die 0 oder 1 (vorhanden oder nicht vorhanden) entspricht. Sie bestehen aus einem Feldgenerator, einem Empfänger und einem Sicherungsetikett. Die Warensicherungssysteme werden weltweit in fast allen Warenhäusern und in sehr großen Stückzahlen angewendet. Sie bestehen aus einem Etikett oder einem magnetisierten Metallstreifen, der an der Ware befestigt ist (Abb. 3-18), sowie aus mehreren Antennen, die am Eingang in der Form von Gates aufgestellt sind. Wird ein nicht deaktiviertes Etikett (Deaktivierung erfolgt durch Bezahlung an der Kasse) zwischen den Antennen hindurch getragen, so wird dieses detektiert und ein Alarmsignal ausgelöst.

Wichtig ist bei der Nutzung der Systeme, dass der Kunde nicht weiß, ob ein Artikel mit einem entsprechenden EAS-Etikett ausgerüstet ist oder nicht. Ferner ist es wichtig, dass der Kunde nicht weiß, ob dieses Etikett auch aktiv, bzw. die Antennen am Eingang in Funktion sind. Dies ist vor dem Hintergrund zu sehen, dass ein großer Teil des Erfolgs der Systeme von einer abschreckenden (psychologischen) Wirkung herrührt. Dies bedeutet ferner, dass die eigentliche Erkennungssicherheit (Detektionsrate) eher von untergeordneter Rolle ist. Generell sinkt nach Herstellerangaben (3M) die Diebstahl-

---

[2] Im Englischen werden Warensicherungssysteme als Electronic Article Surveillance (EAS)-Systeme bezeichnet.

rate um etwa 80 %, wenn ein EAS-System in einem Laden eingeführt wird. Die Etiketten werden teilweise sogar in die Waren eingearbeitet (z.B. Schuhsohlen) und sind damit für den Kunden nicht mehr sichtbar. Die Sicherungsetiketten werden beim Bezahlen an der Kasse des Warenhauses elektronisc oder mechanisch entsichert, entfernt und teilweise auch wieder verwendet. Unter den wieder verwendbaren Systemen werden auch Kapseln eingesetzt, die Farbpatronen enthalten. Diese zerbrechen beim unsachgemässen Entfernen der Kapsel und hinterlassen auf Textilien einen unschönen Fleck.

Die heute üblichen EM- und RF-Systeme arbeiten auf verschiedenen Frequenzen. Tabelle 3-5 fasst die Vor- und Nachteile zusammen.

Tabelle 3-5. Vor- und Nachteile von üblichen EM- und RF-Warensicherungssystemen

System	Vorteil	Nachteil
Niederfrequenz	Sehr kleine Klebeetiketten, können über Auszeichnungspistole angebracht werden Einsatz für metallhaltige und flüssige Waren	Hohe Fehlalarmquote Keine Distanzdeaktivierung Zerstörung von Magnetkarten durch Deaktivierungseinheit (z. B. Kreditkarten)
Langwelle	Schwer abschirmbar zuverlässig	Teilweise nicht als Etiketten verfügbar
Hochfrequenz	Verschiedenste Etiketten verfügbar Distanzdeaktivierung	Nicht auf Metall zu verwenden Detektion ist orientierungsabhängig
Mikrowelle	Grosse Detektionsweite (Lesedistanz) Unsichtbare Installation	Hohe Fehlalarmquote Durch Körperabdeckung abschirmbar

Es werden teilweise deutlich tiefere Frequenzen als bei RFID-Systemen angewendet [68]. Auf die frequenzbedingten Vor- und Nachteile in der Detektion wird an späterer Stelle nochmals eingegangen (Kapitel 4.3.1), da hierbei Parallelen mit RFID-Systemen vorzufinden sind.

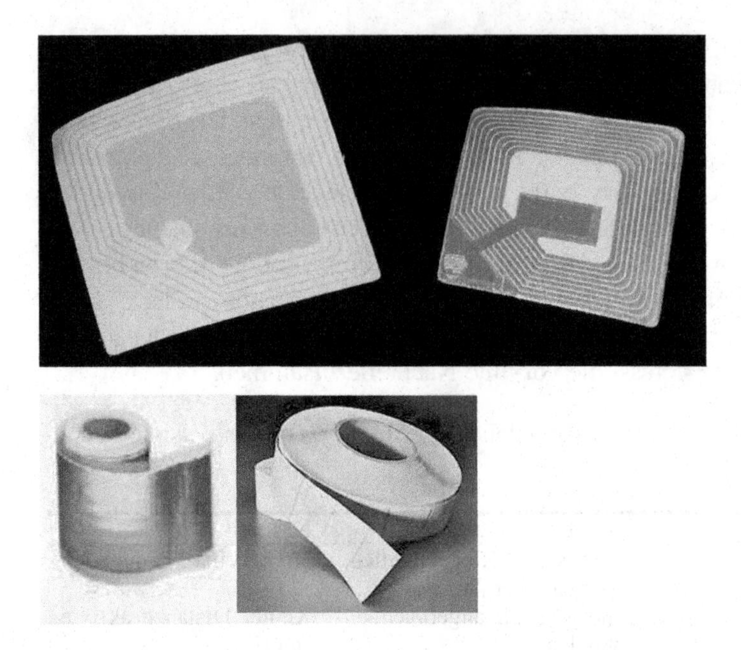

Abb. 3-18. Verschiedene RF-Etiketten und EM-Streifen (oben RF-Etiketten Checkpoint und Lucatron AG, rechts, 3M Tattle Tape zum Abziehen von der Rolle in Streifen)

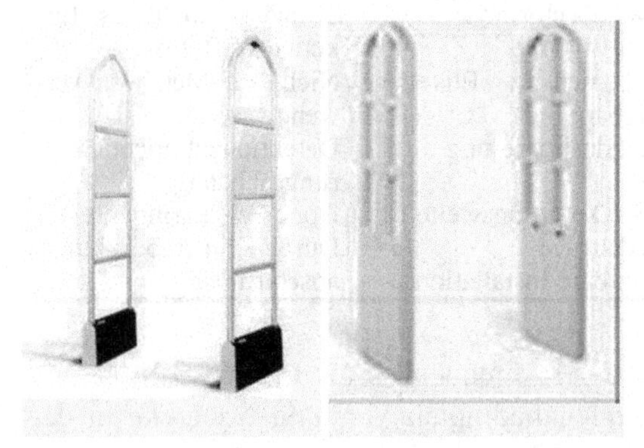

Abb. 3-19. Übliche Detektionsantennen für EAS-Systeme (Lucatron, 3M)

Bei EAS-Systemen können durchaus Fehlalarme auftreten. Dies zeigt zwar dem Kunden, dass das System aktiv ist, wirkt aber ansonsten sehr störend im täglichen Betrieb. Treten die Fehlalarme zu häufig auf, kann sich das Personal bei einer Kontrolle einer verdächtigen Person nicht mehr auf die Zuverlässigkeit des Systems verlassen und wird keine Kontrollen mehr durchführen – womit der eigentliche Zweck der Anlage infrage gestellt ist. Tabelle 3-5 zeigt, welche Systeme dafür besonders anfällig sind. Generell ist aber zwischen mehreren Fällen von Störungen zu unterscheiden:

- Fehlalarme, die innerhalb eines Warenhauses durch eigene Etiketten auftreten können (unbeabsichtigtes Auslösen durch Angestellte und Kunden, Störfelder)
- Fehlalarme, die durch fremde EAS-Etiketten im eigenen Warenhaus auftreten
- Fehlalarme, die eigene EAS-Etiketten in anderen Warenhäusern auslösen.

RFID-Systeme haben im Vergleich zu EAS-Systemen die geringere Quote an Fehlalarmen. Aus der Praxis liegen nur sehr vereinzelte Berichte vor, dass RFID-Karten einen Alarm an EAS-Detektionsantennen ausgelöst haben. Ein Fehlalarm kann zum Beispiel auftreten, wenn mehrere RFID-Benutzerkarten im Stapel durch die Antennen hindurch getragen werden. Dabei kann sich eine Verschiebung des Resonanzbereiches der Transponderantennen ergeben, die eine Veränderung des Feldes und dadurch einen Alarm hervorruft.

3.7 RFID-Systeme und ihre grundsätzliche Funktion

Einem RFID-System liegt die Nutzung von Radiowellen zur Kommunikation zwischen Transponder und Lesegerät zugrunde. Es dient der maschinenlesbaren Identifikation (Auto-ID) und nutzt Daten, die auf dem Transponder in ähnlicher Weise gespeichert werden wie bei Chipkarten. Die Daten werden kontaktlos (ohne galvanische Verbindung) und nur auf Abruf übermittelt.

Ein RFID-System besteht grundsätzlich aus zwei Teilen, dem Transponder und dem Lesegerät[3]. Der Transponder befindet sich am Objekt, am Tier oder an der Person. Das Lesegerät ist zumeist stationär, an der Stelle, an der die Identifikation stattfinden soll, positioniert. Beide Teile sind symmetrisch zueinander aufgebaut. Sie besitzen jeweils eine Antenne zum Senden und zum Empfangen, sowie einen Chip für die Verarbeitung der Radiosignale (Abb. 3-20). Die Antennen sind entsprechend dem Frequenzbereich als Fer-

[3] Das Lesegerät (RFID-Reader, Leser, Leseschreibeinheit) übernimmt alle Kommunikationsaufgaben mit dem oder den Transpondern. Mit dem Begriff Lesegerät ist daher im Folgenden nicht nur das Lesen von Daten gemeint, sondern auch alle weiteren Aktionen, wie Programmierung und Antikollision.

ritstäbe, Spulen (LF und HF-Bereich) oder als Dipolantennen (UHF- und Mikrowellenbereich) ausgelegt. Das Lesegerät ist an eine Stromversorgung und zumeist über einen Computer an ein Netzwerk angeschlossen.

Zwischen beiden Einheiten werden Radiowellen ausgetauscht, die kodiert sind und in der jeweiligen Elektronik dekodiert und weiterverarbeitet werden. Sie dienen bei passiven Systemen auch zur Energieversorgung (s. u.). Die folgenden Frequenzen sind für RFID-Systeme maßgeblich: 120–135 kHz (LF), 13,56 MHz (HF) und 868 MHz, 915 MHz, 2,45 GHz und 5,5 GHz (UHF). Derzeit ist 13,56 MHz die weltweit am meisten genutzte Frequenz, sie wird für vielfältige Anwendungen in der Industrie und Personenerkennung verwendet. Der Transponder besitzt entweder eine eigene Batterie und ist aktiv, oder er besitzt keine Batterie und wird per Induktion mit Strom versorgt (passiv). Die passiven Transponder sind wiederum am weitesten verbreitet, denn erst durch den Verzicht auf eine Batterie sind sie in vielen Anwendungen langfristig nutzbar. In Büchern zum Beispiel wäre ein aktiver Transponder mit Batterie aufgrund der begrenzten Lebensdauer von 1 bis 2 Jahren, der Entsorgung der Batterien und natürlich der hohen Kosten nicht einsetzbar.

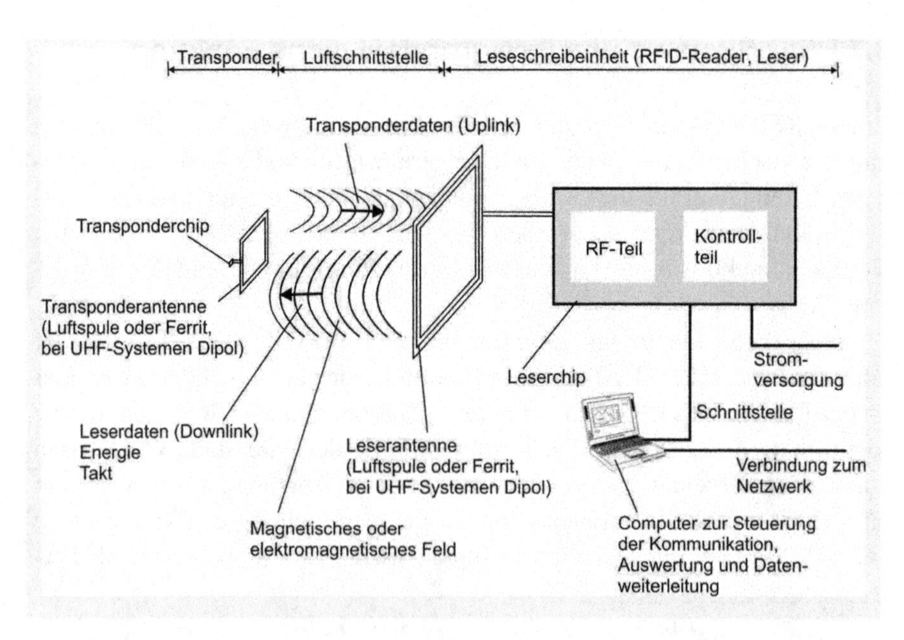

Abb. 3-20. Grundlegender Aufbau und Funktion eines RFID-Systems [36]

Das RFID-System ist meistens an ein weiteres System, d.h. direkt an einen Computer oder an ein Netzwerk (Ethernet) angeschlossen. Die Schnittstellen an den Computer können über RS 232, RS 485, USB oder per Funk (z.B. Bluetooth) erfolgen.
Das RFID-System erbringt die folgenden Leistungen:
- Das Identifizieren mittels einer UID (Unique Identification Number) über eine bestimmte Distanz zwischen Leser und Transponder, bis zu einer bestimmten maximalen Bewegungsgeschwindigkeit des Objektes (beides ist abhängig vom RFID-System und der Konfiguration)
- Die Übermittlung weiterer Daten zum Leser und vom Leser zum angeschlossenen EDV-System, gegebenenfalls mit Verschlüsselung
- Die Datenübermittlung vom Leser zum Transponder und Speicherung im Transponder
- Die gezielte Kommunikation mit einzelnen Transpondern gleichzeitig im Lesebereich (Antikollision)
- Eine Überprüfung auf Fehler der übermittelten Daten
- Die Kopplung mit Sensoren, die Steuerung dieser Sensoren und die Speicherung der Daten (zum Beispiel Bewegungs- oder Temperaturdaten).

Entsprechend diesen Eigenschaften können RFID-Systeme in einem viel weiteren Spektrum eingesetzt werden, als alle bisher bekannten Auto-ID-Systeme (Abb. 3-21). Das System, das der Vielfalt an Anwendungsmöglichkeiten von RFID am nächsten kommt, ist nur noch der Barcode. Daher ist die Überprüfung, ob der Grenznutzen von RFID höher als bei Barcodesystemen liegt, zu Beginn eines Projektes sehr empfehlenswert.

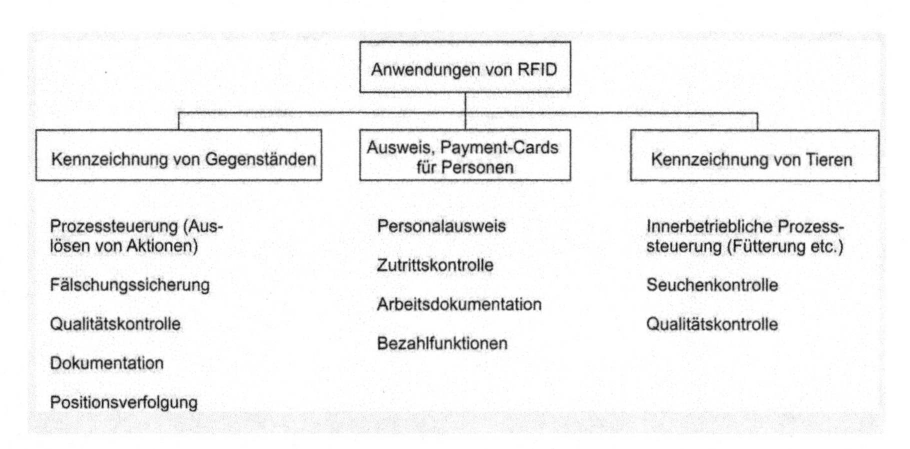

Abb. 3-21 Anwendungsmöglichkeiten von RFID-Systemen

Es können auch durchaus Kombinationen von RFID mit anderen Auto-ID-Systemen entwickelt werden (auf die Kombination von injiziertem Transponder und DNA-Analyse wurde bereits hingewiesen).

Anzumerken ist, dass im vorliegenden Buch nicht alle verfügbaren Varianten an RFID-Systemen vorgestellt werden können. Es wurde bewusst eine Einschränkung auf die heute am meisten verwendeten Systeme vorgenommen. Nicht näher behandelt werden:

- Systeme auf Basis von Oberflächenwellen
- aktive Systeme
- Karten mit Prozessoren und
- Transponder auf Grundlage der elektrischen (kapazitiven) Kopplung.

Sicherlich sind noch eine Reihe weiterer Systeme vorhanden, die aufgrund einer begrenzen Recherche nicht mit einbezogen wurden.

4 Technik

Wie im vorigen Kapitel erläutert wurde, bietet RFID innerhalb der Auto-ID-Systeme die breitesten Anwendungsmöglichkeiten. An den Stellen, wo eine besonders hohe Sicherheit in Bezug auf Manipulationen erforderlich ist, können Verschlüsselungsverfahren und/oder zusätzliche Auto-ID-Systeme kombiniert werden. In den meisten Fällen jedoch, insbesondere bei der Kennzeichnung von Gegenständen, können einfache Transponder verwendet werden, die nur eine unverschlüsselte Nummer (UID) übermitteln. In allen Anwendungen, ob diese nun hohe oder geringere Ansprüche an die Manipulationssicherheit stellen, ist eine hohe *Funktionssicherheit* (Erkennungssicherheit) zwingend erforderlich. Im Kapitel 4. sollen die wichtigsten Einteilungskriterien, vor allem aber die Einflussfaktoren für die Funktionssicherheit eines RFID-Systems aufgezeigt werden, um einerseits das für eine Anwendung am besten geeignete System auszuwählen, andererseits auch um eine Systeminstallation und die Etikettierung richtig durchführen zu können.

4.1 Einteilungskriterien für RFID-Systeme

Abbildung 4-1 zeigt eine Zusammenstellung wichtiger Kriterien, anhand derer RFID-Systeme unterschieden werden können. Sie erhebt keinen Anspruch auf Vollständigkeit, insbesondere weil es sehr viele Varianten von RFID-Systemen gibt. Sie kann jedoch als gute Übersicht und Orientierung bei der Auswahl eines Systems dienen. Die meisten Kriterien sind im folgenden Kapitel 4.2 der Einflussfaktoren wieder zu finden.

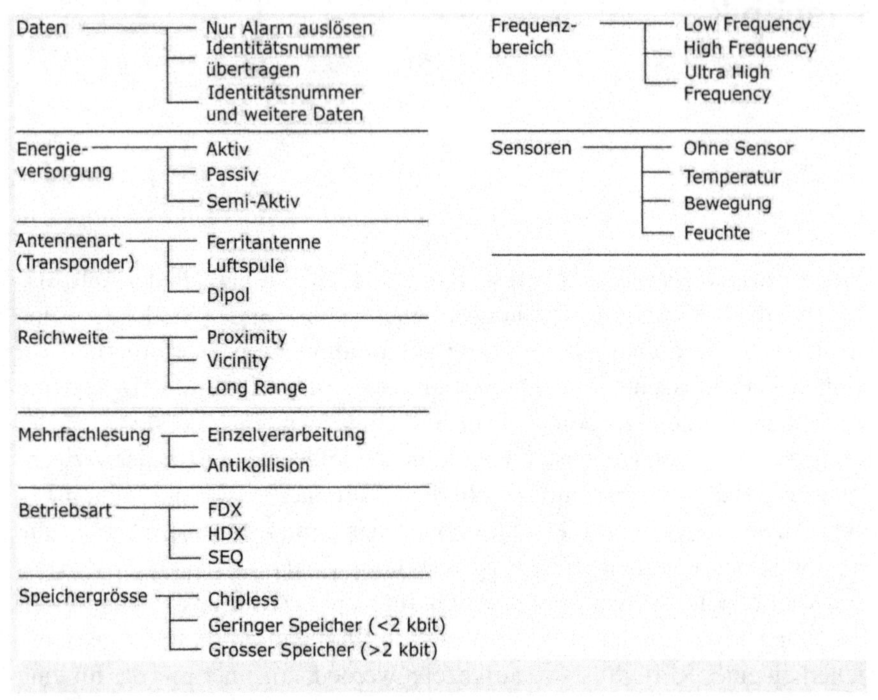

Abb. 4-1. Einteilungskriterien für Transponder

4.2 Einflussfaktoren auf die Lesbarkeit und Programmierbarkeit

Die wesentliche Funktion eines RFID-Systems ist der erfolgreiche Empfang mit richtigem Inhalt des Transpondersignals, sowie die erfolgreiche und richtige Programmierung des Chips (Abb. 4-2, Signalerkennung, Programmierung).

Eine Signalerkennung und Programmierung ist von einer ganzen Reihe an Einflussfaktoren abhängig. Sie lassen sich in Führungsgrössen und in Störgrössen (Umweltfaktoren) unterteilen. Die Führungsgrössen werden so miteinander kombiniert, dass ihr Zusammenspiel eine Übertragung und damit Signalerkennung / Programmierung bewirkt. Die Störgrössen hingegen wirken sich negativ auf diesen Erfolg aus, beispielsweise indem die Signale gedämpft oder absorbiert werden, der Transponder zu schnell an der Antenne vorbeigeht oder einfach zu weit entfernt ist.

Interessant ist es nun, wie einzelne dieser Faktoren das Ergebnis ändern, wie sie mit anderen Faktoren zusammen wirken können und welche quantitativen Auswirkungen sie haben. Wenn dies bekannt ist, so können die Anpassungen in der Praxis sehr effektiv erfolgen, oder es können ungünstige Lösungsansätze sofort verworfen werden. Die Faktoren helfen eventuell auch bei der Eingrenzung von Fehlerquellen, die nach und nach getestet bzw. ausgeschlossen werden können. Teilweise können auch Störgrössen, sobald sie quantifiziert sind, bewusst als Führungsgrössen genutzt werden. Die in Abb. 4-2 zusammengestellten Faktoren sollen im Folgenden im Detail behandelt werden.

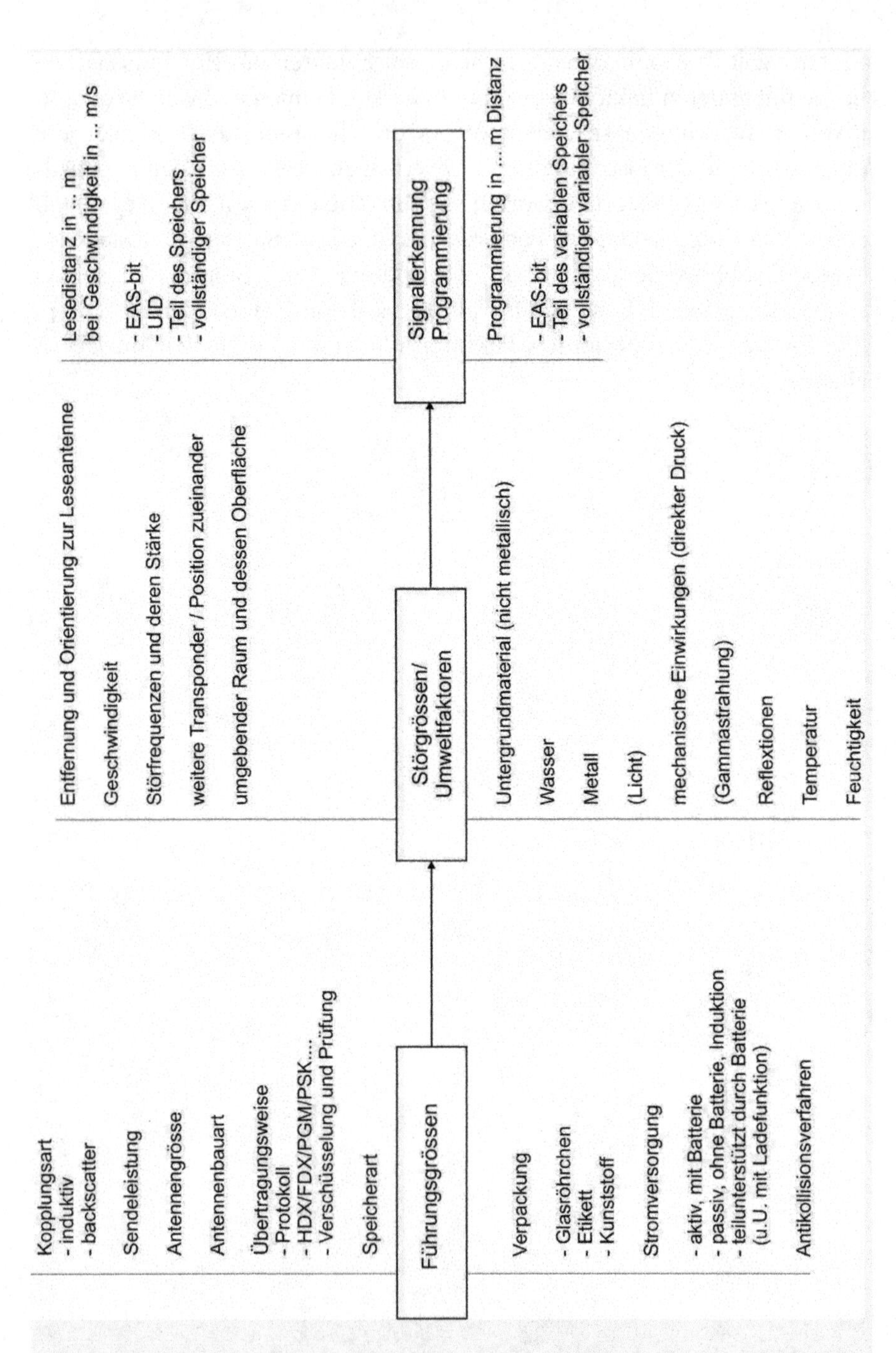

Abb. 4-2. Führungs- und Störgrössen für die Signalerkennung und Programmierung

4.3 Frequenzen

Die Wahl der Frequenz[4] ist von entscheidender Bedeutung für die Funktionssicherheit in einer Anwendung. Der wesentliche Grund dafür liegt in den unterschiedlichen Eigenschaften der elektromagnetischen Wellen. Zudem konkurriert RFID mit bestehenden Radiosendern und weiteren Funkanlagen. Die Frequenzbereiche und Sendeleistungen sind staatlich geregelt. Die Auswahl eines RFID-Systems muss daher einerseits den technischen Erfordernissen, andererseits den staatlichen Regelungen entsprechen.

4.3.1 Eigenschaften der Frequenzen

Abbildung 4-3 zeigt eine qualitative Einordnung wichtiger Eigenschaften der verschiedenen Frequenzen. Leider gibt es keine ideale Frequenz, die alle Vorzüge in sich vereinigt. Daher haben sich bestimmte Frequenzbereiche für bestimmte Anwendungen als besonders geeignet erwiesen.

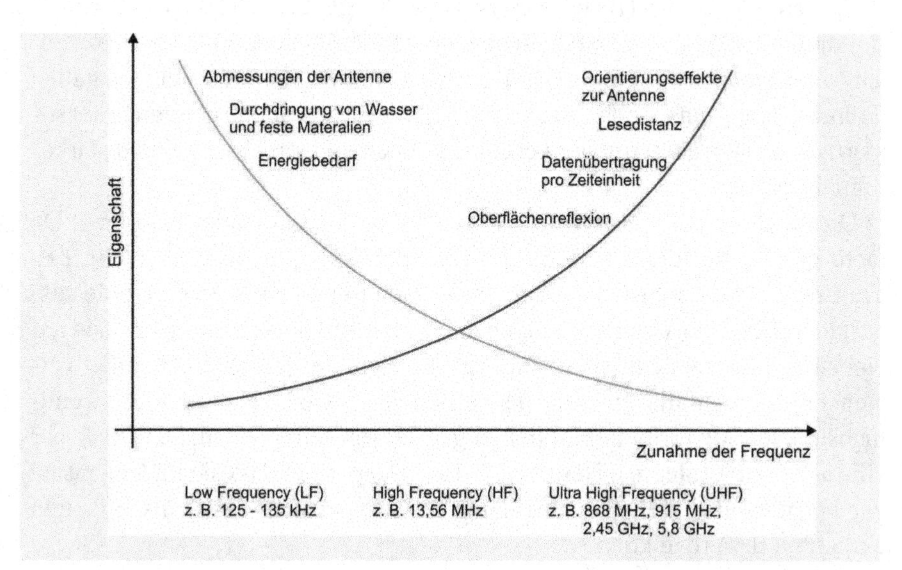

Abb. 4-3. Frequenzbereiche und relevante Eigenschaften für RFID [38, 39]

---

4 Unter Frequenz wird hier die Betriebsfrequenz des Lesegerätes verstanden. Der Transponder kann auf der gleichen Frequenz zurücksenden, oder aber eine weitere wählen. Die meisten der im Folgenden dargestellten Transponder senden auf der gleichen Frequenz zurück.

Generell werden elektromagnetische Wellen in ihrem Verhalten dem sichtbaren Licht immer ähnlicher, je höher die Frequenz ist. Die bedeutet, dass dann zunehmend Reflektionen auftreten, oder beim Durchdringen gewisser Medien Verluste auftreten können.

Mit zunehmender Frequenz nimmt die **Durchdringung von Wasser und anderen Marterialien** deutlich ab, die Energie wird in Wärme umgesetzt. Dieser Effekt wird beim Mikrowellenherd explizit genutzt, wenn Wassermoleküle zum Schwingen gebracht werden und diese dadurch Wärme abgeben. Nun sind die hier verwendeten Frequenzen noch weit von der Mikrowelle entfernt (Abb. 4-4), jedoch sind bereits erste Dämpfungseffekte im HF-Bereich, stärker noch im UHF-Bereich zu beobachten. Dies macht die UHF-Transponder ungeeignet für alle Gegenstände, die Wasser enthalten. Und natürlich gilt dies auch für Karten, die der Mensch mit sich trägt, oder für Tiere, die eventuell einen injizierten Transponder tragen, da deren Körper zu einem Grossteil aus Wasser besteht. So könnten Transponder im UHF-Bereich, die als Warensicherungssysteme verwendet werden sollten, keine zuverlässige Detektion bieten, da ihr Signal durch das Wasser im Körper absorbiert würde. Der HF-Bereich zeigt hier vergleichbar geringere Verluste. Bei diesen Etiketten ist erst dann eine deutliche Signaldämpfung festzustellen, wenn sie zwischen zwei Handflächen gelegt werden. Aus den genannten Gründen sind Transponder im LF-Bereich für die Tieridentifikation prädestiniert, da sie sich auch im Tier befinden können und ein entsprechend starkes Signal abgeben.

Die **Bauweise der Antenne** ändert sich mit zunehmender Frequenz. De facto gibt es für alle drei Bereiche (LF, HF, UHF) eigene Antennen. LF-Transponder sind meistens mit einem Ferritkern und einer Kupferspule ausgestattet. HF-Transponder verfügen meist über Luftspulen, die sehr flach auf einer Folie aufgebracht sind. Im UHF-Bereich werden Dipolantennen verwendet, die ebenfalls eine sehr flache Bauweise haben, aber in ihrer zweidimensionalen Ausformung fast beliebig ausgelegt sein können. Die Dicke der HF- und UHF-Antennen ist mit ca. 0,1 mm so gering, dass sie im Gegensatz zur Ferritantenne weniger aufwändig und sehr kostengünstig als Etiketten einlaminiert werden können.

An der Bauweise wird auch deutlich, dass hier vollkommen unterschiedliche Übertragungsarten genutzt werden (Tab. 4-1).

Tabelle 4-1. Frequenzbereiche und Transponderantennen

	LF	HF	UHF
Funktionsweise	Nahfeld, magnetische Kopplung		Fernfeld, Backscatter
Ferritantenne	X		
Spule	X	X	
Dipolantenne			X

Der **Energiebedarf** sinkt mit höherer Frequenz oder umgekehrt, die Menge der pro Zeiteinheit übertragenen Energie nimmt zu. Damit kann tendenziell eine höhere Lesereichweite erreicht werden.

Die **Datenübertragungsrate** nimmt erwartungsgemäß mit höherer Frequenz zu, da pro Zeiteinheit mehr Schwingungen erfolgen. Dies ist mit ein Grund dafür, dass bei Tiertranspondern auf die Programmierbarkeit verzichtet wurde und nur mit einer verhältnismäßig kurzen UID von 32 oder 64 bit gearbeitet wird. Bei grösseren Datenmengen wäre die Übertragungsgeschwindigkeit dort, wo sich ein Tier an einer Antenne vorbei bewegt, zu gering und das Tier wäre somit nicht mehr eindeutig zu identifizieren.

Eine sehr wichtige Eigenschaft ist die **Reflexion an Oberflächen**. Hier treten im UHF-Bereich je nach Material große Energieverluste auf, so dass keine sichere Lesung mehr erfolgen kann. Es führt auch dazu, dass die Transponder an unbeabsichtigten Stellen gelesen werden.

Die Etiketten benötigen für eine optimale Lesedistanz eine bestimmte Ausrichtung zur Leseantenne. Dabei wirkt sich tendenziell im tieferen Frequenzbereich die **Orientierung zur Antenne** weniger stark aus als im höheren. Diesem Effekt wird in den folgenden Kapiteln weiter nachgegangen.

Tendenziell nimmt mit höheren Frequenzen auch die erzielbare **Lesedistanz** zu (dabei sind natürlich die unterschiedlichen Sendeleistungen und Antennenbauarten zu berücksichtigen und folglich nicht direkt vergleichbar). Ein LF-und HF-Transponder kommt in der Regel auf bis zu 50 cm mit einer Einzelantenne, ein UHF-Transponder hingegen bis auf 2 m Lesedistanz.

Die **Empfindlichkeit gegenüber Metall** wurde nicht in der Grafik dargestellt, da die Erfahrungen dazu unterschiedlich sind. Die Empfindlichkeit ist tendenziell bei LF- und HF-Systemen höher als bei den UHF-Systemen. Allerdings können LF- und HF-Transponder durchaus für bestimmte Anwendungen *metallverträglich* optimiert werden.

4.3.2 Verfügbare Frequenzbänder

Abbildung 4-4 und Abb. 4-5 zeigen das Spektrum der elektromagnetischen Wellen und ihre Nutzung. Es wird ersichtlich, dass sich die für RFID verwendeten Frequenzen im Bereich der für die Radiokommunikation genutzten Bandbreiten befinden. Derzeit sind die Bereiche von 125–135 kHz, 13,56 MHz und mehrere Bereiche ab 868 MHz aufwärts für RFID vorgesehen. Mit darin enthalten sind die so genannten ISM-Bänder, die den industriellen, wissenschaftlichen und medizinischen Bereichen vorbehalten sind. Die in Europa und den USA genutzten Frequenzen 868 MHz und 915 MHz werden im Folgenden der Einfachheit halber unter UHF-Transpondern zusammengefasst. Die Frequenzbereiche 2,4 GHz und 5,8 GHz werden noch vergleichsweise wenig für RFID genutzt.

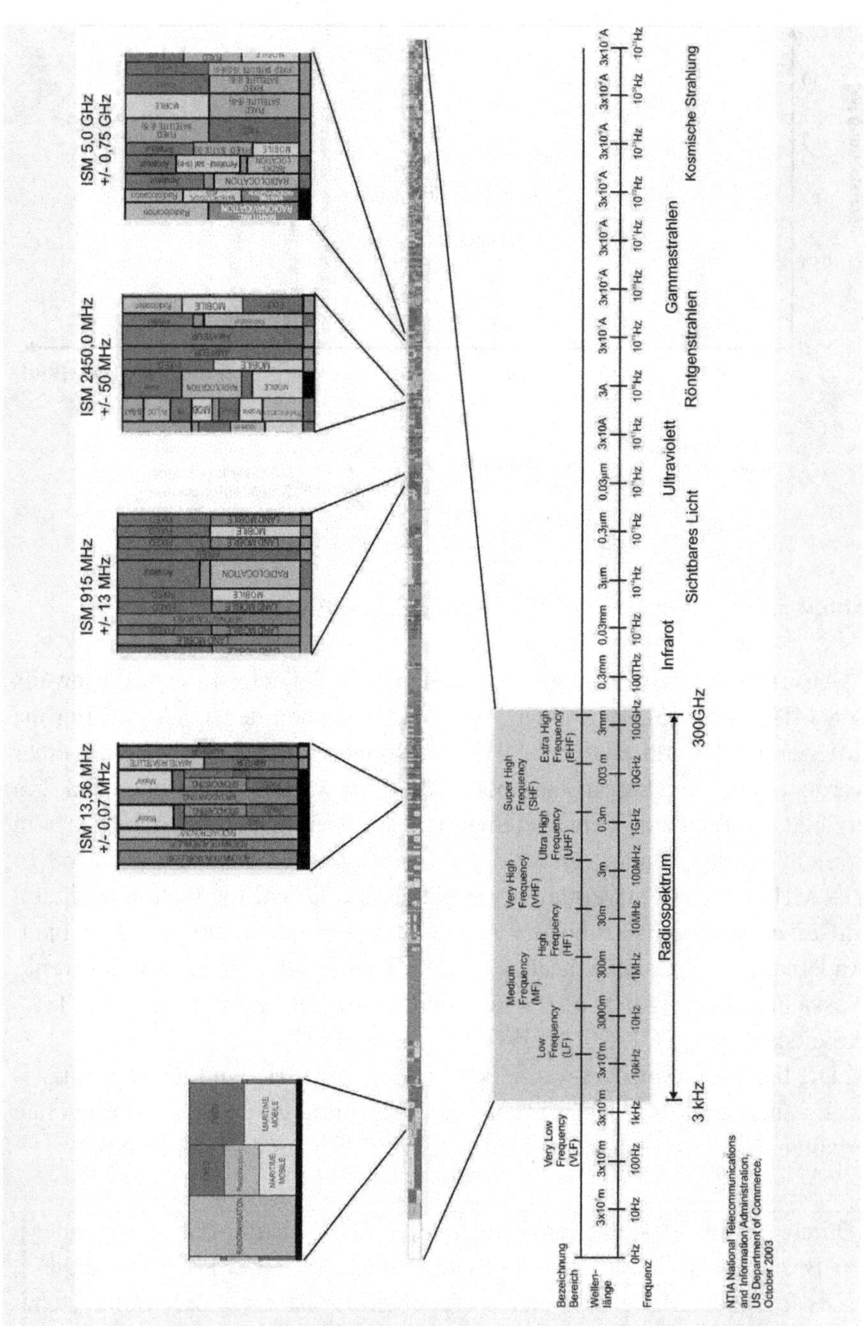

Abb. 4-4. Einordnung der für RFID genutzten Frequenzbereiche (nach NTIA, National Telecommunications and Information Administration, US Department of Commerce, October 2003)

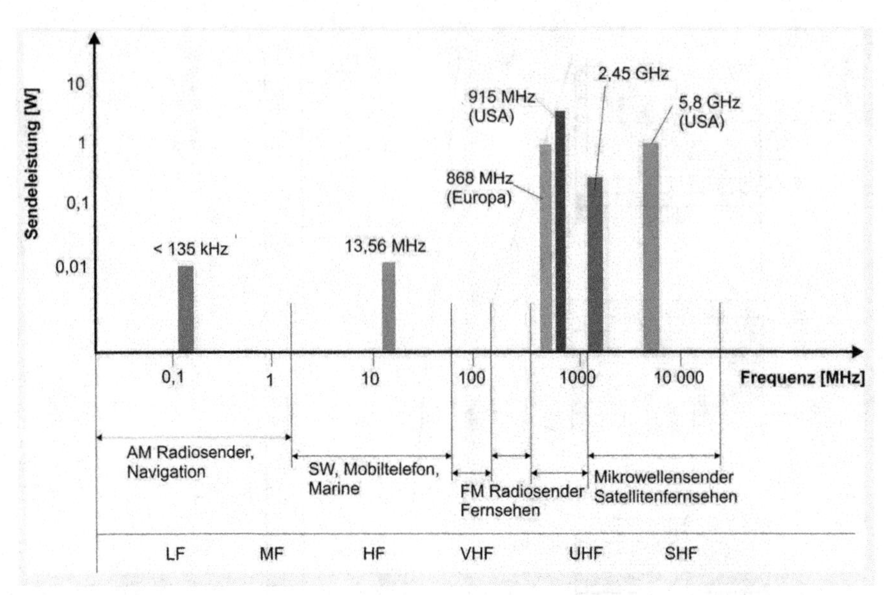

Abb. 4-5. Frequenzbänder für RFID, nach [72 und BACOM]

Aus Abb. 4-5 wird ersichtlich, wie stark die Sendeleistungen für jeweils 868 MHz und 915 MHz sowie 2,45 GHz zwischen den USA und Europa differieren. Bei den passiven UHF-Transpondern macht sich dies in einer Verdoppelung der Lesedistanz bemerkbar. So werden in Europa etwa 2 m erzielt, während mit dem gleichen Transponder in den USA bis zu 4 m erreicht werden können. Der geringe Unterschied in der Frequenz (868 zu 915 MHz) ist in dem Vergleich vernachlässigt. Es wird jedoch mittelfristig mit einer Harmonisierung der zugelassenen Sendeleistungen gerechnet. Anderenfalls würde der Einsatz von UHF-Transpondern in Europa nur wenig Aussicht auf Erfolg haben. Die notwendigen Regeln werden von einer ISO-Arbeitsgruppe (JTC1, SC 31, WG 4) bearbeitet [72].

Die beiden Frequenzen < 135 kHz und 13,56 MHz sind weltweit inzwischen anerkannt und bezüglich der Sendeleistung geregelt. Die Lesegeräte erhalten dementsprechend ihre Zulassungen (FCC und CE-Zeichen).

Durch die Wahl des Frequenzbereiches wird die Leistung der Transponder in Bezug auf Reichweite und Orientierung, Lese- und Programmiergeschwindigkeit, Baugrösse etc. vorgegeben. Es ist einer der wichtigsten Faktoren bei der Systemauswahl.

4.4 Stromversorgung der Transponder

Es werden bezüglich der Stromversorgung drei Typen von Transpondern unterschieden, *passive*, *aktive* und *semi-aktive* (teilgestützte) Transponder (Abb. 4-6). Aktive Transponder nutzen eine Batterie als Stromversorgung, passive hingegen beziehen ihre Energie durch Induktion, d. h. sie entziehen dem magnetischen (LF und HF) oder elektromagnetischen (UHF) Feld Energie. Zusätzlich gibt es noch eine Gruppe, die sowohl aktiv als auch passiv ist. Nur wenn besonders hohe Anforderungen an die Lesereicheweite gestellt werden, kann die für die weitere Übertragung des Signals benötigte Energie aus einer Batterie bezogen werden. Zusätzlich gibt es die Möglichkeit, dass die Batterie durch Induktion, solange sie sich nahe an einer Leserantenne befindet, wieder aufgeladen wird. Letztere, sicher sehr elegante Lösung, bedingt natürlich höhere Kosten. Daher sind diese Systeme auf Spezialapplikationen beschränkt.

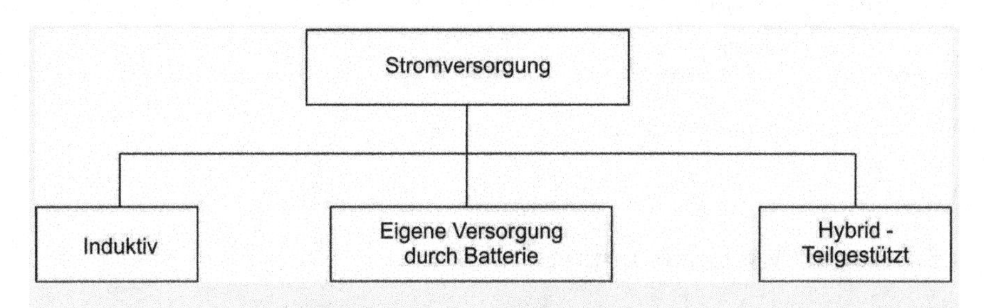

Abb. 4-6. Arten der Stromversorgung

> Die Stromversorgung ist ein wichtiger Faktor für die Lese- und Programmierreichweite. Weitere Kriterien sind die begrenzte Lebensdauer und die Kosten von Batterien.

4.5 Übertragungsverfahren

Für die Kopplung zwischen Transponder und Leser werden drei verschiedene Verfahren verwendet: die *kapazitive* Übertragung durch ein elektrisches Feld, die *induktive* über ein magnetisches Feld und das sog. „*Backscatter-Verfahren*“, das aus der Radartechnik übernommen wurde und ein elektromagnetisches Feld nutzt (Abb. 4-7).

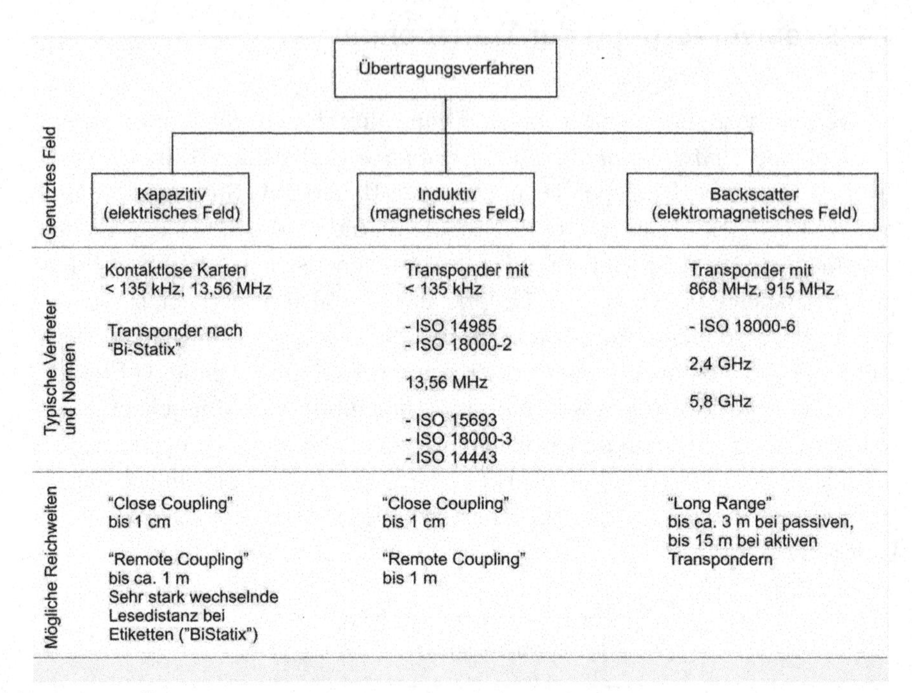

Abb. 4-7. Übertragungsverfahren

4.5.1 Kapazitive Übertragung

Bei dieser Art der Übertragung entsteht die Kopplung über einen Plattenkondensator. Das zwischen den parallel angeordneten Platten entstehende elektrische Feld kann sich ändern. Aus dem Wechsel dieses Feldes wird das Transpondersignal dekodiert.

Bei kontaktlosen Chipkarten befinden sich auf der Leser- und der Transponderseite jeweils Kondensatorplatten, zwischen denen das elektrische Feld erzeugt wird (Abb. 4-8).

Ein System, das nach dem kapazitiven Prinzip arbeitet und dabei auch größere Distanzen überbrücken kann, ist BiStatix von Motorola ([60] Abb. 4-9). Dabei wird selbst der Körper der Person, die den Transponder in der Hand hält, als Kapazität genutzt. Die Kondensatorflächen können mit sehr wenig leitendem Material (zum Beispiel Graphit) bedruckt werden.

Da die Lesereichweite sehr stark wechselt und dadurch kaum eine zuverlässige Lesung des Transponders am Objekt zu erreichen ist, hat sich das kapazitive System bisher noch nicht in der Praxis durchgesetzt.

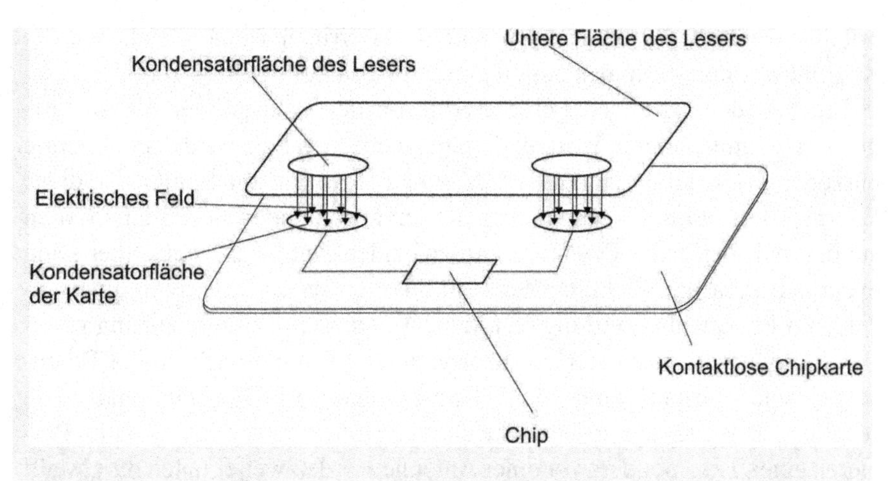

Abb. 4-8. Kapazitive Übertragung bei kontaktlosen Chipkarten (Close Coupling)

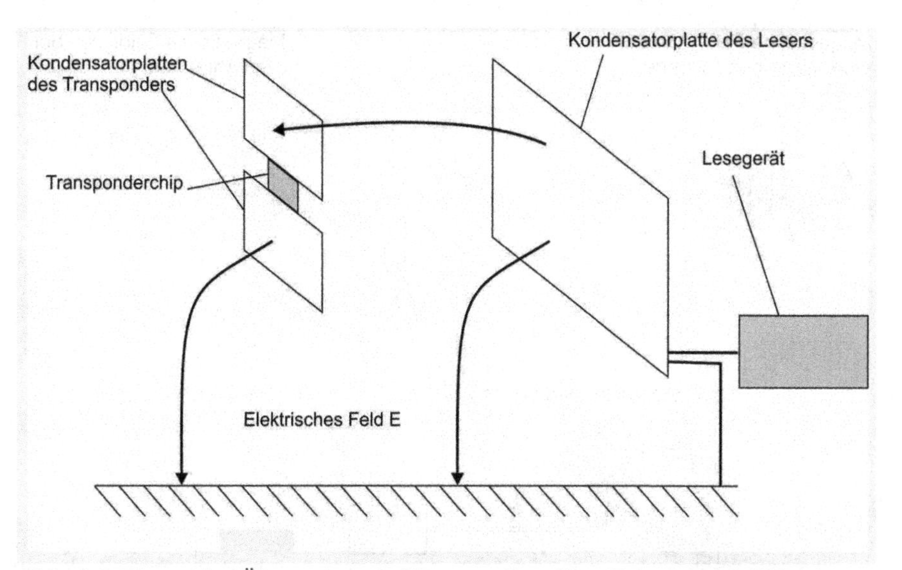

Abb. 4-9. Kapazitive Übertragung bei Remote Coupling (Prinzip nach BiStatix)

4.5.2 Induktive Übertragung

Transponder, die ihre Energie durch Induktion beziehen, müssen mit dieser Fremdenergie sowohl den Betrieb ihres Chips gewährleisten, als auch das abzugebende Signal in ausreichender Stärke erzeugen können. Sie arbeiten mit dem wechselnden magnetischen Feld. Das Prinzip ist das gleiche wie die Kopplung von zwei Spulen bei einem Transformator (Abb. 4-10).

Ein Teil des erzeugten Feldes wird von der Transponderantenne aufgenommen, mit anderen Worten: dem magnetischen Feld wird dabei Energie entzogen. Bei parallel und eng beieinander liegenden Spulen ist diese Energieübermittlung optimal, bei weiter auseinander liegenden Spulen suboptimal. Auch die Orientierung der beiden Antennen zueinander kann eventuell nicht der Richtung der Feldlinien entsprechen, was in einer geringeren Energieübermittlung resultiert. Aus diesem Zusammenhang resultieren die in der Praxis stets zu beobachtenden Limitationen in der Reichweite und Orientierung der Transponder zur Leserantenne. Die resultierenden Erkennungsbereiche und die empfangenen Signale beim Passieren eines Transponders vor einer Antenne werden weiter unten dargestellt (Abb. 4-13, Abb. 4-14).

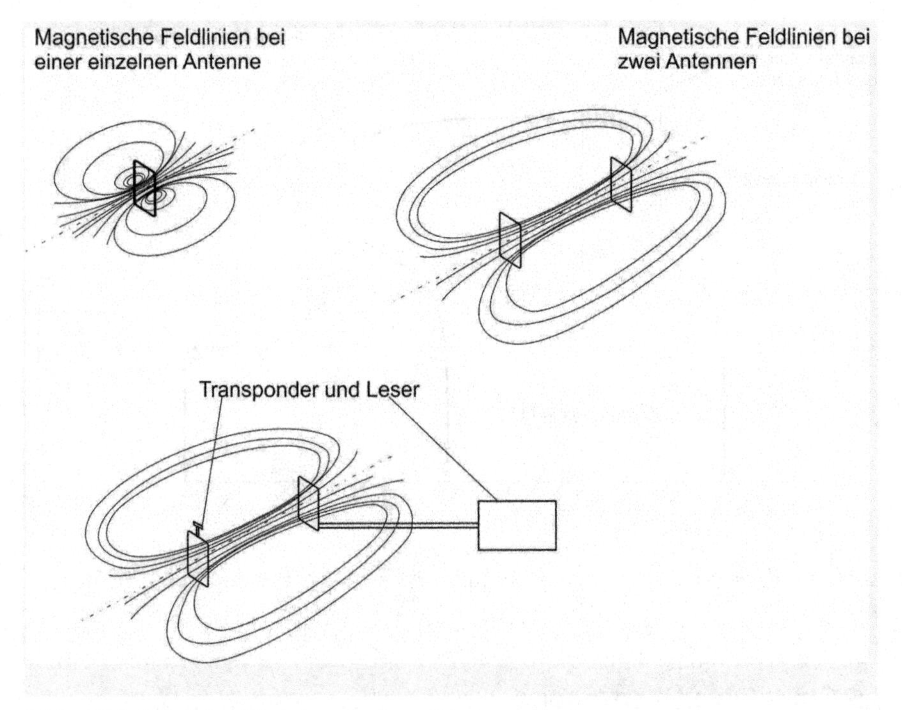

Abb. 4-10. Induktive Kopplung bei zwei Antennen

In der Empfangsantenne wird eine Spannung generiert. Diese wird gleichgerichtet und versorgt den Transponder mit Energie. Ein parallel nach geschalteter Kondensator sorgt für einen Schwingkreis auf der Sendefrequenz (Resonanzfrequenz).

Die dabei messbare Feldstärke nimmt mit zunehmender Entfernung stark ab (Abb. 4-11). Innerhalb des Bereiches $\lambda/2\Pi$ um die Antenne befindet sich das Nahfeld, welches für die induktive Kopplung genutzt wird. Außerhalb 0,16 λ beginnt das Fernfeld, in dem das magnetische Feld für LF- und HF-Systeme zu schwach wird, um einen Transponder ausreichend mit Energie zu versorgen. Somit ist der Lesebereich so begrenzt, wie der Transponder ausreichend Energie aufnehmen kann, um nicht nur ein Signal zu erzeugen, sondern dieses auch in ausreichender Stärke zurückzusenden.

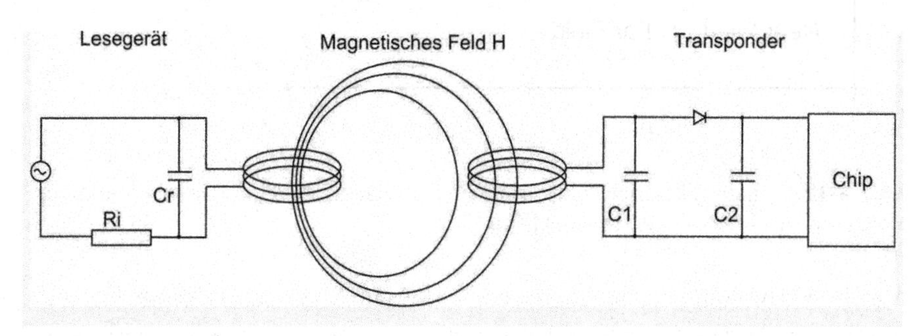

Abb. 4-11. Grundfunktion eines passiven Transponders mit induktiver Kopplung, nach [20]

Solange der Transponder sich im Feld befindet (und er in Resonanz mit der Frequenz des Lesers ist), entzieht er dem magnetischen Wechselfeld Energie (Abb. 4-12). Der Entzug dieser Energie kann am Lesegerät als Änderung der Impedanz ermittelt werden. Wenn der Transponder nun im Zeitverlauf einen Widerstand zu- und abschaltet, kann dieser Wechsel ebenfalls vom Leser detektiert werden. Aus dem Verlauf dieser Wechsel kann ein Signal interpretiert werden. Das Verfahren wird Lastmodulation genannt.

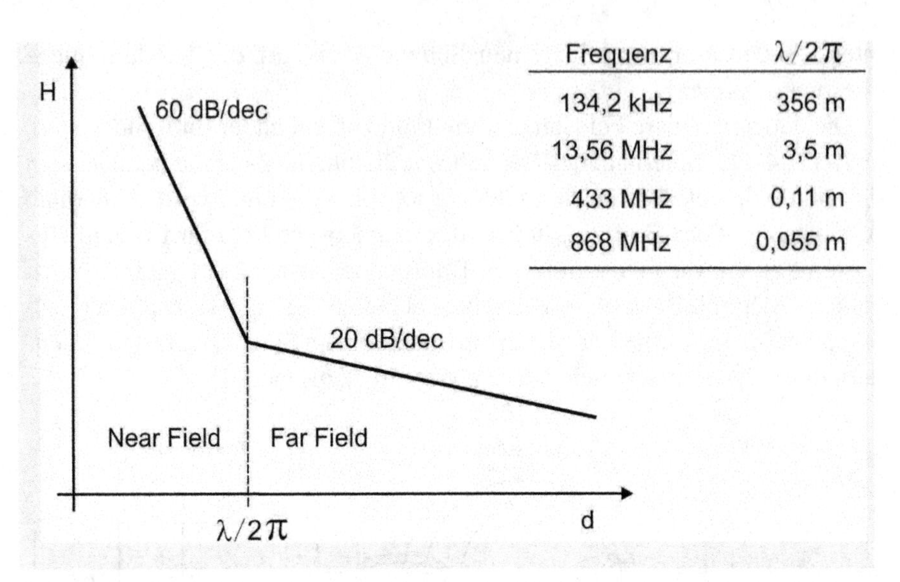

Frequenz	λ/2π
134,2 kHz	356 m
13,56 MHz	3,5 m
433 MHz	0,11 m
868 MHz	0,055 m

Abb. 4-12. Abhängigkeit der Feldstärke von der Distanz zur Antenne bei induktiven Systemen (nach Texas Instruments [76])

Aus der Verbreitung des magnetischen Feldes um die Antenne ergibt sich ein Bereich, in dem der Transponder gut mit Energie versorgt wird. Verlässt er ihn, reißt das Signal ab. Dieser Bereich wird als Erkennungsbereich bezeichnet, der von so genannten Kopplungskurven umgeben ist. Er hängt nicht nur von der Signalstärke um die Leserantenne, sondern auch von der Richtung der Feldlinien und damit von der Orientierung des Transponders zur Leserantenne ab. Hinzu kommt ein starker Einfluss der Leserantennengeometrie. Abbildung 4-13 zeigt, in welchem Bereich ein induktiver Transponder vor einer Einzelantenne erkannt wird. Dieser Bereich ändert sich mit der Antennenkonstellation (zwei Antennen in Abb. 4-14). Zu beachten ist, dass hier ein Glastransponder in der Draufsicht mit 0°- und 90°-Orientierung zur Antennenachse dargestellt ist. Ein Etikett eines HF-Systems müsste in der Draufsicht entsprechend um 90° gedreht werden. Bei beiden Transpondern wäre jedoch die Orientierung der Transponderantennenachse zur Leserantennenachse gleich, daher entsprechen sich auch die resultierenden Erkennungsbereiche.

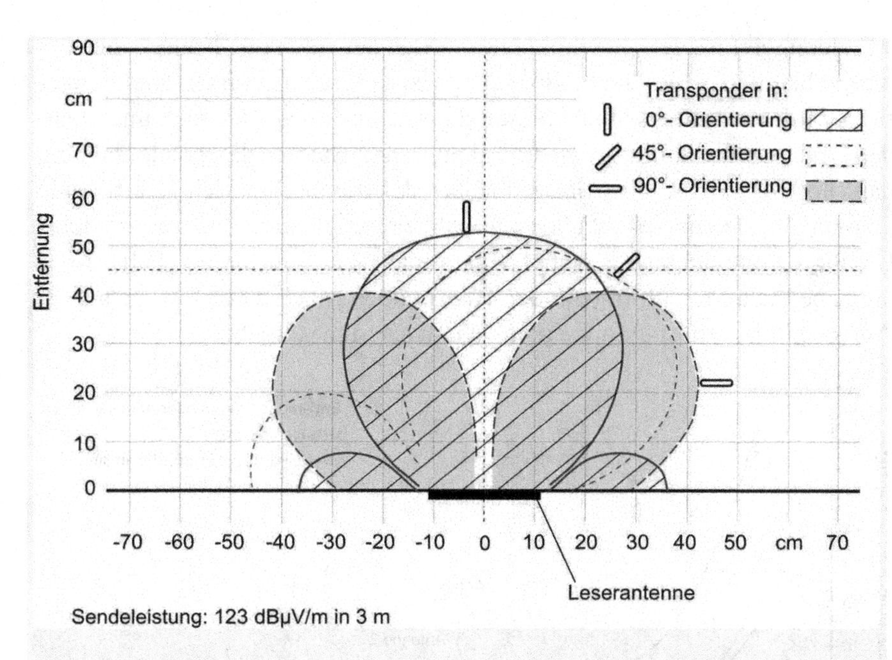

Abb. 4-13. Erkennungsbereich für einen LF-Transponder (Glastransponder) bei einer einzelnen Rahmenantenne (TIRIS-Transponder 134,2 kHz [21, 36])

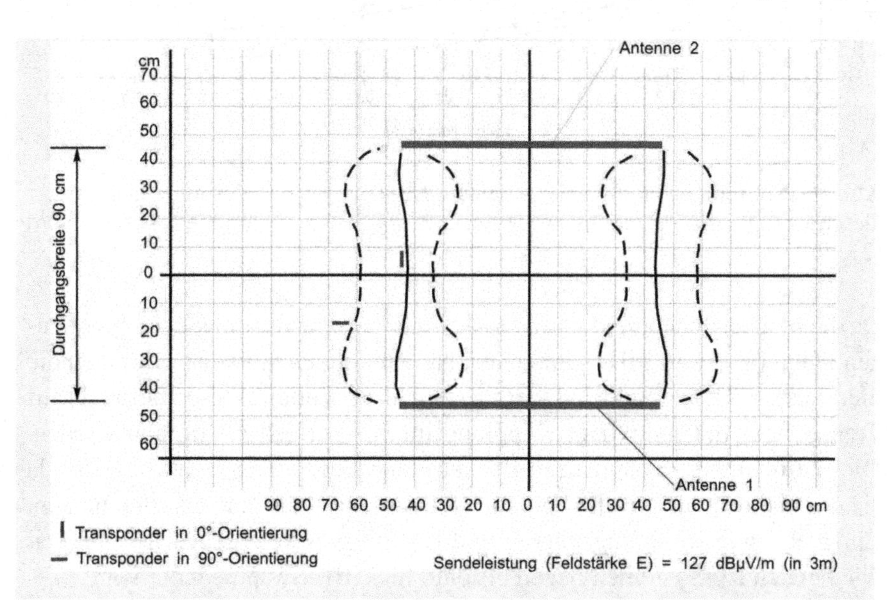

Abb. 4-14. Erkennungsbereich für einen LF-Transponder (Glastransponder) mit Doppelantenne (TIRIS-Transponder 134,2 kHz und definierter Sendeleistung [21, 36])

Abbildung 4-15 zeigt die empfangenen Signale, wenn ein Transponder mit unterschiedlichen Geschwindigkeiten zwischen zwei Antennen hindurchgeführt wird. Erwartungsgemäß nimmt die Anzahl der Signale mit zunehmender Geschwindigkeit ab[5]. Für die Erkennungssicherheit lässt sich ableiten, dass erst ab einer Geschwindigkeit, bei der durchschnittlich < 2 Signale empfangen werden, die Wahrscheinlichkeit steigt, dass auch eine Nicht-Lesung (0 empfangene Signale) vorkommen kann. In diesem Fall ist der Grenzbereich erreicht, in dem der Transponder gerade noch Zeit genug im Antennenfeld verbringt, um ein vollständiges Signal zu übermitteln.

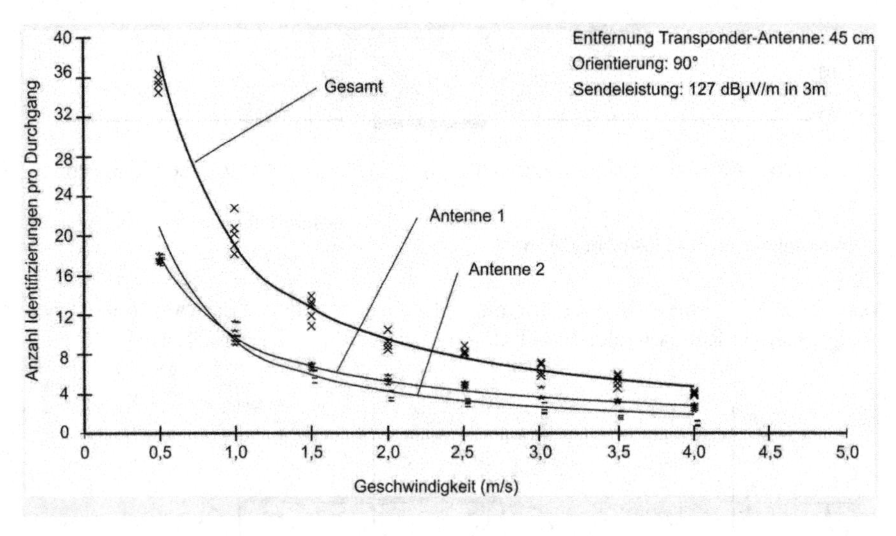

Abb. 4-15. Empfangene Signale bei einem LF-Transponder, der mit zunehmender Geschwindigkeit pro Durchgang zwischen zwei Antennen hindurch geführt wird [21, 36]

Da die magnetischen Felder um die Leserantenne in verschiedenen Frequenzen (auch bei 13,56 MHz) ähnliche Charakteristiken aufweisen, können die hier für LF-Transponder wiedergegebenen Erkennungsbereiche auch auf Transponder mit induktiver Kopplung im HF-Bereich übertragen werden. Dies ist für RFID-Systeme mit Backscatter-Übertragung nicht möglich, da sie das elektromagnetische Feld und die Reflexion der Radiowellen nutzen. Entsprechende Kopplungskurven und Ergebnisse zur Lesegeschwindigkeit wie bei den LF-Systemen liegen bis dato für UHF-Systeme nicht vor.

[5] Im vorliegenden Versuch wurde mit zwei Lesegeräten gearbeitet und die auf beiden Seiten empfangenen Signale addiert.

4.5.3 Übertragung im Backscatter-Verfahren

RFID-Systeme, die eine Distanz von > 1 m überbrücken müssen, werden als long range-Systeme bezeichnet. Wie in Abb. 4-11 dargelegt, ist die Energie des magnetischen Wechselfeldes ab ca. 1 m nicht mehr ausreichend, um den Transponder zu versorgen (aktive Systeme sind hier aus Gründen der eingeschränkten Anwendungen ausgeklammert). Daher können hier nur RFID-Systeme genutzt werden, die im Bereich 868 MHz (Europa) und 915 MHz (USA) arbeiten. Sie nutzen das Backscatter-Verfahren. Im Folgenden werden, analog zum vorherigen Kapitel, die grundlegende Funktion, der Antenneaufbau und die Ausbreitungscharakteristik aufgezeigt (Abb. 4-16). Die Antennen unterscheiden sich grundlegend von den zuvor dargestellten Spulen und Ferritkernen: hier werden Dipolantennen eingesetzt. Die in der Antenne generierte Hochfrequenzspannung wird vom Chip wie zuvor zur Generierung eines kodierten Signals verwendet.

Die heute üblichen passiven Transponder erreichen bei einer Frequenz von 868 MHz eine Lesereichweite von 2 bis 3 m, bei 2,4 GHz ca. 1 m. Mit aktiven Transpondern könnte in diesen Frequenzbereichen ein Vielfaches erreicht werden. Anzumerken ist, dass auch bei aktiven Transpondern, die im UHF-Bereich oder darüber arbeiten, die Energie der Batterie stets zur Versorgung des Chips eingesetzt wird, nicht jedoch für die Rücksendung des Signals. Dieses wird stets nur reflektiert. Die im Folgenden beschriebenen Transponder beziehen auch die Energie für den Betrieb des Chips aus dem elektromagnetischen Feld, sind also passiv.

Beim Backscatter-Prinzip handelt es sich nicht um das Zurücksenden, sondern um das Reflektieren der vom Lesegerät ausgesandten elektromagnetischen Wellen. Dieses Verfahren wird in der Radar-Technik verwendet und nutzt das Prinzip, dass jedwede Materie, deren Abmessung größer als die halbe Wellenlänge des ausgesandten Radarstrahls ist, diesen reflektiert. Insbesondere geschieht dies dann, wenn das angefunkte Objekt damit in Resonanz steht. Abbildung 4-16 zeigt das Abschnüren von Wellen bei der Umpolung der Dipolantenne, sowie die Reflexion durch einen Transponder.

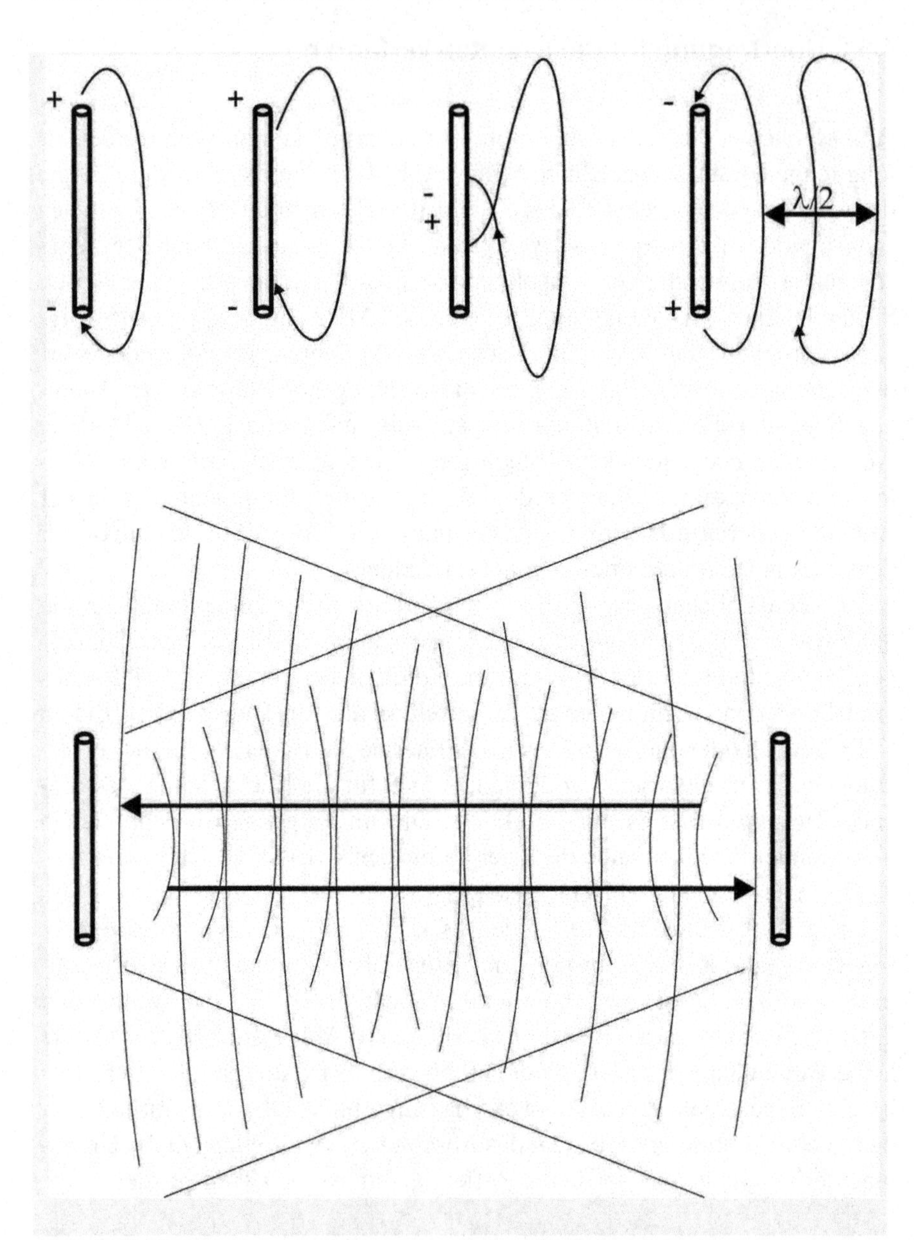

Abb. 4-16. Entstehung von elektromagnetischen Wellen und Ausbreitung zwischen zwei Dipolantennen. Oben: Abschnüren der Wellen bei Umpolung. Unten: Richtungseffekt bei der Abgabe der Wellen und Reflexion durch den Transponder [20]

Das Prinzip der Informationsübertragung beruht nun darauf, dass die Rückstrahleigenschaften an der Transponderantenne geändert werden (bei den induktiven Transpondern war dies die Entnahme von Energie aus dem Feld und die Impedanzänderung). Dies bedeutet, dass die Antenne wechselweise sehr gut und weniger gut in Resonanz ist. Dieser Effekt kann dadurch erreicht werden, dass ein Lastwiderstand wechselweise zu- und abgeschaltet wird (Abb. 4-17, RL).

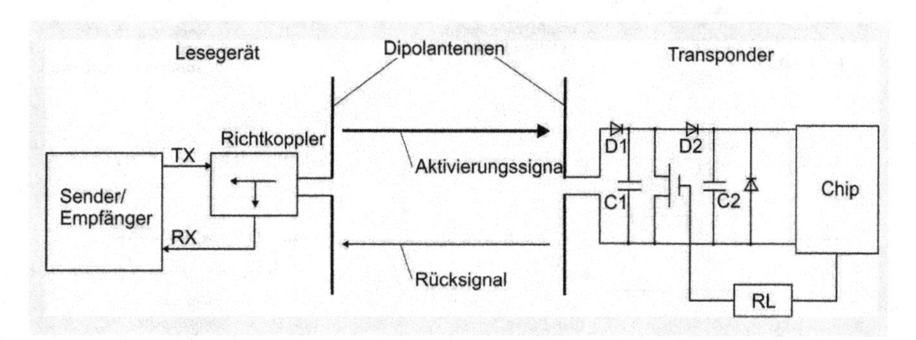

Abb. 4-17. Grundfunktion eines passiven Transponders im Backscatter-Verfahren nach [20]

Die Ausbreitungscharakteristik bzw. der Erkennungsbereich von UHF-Transpondern ist durch eine Reihe von Faktoren beeinflusst [69]:
- Durch die Orientierung zur Antenne in Abhängigkeit von Polarisierung und Drehfeld,
- die Eigenschaften der Oberfläche des markierten Objektes,
- die Eigenschaften der Inhaltstoffe des markierten Objektes,
- die Reflexionen und Ablenkungen durch andere Gegenstände

Im Folgenden werden diese Beeinflussungen anhand von praktischen Beispielen der Anbringung von UHF-Etiketten auf Kisten näher betrachtet (Abb. 4-18, Abb. 4-19, Abb. 4-20). Es ist zu beachten, dass die Abbildungen nur für eine lineare Polarisierung der Felder gelten. Bei zirkulärer Polarisierung (Drehfeld) entfällt eine der für die Lesung ungünstigen Orientierungen (Abb. 4-18, links unten, senkrechte Position des Etiketts). Die zirkuläre Polarisierung hat jedoch Leistungseinbussen in der Lesereichweite zur Folge.

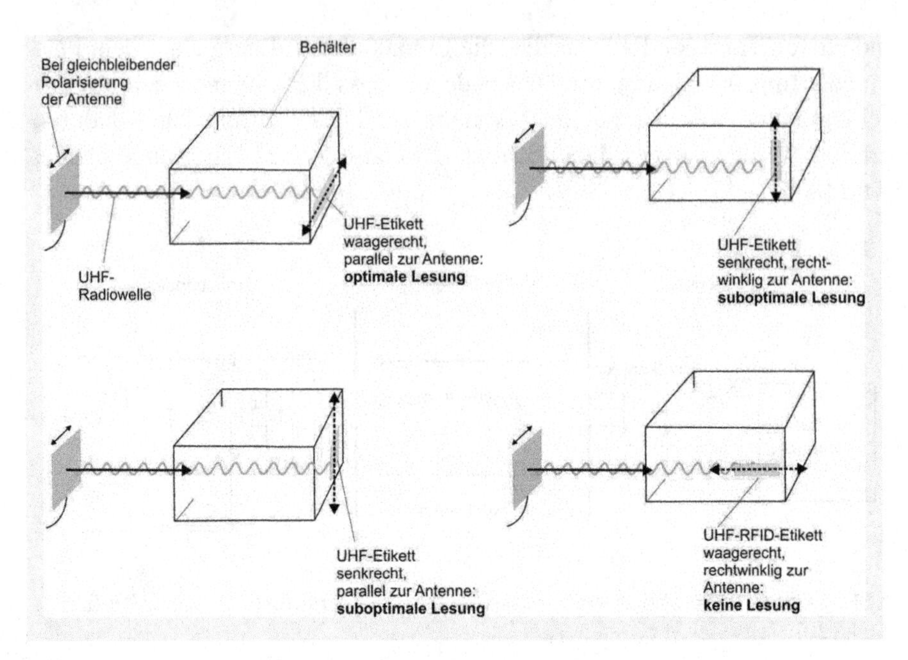

Abb. 4-18. Auswirkungen der Anbringung von UHF-Etiketten auf die Lesbarkeit, nach [53]

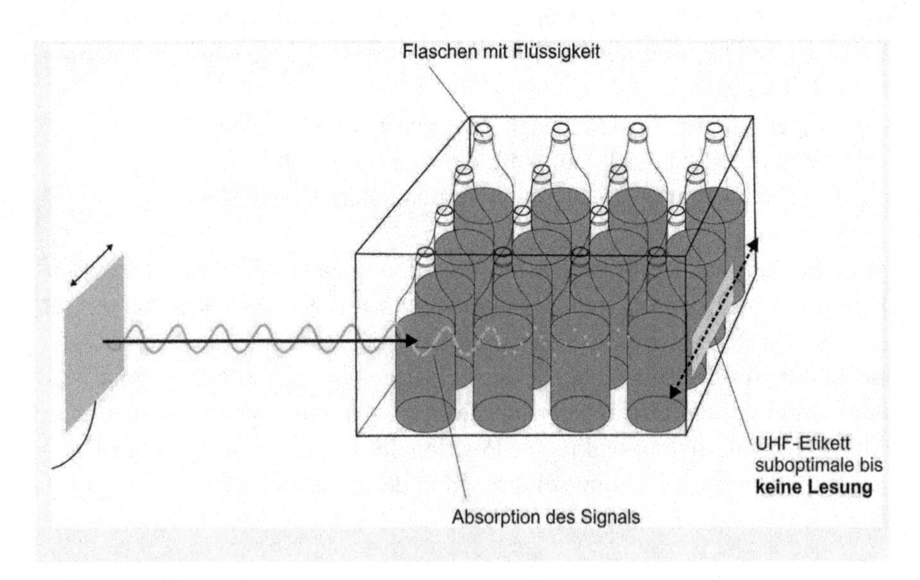

Abb. 4-19. Auswirkungen von wasserhaltigen Objekten auf die Lesbarkeit von UHF-Etiketten, nach [53]

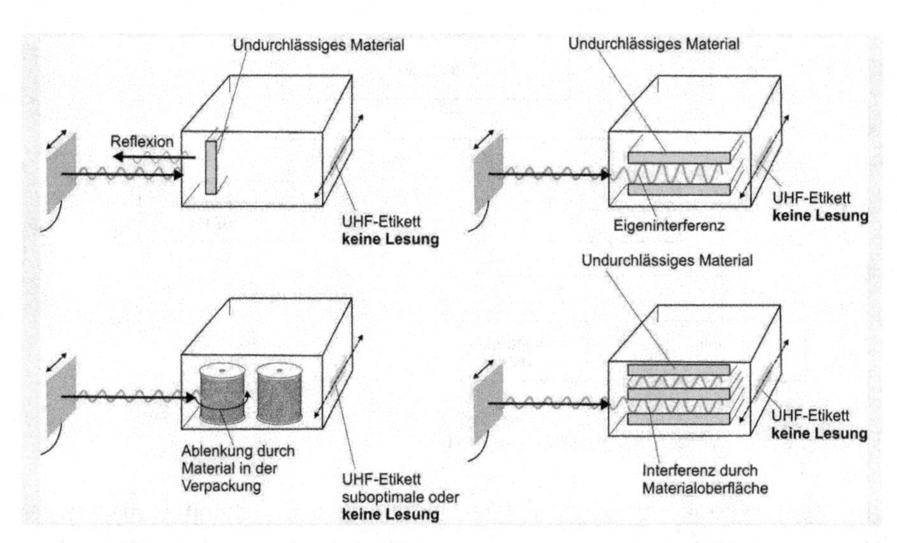

Abb. 4-20. Auswirkungen von leitenden oder reflektierenden Objekten auf die Lesbarkeit von UHF-Etiketten, nach [53]

> Die Ausbreitungscharakteristiken der Radiowellen gehören zu den wichtigsten Faktoren, die bei der Auswahl eines Systems berücksichtigt werden müssen.

4.6 Betriebsart

Die Übertragung der Daten geschieht auf zwei grundsätzliche Betriebsarten (Abb. 4-21). Im Duplex-Verfahren und im sequenziellen Verfahren (SEQ). Das Duplex-Verfahren unterteilt sich nochmals in Halb- (HDX) und Vollduplex (FDX).

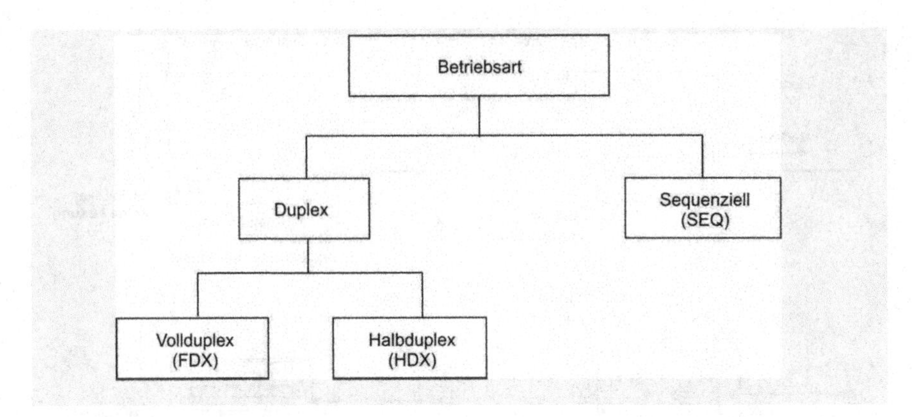

Abb. 4-21. Betriebsarten von Transpondern

Im Duplex-Verfahren werden die Daten zwischen Leser und Transponder unabhängig von der Energieversorgung übertragen. Im sequenziellen Verfahren hingegen werden Datenübermittlung vom Transponder zum Leser und Energieversorgung getrennt durchgeführt (Abb. 4-22).

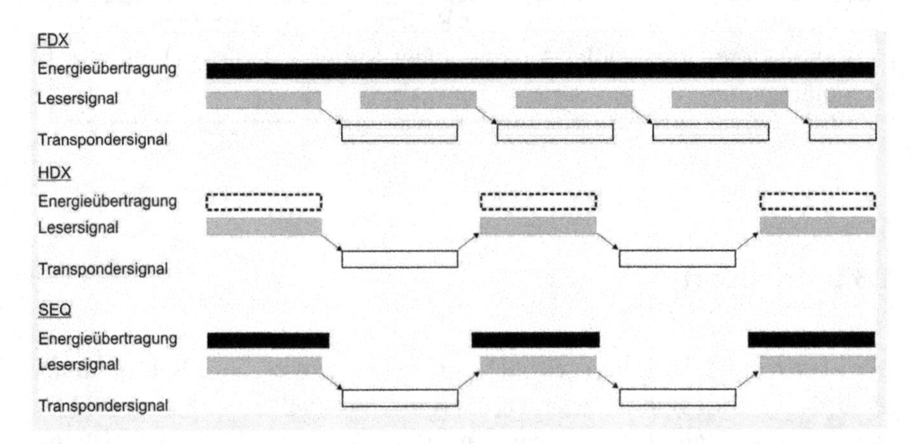

Abb. 4-22. Zeitlicher Ablauf der Energie- und Signalübertragung bei verschiedenen Betriebsarten [20]

Der Unterschied in der Energieübertragung zwischen HDX und SEQ, bzw. deren Definition ist in Fachkreisen noch nicht abschliessend geklärt (gestrichelte Linie). Insbesondere beim Vergleich von read-only- und read-write-Chips ist die zeitliche Abfolge zu definieren.

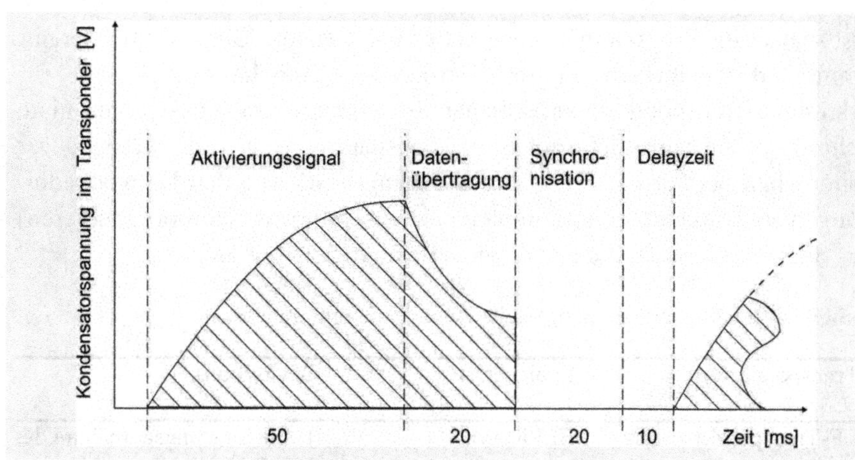

Abb. 4-23. Zeitlicher Verlauf der Spannung in einem LF-Transponder (134,2 kHz) mit HDX [76]

Bei den beiden Duplex-Verfahren ist es von Vorteil, dass eine kontinuierliche Energieversorgung des Transponders stattfindet und dieser wenig selber zwischenspeichern muss. Nachteilig ist es, dass die beiden Datensignale vom Signal der Energieübermittlung überlagert werden und das relativ schwache Rücksignal des Transponders noch detektiert werden muss. Dies geschieht durch Lastmodulation, Lastmodulation mit Hilfsträger und (Sub-) Harmonische der Sendefrequenz des Lesegerätes [20].

In der sequentiellen Betriebsart hingegen fallen nur das Lesersignal und die Energieversorgung zusammen, das Antwortsignal des Transponders ist sauber getrennt. Dadurch wird jedoch als Zwischenspeicher ein größerer Kondensator (oder bei aktiven Systemen eine Batterie) erforderlich.

> Die Betriebsart wirkt sich direkt auf die Signalübertragung pro Zeiteinheit und damit auf die Lesezuverlässigkeit aus.

4.7 Speicher

Alle RFID-Systeme benötigen einen Speicher, um Daten übermitteln und abspeichern zu können. Es ist entweder ein Speicher, der bereits beim Hersteller mit einer fest einprogrammierten Nummer versehen wurde, oder der erst später eine Programmierung erhalten hat. Letztere können entweder nur einmal oder mehrfach programmierbar sein. Tabelle 4-2 gibt die für bestimmte Transpondertypen üblichen Speicherarten an. Aus der Anzahl an Schreibzyklen kann nicht auf die Lebensdauer geschlossen werden. Der Datenerhalt beträgt mehrere Jahre und hängt stark von den Umweltbedingungen ab. Durch erneutes komplettes Überschreiben (Neuprogrammieren) des Speichers können die Daten wieder aktualisiert werden.

Tabelle 4-2. Übliche Speicherarten bei verschiedenen Transpondertypen

Transpondertyp	Speicherart	Anmerkung
LF-Transponder passiv	EEPROM	Hohe Leistungsaufnahme des EEPROM bei der Programmierung ca. 100 000 Schreibzyklen
HF-Transponder passiv	EEPROM (FRAM)	Vorteile FRAM: geringe Leistungsaufnahme, hohe Schreibgeschwindigkeit. Noch keine Markteinführung.
UHF-Transponder passiv	EEPROM (FRAM)	dito
UHF-Transponder aktiv	EEPROM, SRAM	benötigt Batterie um Daten zu erhalten

Um die Informationen im Speicher gezielt abzurufen, ist eine bestimmte Datenorganisation erforderlich. Der Inhalt des Speichers ist in mehrere Segmente aufgeteilt. In der einfachsten Form enthält er nur eine UID. Für Transponder, die ISO 15693 entsprechen, zeigt Abb. 4-24 den typischen Aufbau. Die verschiedenen Seiten des variablen Speichers können einzeln aufgerufen werden. Sie werden dann jeweils vollständig gelesen. Es ist ausserdem möglich, nur den Application Family Identifier (AFI) zu lesen oder die UID. Ferner können einzelne Zeilen (Blocks) für die weitere Programmierung gesperrt werden (OTP).

Die Speichergrössen reichen von 32 bit (nur UID) bis zu etwa 6 kbit (inklusive variabler Speicher). Für die meisten industriellen Anwendungen ist heute 1 kbit ausreichend. Wenn zusätzliche Verschlüsselungsalgorithmen erforderlich sind (ISO 14443), wird entsprechend mehr Speicher, eventuell auch ein zusätzlicher Prozessor, benötigt.

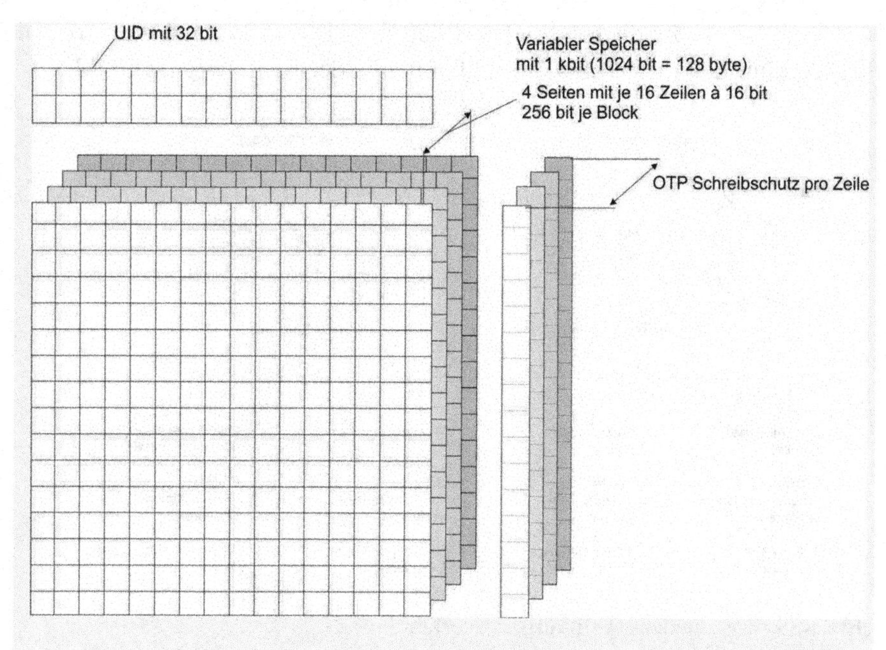

Abb. 4-24. Aufbau des Speichers bei Transpondern, nach ISO 15693 [28]

Die Speicherart hat einen relativ großen Einfluss auf den Leseerfolg, auf die Lebensdauer des Transponders und natürlich die Programmierreichweite. Ferner wird durch die Speicherart und -größe der Preis für den Chip beeinflusst.

4.8 Antikollision

Antikollision bedeutet das Auseinanderhalten mehrerer Transponder im gleichen Lesefeld eines Lesegerätes, um mit diesen einzeln zu kommunizieren. Als einfachste Form der Kommunikation mit Transpondern kann das Broadcast-Verfahren gesehen werden (Abb. 4-25). Dabei sendet das Lesegerät, ähnlich einem Radiosender mit vielen Empfangsgeräten, gleichzeitig ein Signal an alle Transponder. Der umgekehrte Vorgang, den Zugriff mehrerer Transponder auf das Lesegerät, nennt man entsprechend Mehrfachzugriff. Geschieht dies gleichzeitig, kann das Lesegerät nicht unterscheiden, ob es sich um ein einziges oder mehrere Signale handelt. Dementsprechend müssen die Signale unterschieden werden. Hierzu eigenen sich vier Multiplex-

Verfahren: sie unterscheiden sich zeitlich im TDMA, in der Frequenz im FDMA, räumlich im SDMA und schließlich in der Kodierung im CDMA.

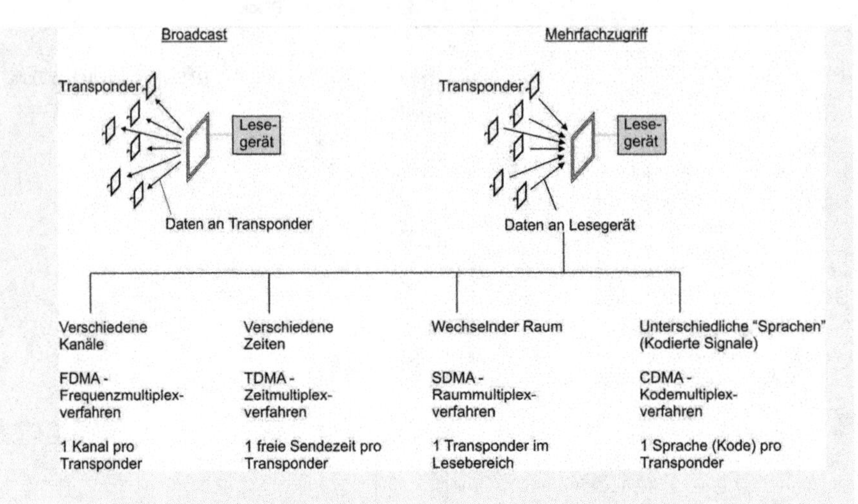

Abb. 4-25. Verschiedene Antikollisionsverfahren

Aus diesen grundsätzlichen Verfahren werden entweder einzelne oder auch Kombinationen ausgewählt (Abb. 4-26).

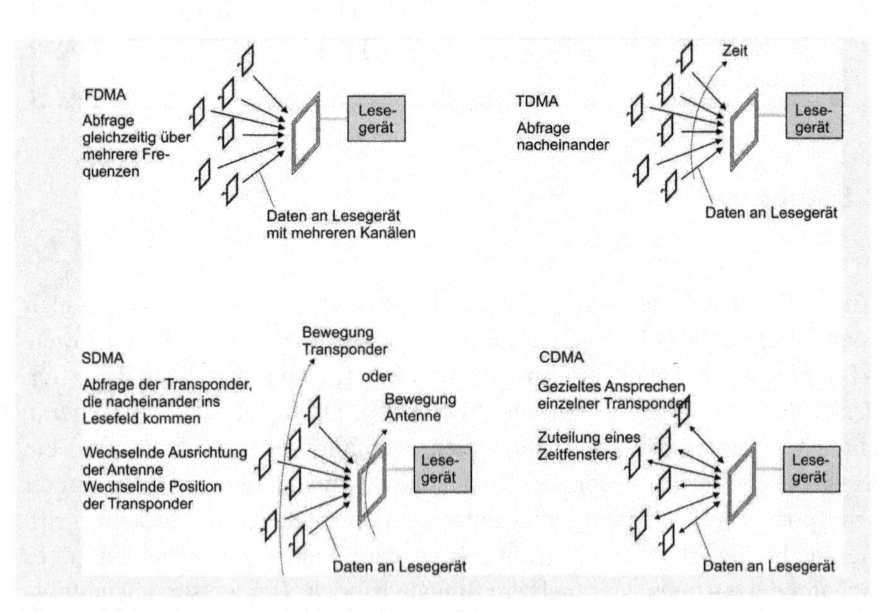

Abb. 4-26. Funktion von Antikollisionsverfahren

FDMA Frequenzmultiplexverfahren
Dieses Verfahren ist eines der wirkungsvollsten, da es ein gleichzeitiges Senden der Transponder an das Lesegerät erlaubt. Allerdings ist es durch die Anzahl der Kanäle beschränkt. Ein klassisches Beispiel wäre die Sprechfunkgeräte mit mehreren Kanälen. Ein moderner Vertreter findet sich im PJM-Verfahren (Magellan / Infineon, ISO 18000-3 Mode 2, das genauso genommen eine Mischform zwischen FDMA und CDMA darstellt), welches bis zu acht Kanäle verwendet. Dies führt zu einer sehr schnellen Erkennung vieler Transponder im Lesefeld.

TDMA Zeitmultiplexverfahren
Innerhalb der Zeitmultiplexverfahren gibt es wiederum eine ganze Reihe unterschiedlicher Verfahren. Gemeinsam ist ihnen, dass sie ein Zeitfenster nutzen, in dem nur ein Transponder mit dem Lesegerät kommuniziert. Eines der einfacheren Verfahren ist das sog. ALOHA-Verfahren, das auf Hawaii zum Aufbau eines Funknetzes aufgebaut wurde. Es ist durch den Transponder gesteuert. Er sendet ein relativ kleines Datenpaket und wiederholt dieses in bestimmten Zeitabständen. Die Pausen zwischen den Signalen sind deutlich länger als die Dauer des Datenpaketes selbst. So ist es wahrscheinlich, dass bei gleichzeitigem Beginn des Sendens einiger Transponder ein Zeitfenster entsteht, in dem einer von ihnen sein Signal erfolgreich übermitteln kann. Der Datendurchsatz ist dementsprechend von der Länge des Signals, der Anzahl Transponder und der Länge der Pausen abhängig. Ab einer bestimmten Menge an Transpondern, wenn mehr Transponder im Lesebereich sind als Zeitfenster bereitstehen, geht allerdings der effektive Datendurchsatz durch zunehmende Behinderung drastisch zurück. Dieser Rückgang kann teilweise verschoben werden, indem den Transpondern durch den Leser ein bestimmtes Zeitfenster zu geteilt wird (slotted ALOHA-Verfahren, S-ALOHA). Eine weitere Verbesserung wird dadurch erreicht, dass sich nur Transponder mit einer relativ hohen Sendeleistung durchsetzen können. Auch durch das dynamische S-ALOHA-Verfahren wurde eine Verbesserung erreicht. Dabei werden, sobald nur ein Transponder einen Teil seiner Information erfolgreich übermittelt hat, die weiteren im Feld befindlichen Transponder durch ein BREAK-Kommando vom Lesegerät stumm geschaltet. Dies bedeutet, dass die Zeitfenster variabel angepasst werden können. Es gibt dem ersten Transponder Gelegenheit, auch ein längeres Signal fehlerfrei zu übermitteln.

Die ALOHA-Verfahren werden im Wesentlichen für nicht-programmierbare Transponder angewendet, die nur wenige Daten senden.

SDMA Raummultiplexverfahren

Bei diesem Verfahren wird entweder der Lesebereich durch die Antenne (zum Beispiel eine Richt-Antenne) gezielt verändert, oder es werden durch Bewegung nur einzelne Transponder in den Lesebereich gebracht. Es kann auch ein größerer Raum mit Antennen und Lesegeräten versehen werden, so dass jeweils feststellbar ist, an welcher Stelle sich eine Person oder ein Gegenstand befindet. Ein klassisches Beispiel ist die Erkennung von Personen bei Massensportveranstaltungen. Hier werden sog. Tartanmatten mit Antennen versehen, die flach auf dem Boden aufliegen und über die zum Beispiel Marathonläufer laufen. Die Personen tragen die Transponder am Schuh, so dass nur eine geringe Lesedistanz erforderlich ist. Die in den Matten vorhandenen Antennen werden abwechselnd geschaltet. Auf diese Weise können sehr große Mengen an Transpondern in relativ kurzer Zeit gelesen werden.

Eine andere Möglichkeit des Raummultiplexverfahrens bestehen darin, im UHF-Bereich polarisierte Antennen zu verwenden und diese wechselweise zu schalten. Dadurch ist eine Selektion von Transpondern in Abhängigkeit von deren Orientierung zur Antenne möglich. Ebenso können Antennen durch Drehung des Feldes einen Bereich gezielt abscannen.

Ein sehr einfaches Verfahren zur Tiererkennung wurde in Australien entwickelt [35]. Dabei wurden Kühe mit aktiven Ohrmarken-Transpondern versehen, die über eine Photozelle angeschaltet wurden. Die Photozellen wurden mit einem Lichtstrahl aktiviert, der auf das jeweilige Tier gerichtet wurde. Das System erreichte allerdings im Gegensatz zu den oben erwähnten Anwendungen nie eine Serienreife, da ein praktischer Aspekt nicht berücksichtigt wurde: das Tier musste die Ohrmarke zum Lesegerät hinwenden, damit der Transponder angeschaltet werden konnte. Trotzdem wäre der Einsatz eines solchen Systems in einem Hochregallager durchaus denkbar, wenn die Position und Art der Objekte überprüft werden sollen.

CDMA Kodemultiplexverfahren

Dieses Verfahren stellt das am weitesten entwickelte Antikollisionsverfahren dar. Es nutzt die Möglichkeit, die Signale der Transponder zu analysieren und sie selektiv auszuschalten, bis nur noch ein Transponder antworten kann. Wenn dieser geantwortet hat, wird er ausgeschaltet und der Algorithmus der Suche beginnt von neuem, bis alle Transponder im Feld gelesen wurden. Auf diese Weise können fast beliebig viele Transponder im Feld erkannt werden.

Eine der wichtigsten Voraussetzungen ist, dass die Transponder synchronisiert antworten und dass über die Art der Kodierung entschlüsselt wird, ob sich mehrere Transponder im Feld befinden und ob deren Signale miteinander kollidieren. Dies wird am Beispiel für zwei Transpondersignale in Abb. 4-27 für zwei Kodierungsverfahren, den NRZ-Kode (Non Return to Zero) und Manchester-Kode erläutert.

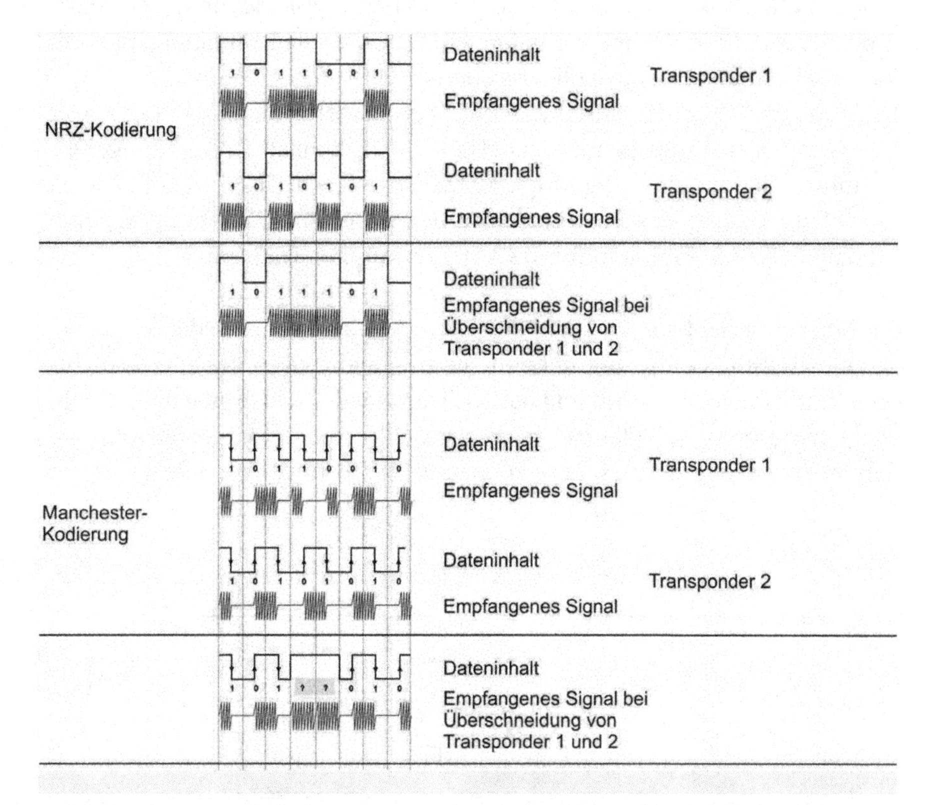

Abb. 4-27. Vergleich von NRZ- und Manchester-Kodierung [20]. Die Manchester-Kodierung erlaubt es, jedes übertragene bit auf eine Kollision hin zu prüfen.

Wenn sich die Signale beim NRZ-Kode überlagern und eine neue Kodierung ergeben, kann dies nur später über eine Prüfsumme erkannt werden (CRC oder Parity). Hingegen entstehen beim Manchester-Kode bereits während der Übertragung nicht logische Einheiten, die sofort erkannt werden können. Wenn das Lesegerät dies erkennt, nimmt es an, dass eine Kollision vorliegt und kann die Abfrage erneut starten.

Um nun eine gezielte Abfrage eines Transponders durchzuführen, werden fünf Befehle benötigt, die das Lesegerät zu allen Transpondern im Lesebereich sendet.

1. Ein General Request Cycle (INVENTORY)
2. Vorselektion der Transponder (REQUEST_SNR): hiermit werden Seriennummern abgefragt, die kleiner sind als eine vorgegebene Nummer.
3. Auswahl einer bestimmten, bereits bekannten Nummer (SELECT_SNR): die empfangene Seriennummer wird vom Leser gesendet und vom Transponder mit dieser Nummer empfangen. Damit ist die Kommunikation mit einem bestimmten Transponder sichergestellt.
4. Lesen der Daten des ausgewählten Transponders (READ_DATA): Der angesprochene Transponder sendet seinen Dateninhalt an das Lesegerät.
5. Stummschalten des abgefragten Transponders (UNSELECT): nach erfolgter Lesung des Speichers wird der Transponder stumm geschaltet und gibt so den Freiraum für die Abfrage weiterer Transponder.

Das Verfahren sieht nun vor, dass bei jedem Abfragezyklus an der Stelle, wo ein bit eine Kollision verursacht, eine neue, eingeengte Abfrage erfolgt, bis keine Kollision mehr auftritt und nur ein Transponder sein Signal übermittelt. Wenn er stumm geschaltet ist, kann der nächste mit der Datenübertragung starten. So verfolgt der Leser einen binären Suchbaum (Abb. 4-28).

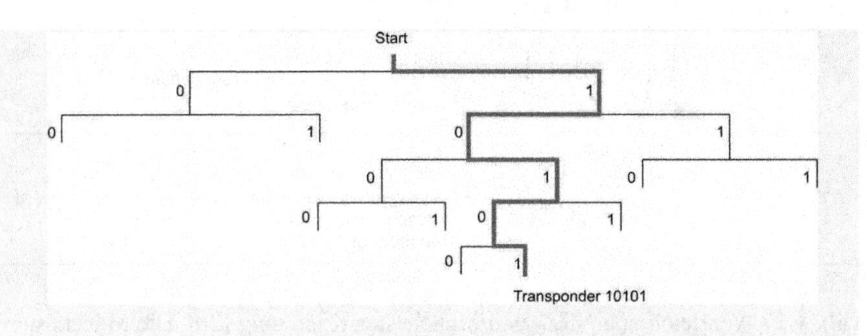

Abb. 4-28. Binärer Suchbaum mit Beispiel für vier Transponder, nach [20]

> Antikollisionsverfahren sind bei den meisten modernen RFID-Systemen üblich. Als Einflussfaktor ist der Antikollisionsalgorithmus in starkem Masse für die Lesegeschwindigkeit verantwortlich.

4.9 Bauformen von Transpondern

Transponder liegen in einer Vielzahl von Bauformen vor. Die Bauform bezieht sich auf die integrierte Schaltung (Chip), die Antenne und die

Verkapselung des Transponders. Letztere stellt jeweils einen Schutz vor Umwelteinflüssen dar, verbindet den Transponder mit dem Objekt und übernimmt statische Funktionen für die Bauteile im Transponder. Es können fünf Gruppen unterschieden werden (Abb. 4-29), wobei heute Glaskapseln, Etiketten, Plastikkarten und Kunststoffkapseln die Mehrheit bilden. Unter den Sonderformen sind Uhren mit integrierten Transponder, sog. Tokens (Schlüsselanhänger) und „Coil on Chip“ zu finden. Bei Letzteren befindet sich die Antenne gleich mit auf dem Chip.

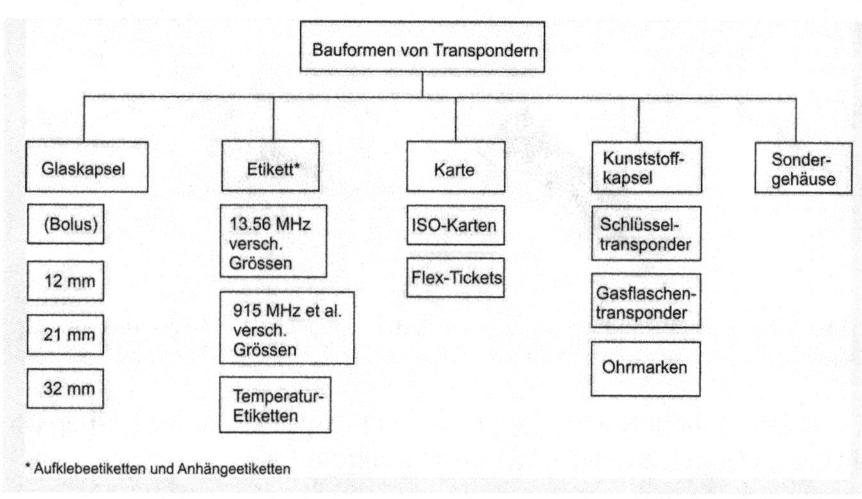

Abb. 4-29. Bauformen von Transpondern

Bleibt anzumerken, dass die im Folgenden dargestellten Transponder und Lesegeräte nur beispielhaft dargestellt werden können und nur eine enge Auswahl an Produkten einzelner Firmen gezeigt wird. Für die weitere Recherche wird im Anhang auf eine Lieferantenliste und vor allem auf geeignete unabhängige Organisationen hingewiesen.

4.9.1 Glaskapseln

Transponder mit Glaskapseln waren die ersten miniaturisierten und in Massen herstellbaren Transponder, die einen wesentlichen Impuls für die weitere Entwicklung der Technologie gaben. Sie waren vor allem für die Identifikation von Tieren vorgesehen, indem sie dem jeweiligen Tier unter die Haut „injiziert“, d.h. mit einer Kanüle und einem entsprechenden Applikationsgerät implantiert wurden (Abb. 4-30). Glastransponder werden auch in weitere Verpackungen integriert, zum Beispiel einen Bolus, der Wiederkäuern in den Magen (Pansen) gegeben wird. Ein weiteres Beispiel sind Schlüsselanhänger als Berechtigungscode (Speedpass).

Glas bietet einen hervorragenden Schutz vor Feuchtigkeit. Die Festigkeit gegenüber mechanischen Einflüssen (Druck, Schlag etc.) ist vergleichsweise gering – einen wesentlichen Einfluss hat hierbei die Baulänge (12 bis 32 mm) und die Glasstärke. Die in der Praxis eingesetzten Glastransponder sind heute dahingehend optimiert und arbeiten über das gesamte Leben des Tieres.

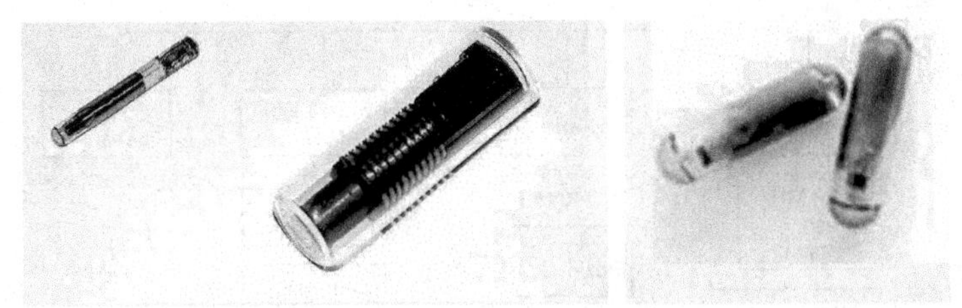

Abb. 4-30 Glastransponder mit 32, 40 und 23 mm Länge (Texas Instruments; Sokymat)

Die Glaskapseln enthalten Transponder mit Ferritkernen, die im LF-Bereich arbeiten. Der Aufbau ist der Abb. 4-31 zu entnehmen.

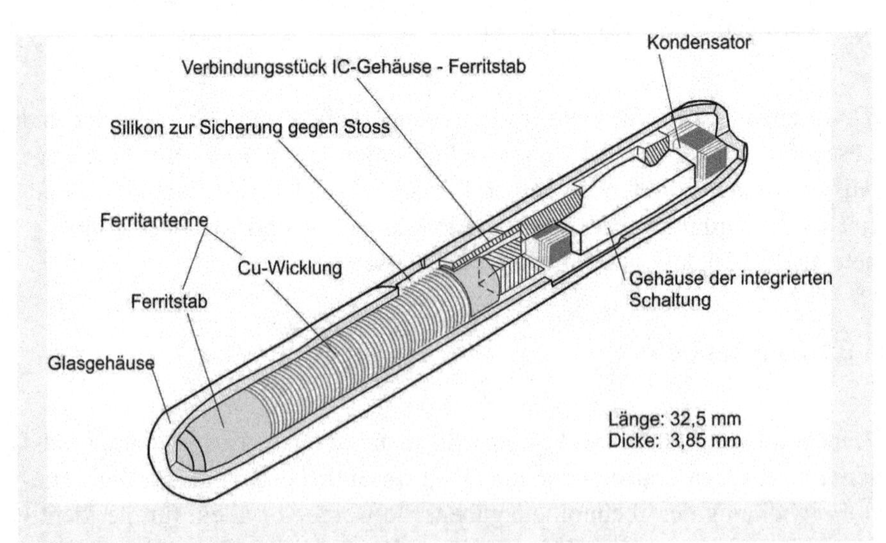

Abb. 4-31. Aufbau eines Glastransponders (Glastransponder mit 134,2 kHz, HDX, nach Texas Instruments, [36])

4.9.2 RFID-Etiketten

RFID-Etiketten sind inzwischen in einer großen Vielfalt vorzufinden. Sie werden wie normale Papieretiketten auf Gegenstände geklebt. Eine Unterform sind Anhängeetiketten, die keine Klebefläche enthalten und zum Beispiel in der Textilwirtschaft verwendet werden.

RFID-Etiketten sind mit entsprechenden Druckern wie normale Papieretiketten individuell bedruckbar, zum Beispiel auch mit einem Barcode. Sie bieten daher einen guten Übergang beim Wechsel von der Barcode- zur RFID-Technologie, da sie mit beiden Geräten nach Bedarf gelesen werden können.

4.9.2.1 Selbstklebende Inlays

So genannte Inlays sind das Basismaterial für RFID-Etiketten und -RFID-Karten (Abb. 4-32). Sie bestehen aus einem flexiblen Basismaterial aus kunststofffolie, einer Antennenstruktur und dem Chip. Wenn sie mit einer Kleberschicht versehen sind, stellen sie die einfachste Form der Transponder-Etiketten dar (selbstklebende Inlays, siehe auch Innenseite des buchdeckels). Sie enthalten auf der Unterseite eine Kleberschicht und einen Liner (Silikonpapier zum einfachen Ablösen). Auf der Oberseite besitzen sie meist eine dünne Folie zum Schutz vor Umwelteinflüssen. Die Antennenstrukturen befinden sich auf einem Band aus PE-Material. Sie werden beispielsweise auf breiten Bahnen geätzt und anschliessend in Bestückungsautomaten mit den Chips versehen (genauere Angaben s. Kap. 8, Herstellung von Transpondern).

Auf den Antennen in Abb. 4-32 ist der Chip jeweils auf der linken Seite erkennbar. Die erste Antenne ist aus Aluminium, die zweite aus Kupfer geätzt. Links oben enthält das Aluminium-Inlay eine Brücke mit entsprechenden Crimping-Stellen (Durchkontaktierung). Die Gabelartige Struktur rechts vom Chip ist ein Kondensator, der je nach Chipauslegung auf der Antennenstruktur und/oder im Chip selber enthalten sein kann. Das Inlay ist bereits voll funktionsfähig. Da es aber noch keine Schutzschicht enthält, ist es störenden Umwelteinflüssen ausgesetzt und es können Funktionsausfälle auftreten; daher wird in jedem Falle eine Schutzschicht, meist aus Papier oder Folie, benötigt. Ausserdem wird die Frequenz so abgestimmt, dass sie erst zusammen mit dem zusätzlichen Etikettenmaterial und dem Untergrund/Umgebung, auf das es später geklebt wird, optimiert ist.

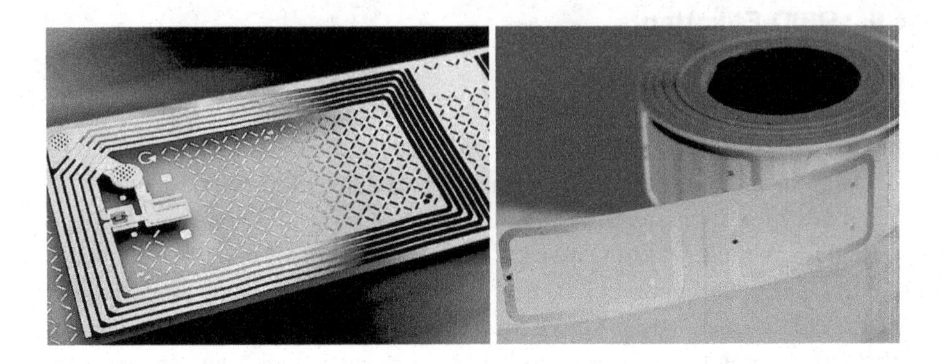

Abb. 4-32. Inlay für RFID-Etiketten (links: Infineon, Lucatron; rechts: Philips Semcoductors, Smartag)

Für die vielfältigen Anwendungen wurden ebenso vielfältige Formen von Antennen entwickelt, so dass heute (von mehreren Herstellern) eine breite Palette an Formfaktoren zur Verfügung steht (Abb. 4-33, Abb. 4-34).

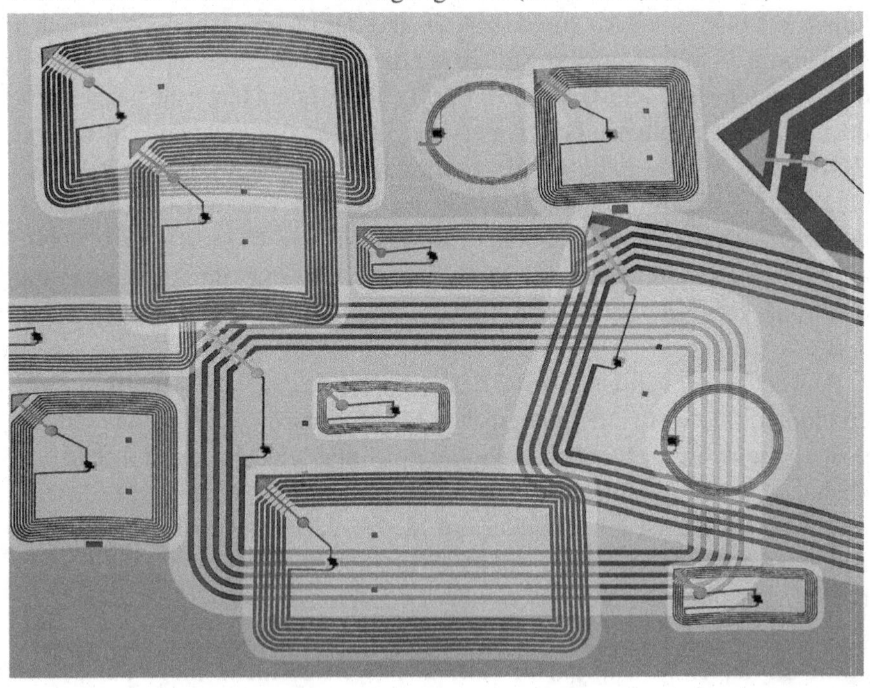

Abb. 4-33. Verschiedene Inlayformen für 13,56 MHz-Transponder (Rafsec)

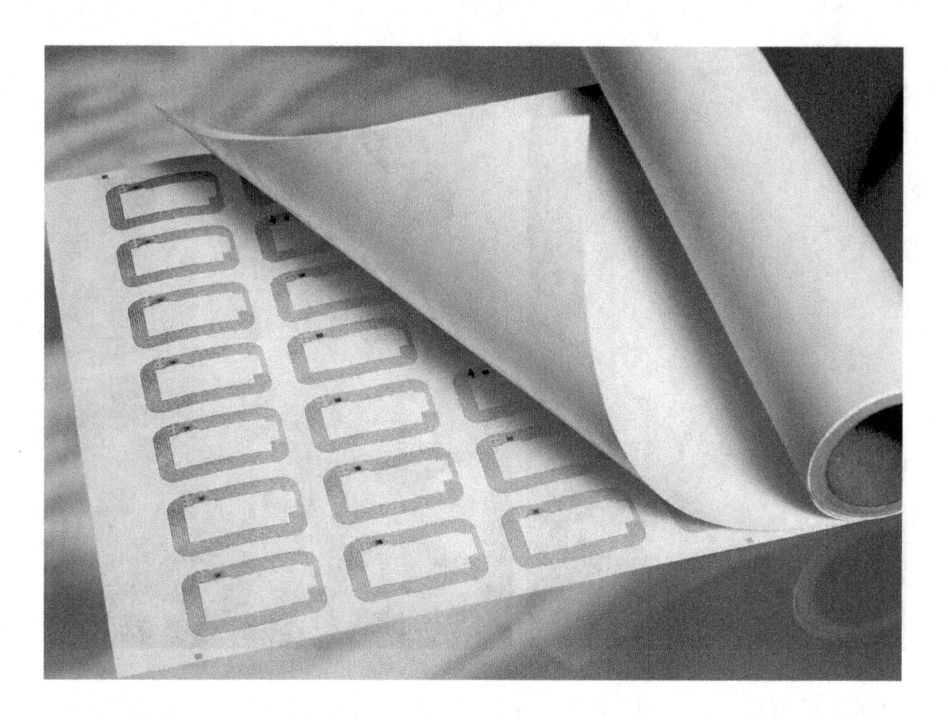

Abb. 4-34. Inlays aus mehrbahniger Verarbeitung mit Deckmaterial (Rafsec)

Abbildung 4-35 zeigt verschiedene Formen von UHF-Inlays. Sie werden jeweils auf eine optimale Reflexion der elektromagnetischen Wellen hin entwickelt und weisen nicht nur einfache Dipole, sondern viele weitere Formen auf. Sie sind in noch stärkerem Masse als die oben erwähnten HF-Etiketten, für bestimmte Oberflächen, auf die sie geklebt werden sollen, optimiert.

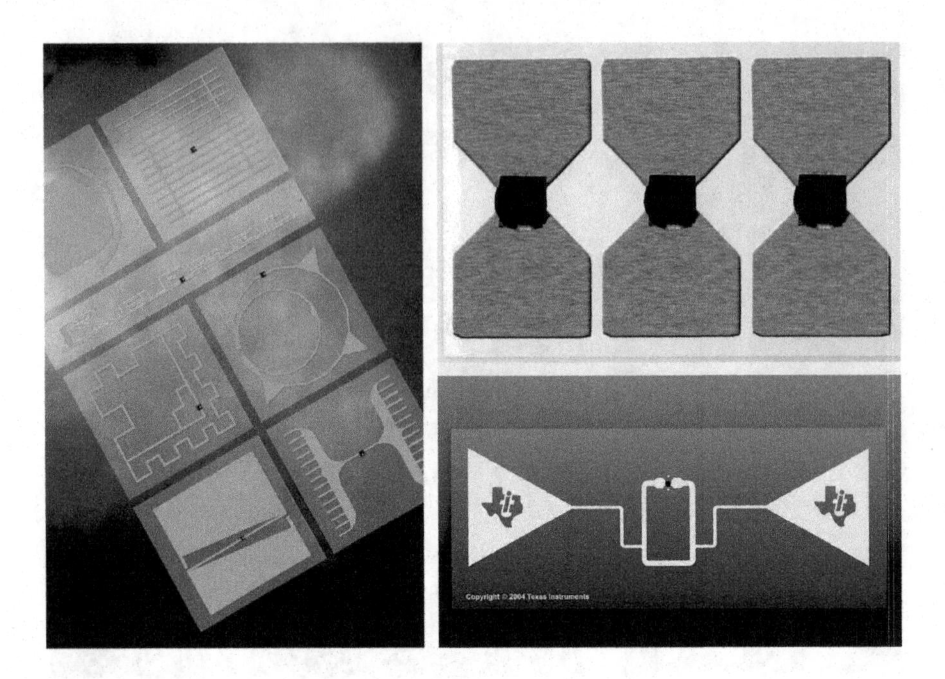

Abb. 4-35. Inlays von UHF-Transpondern in verschiedenen Formfaktoren (Rafsec, Texas Instruments)

4.9.2.2 RFID-Etiketten aus Papier und Kunststoff

Bei Papier- oder Kunststoffetiketten kann die Oberfläche entweder weiss oder (bereits ab Hersteller) bedruckt sein (Abb. 4-36, Abb. 4-37). Bei nachträglicher Bedruckung in einem Thermotransfer- oder Thermo-Direkt-Etikettendrucker ist zu berücksichtigen, dass sie eine für das Druckverfahren geeignete Oberflächenbehandlung ausweisen müssen (Thermo-Direkt-Beschichtung oder Thermo-Transfer) und dass in den meisten Fällen nicht direkt auf den Chip gedruckt werden sollte. Die Spaltbreite des Druckers muss entsprechend eingestellt werden, um den Chip nicht zu beschädigen. In solchen Druckern können keine Chips im Wire-Bonding-Verfahren verwendet werden (s. Kap. 8, Herstellung von Transpondern), da sie einen so genannten Glob-Top besitzen. Dies ist relativ hohe eine Schutzabdeckung aus ausgehärtetem Kunstharz (bis ca. 0,3 mm), der nicht durch den engen Spalt des Druckers passt.

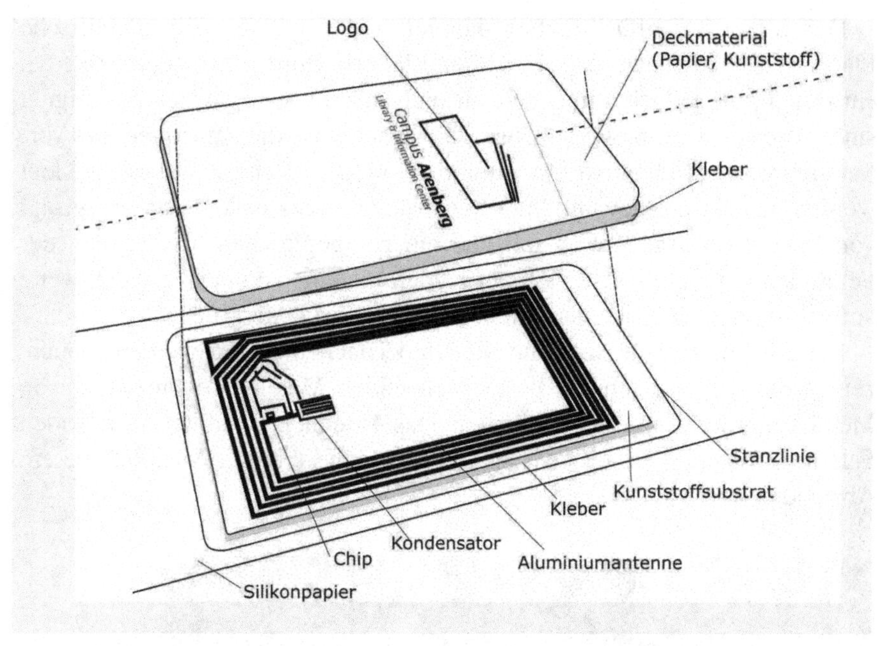

Abb. 4-36. Aufbau eines RFID-Etiketts mit Kleberschichten, Ober- und Untermaterial

Abb. 4-37. Fertig bedrucktes Papieretikett auf der Rolle (X-ident technologies)

Neben Papier in verschiedenen Stärken können auch opake oder transparente Kunststofffolien als Obermaterial verwendet werden, die wiederum für eine Bedruckung entsprechend vorbereitet sein müssen. Je dicker das Material ist, desto eher kann über den Chip gedruckt werden. Teilweise drückt sich dieser bei der Verarbeitung in das Obermaterial ein.

Die fertigen RFID-Etiketten können auf jegliche nicht-metallische Flächen aufgeklebt werden. Für Metallflächen wurden spezielle Etiketten entwickelt, die jedoch umgekehrt für nicht-metallische Flächen ungeeignet sind (Abb. 4-38, Abb. 4-39). Dies rührt daher, dass die Antennen eine Vor-Verstimmung erhalten und erst zusammen mit der Fläche, auf die sie geklebt werden, wieder der gewünschten Resonanzfrequenz bekommen. Aufgrund von Energieverlusten im Metall und einer suboptimalen Ausbreitung der Feldlinien kann ein solches Etikett jedoch nie eine so gute Lesereichweite aufweisen, wie ein Etikett auf nicht-metallischem Untergrund.

Beispiele für Etiketten, die auf Metalloberflächen geklebt werden können, zeigen die Abb. 4-38 bis 4-39 als rechteckige Metalletiketten (Mount on Metal) und ringförmige CD-Etiketten. Das Antennenlayout wurde in beiden Fällen so angepasst, dass zwischen der Antenne und der Metallfläche ein Abstand gewahrt bleibt.

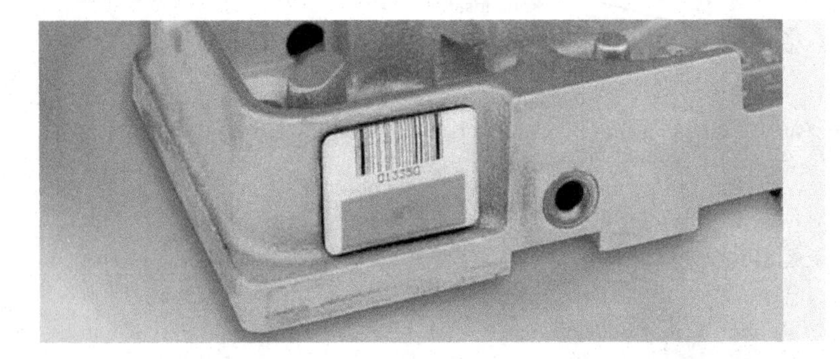

Abb. 4-38. RFID-Etikett für Metalloberflächen (Metalletikett, Schreiner)

Abb. 4-39. RFID-Etiketten für CDs (Schreiner, Bibliotheca-RFID)

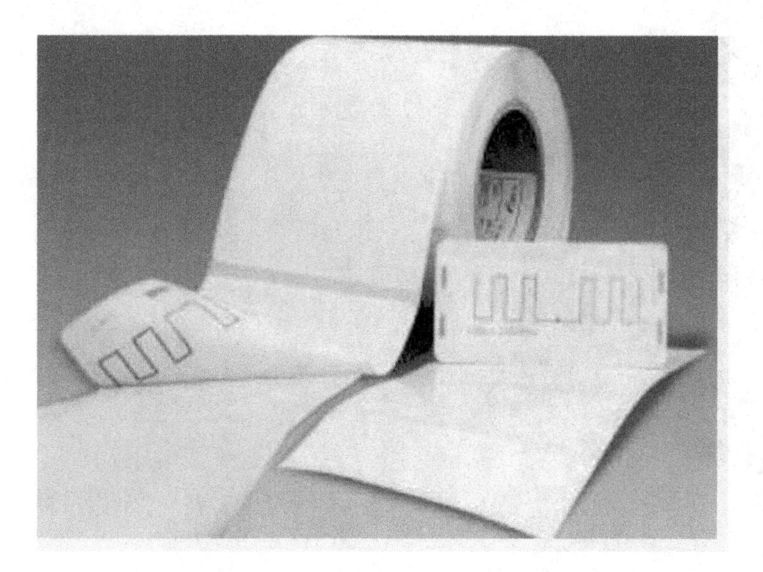

Abb. 4-40. UHF-Etiketten (X-ident technologies) mit Dipolantennen in Meanderform.

4.9.3 Flexible Karten

Karten unterscheiden sich in erster Linie dadurch von den zuvor beschriebenen Etiketten, dass sie beidseitig des Inlays eine Lage mit flexiblem Kunststoff oder Papier besitzen. Die häufigste Form ist die der ISO-Karte (Kreditkartenformat, 86 x 52 mm). Hierbei können insbesondere die Papierkarten verschiedenste Formen aufweisen.

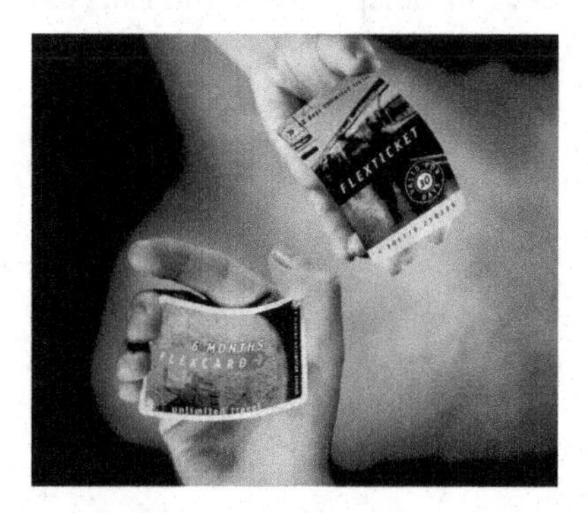

Abb. 4-41. Flexible Karten aus Kunststoff und/oder Papier (Rafsec)

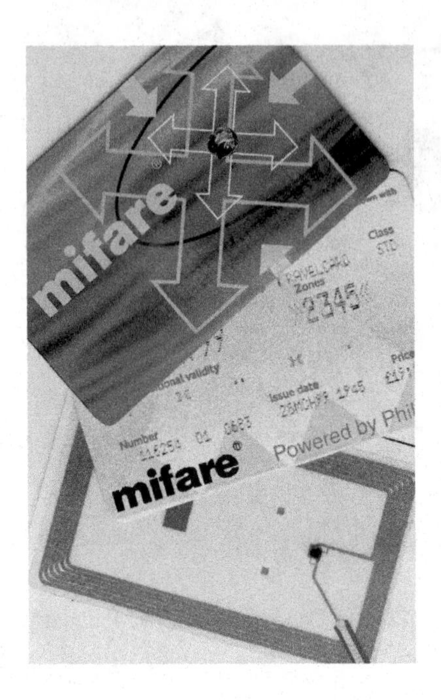

Abb. 4-42. Flexible Karten für den öffentlichen Personenverkehr mit 13,56 MHz-Inlay (Philips Semiconductors)

Eine sehr einfache Lösung sind Faltkarten, die mit Serienbriefen verschickt werden können (Abb. 4-43). Dabei werden Inlays auf die Rückseite eines Briefpapiers geklebt, dieses mit einem Silikonpapier abgedeckt und anschliessend von der Frontseite her gestanzt. Die vordere und hintere Kartenseite lässt sich vom Silikonpapier abziehen. Sie hängen noch beide in der Mitte zusammen und können an dieser Knickstelle gefaltet werden. Faltkarten sind sehr einfach zu handhaben und zu bedrucken. Ein Beispiel für ihren Einsatz wären Eintrittskarten zu Messen, die vorab versandt werden.

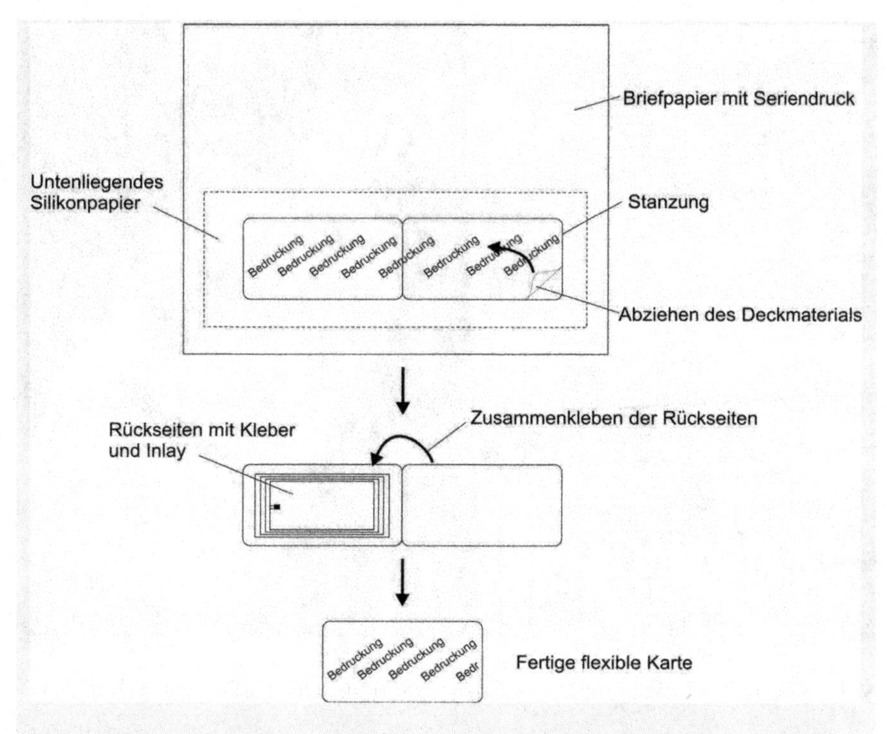

Abb. 4-43. Faltkarten in Serienbriefen (nach Baumer, Frauenfeld)

4.9.4 Sonderformen

Es ist eine fast unüberschaubare Zahl an Sonderformen entwickelt worden, insbesondere Schlüsselanhänger, Gasflaschentransponder etc. Im Folgenden werden drei der Sonderformen vorgestellt.

4.9.4.1 Temperaturtransponder

Wenn temperaturempfindliche (verderbliche) Waren transportiert oder gelagert werden, kann es sinnvoll sein, die Temperatur ständig zu überwachen. Für diesen Zweck wurden aktive Transponderinlays in Etikettenform entwickelt (KSW Microtech, von Philips Semiconductors sind erste Chips verfügbar). Sie enthalten neben dem Temperatursensor eine Stützbatterie und zeichnen den Temperaturverlauf in bestimmten Zeitabständen auf. In Abb. 4-44 ist links die Aufzeichnung der Messwerte gezeigt.

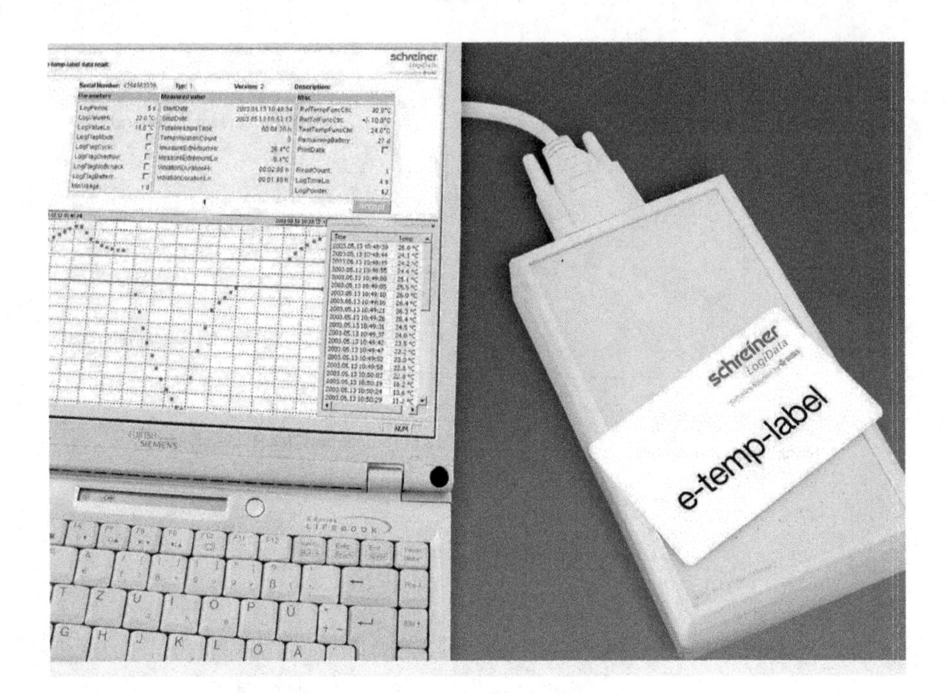

Abb. 4-44. RFID-Etikett mit Temperatursensor (links Datenerfassung, Schreiner)

4.9.4.2 Textiletiketten

Textiletiketten sind für zwei Anwendungen bei Textilien sehr gut geeignet: für die Zuordnung von Wäschestücken nach der Reinigung und für die Kontrolle der Lieferkette. In beiden Fällen müssen sie äusserst harten Umweltbedingungen widerstehen: Wasser, Wasch- und Lösungsmittel, hohe Temperaturen, hohe Drücke, Knicken, etc. Diesen Bedingungen waren bisher nur fest eingekapselte Transponder gewachsen. Inzwischen werden jedoch auch Transponder in Etikettenform angeboten, die ein einlaminiertes Inlay enthalten und durch ein Ober- und Untermaterial geschützt sind. In Abb. 4-45 ist ein Beispiel gezeigt. Derzeit werden Versuche zu UHF-Etiketten mit eingewebten Dipolantennen durchgeführt. In der Anbringung der Etiketten sind Varianten zum Aufkleben, Aufbügeln oder Festnähen üblich.

Abb. 4-45. Textiletikett (Smart ID-Tec Corporation)

4.9.4.3 RFID-Uhren

Die in Uhren integrierten Inlays dienen zur Personenidentifikation. Sie wurden zuerst in Skigebieten eingesetzt, dann fanden sie weitere Verbreitung in der Gebäudezutrittskontrolle. Sie können im Uhrengehäuse selber, im Armband oder im Verschluss integriert sein (Abb. 4-46). Letztere zwei Varianten sind vorteilhaft, wenn vorhandene Uhren nachgerüstet werden sollen.

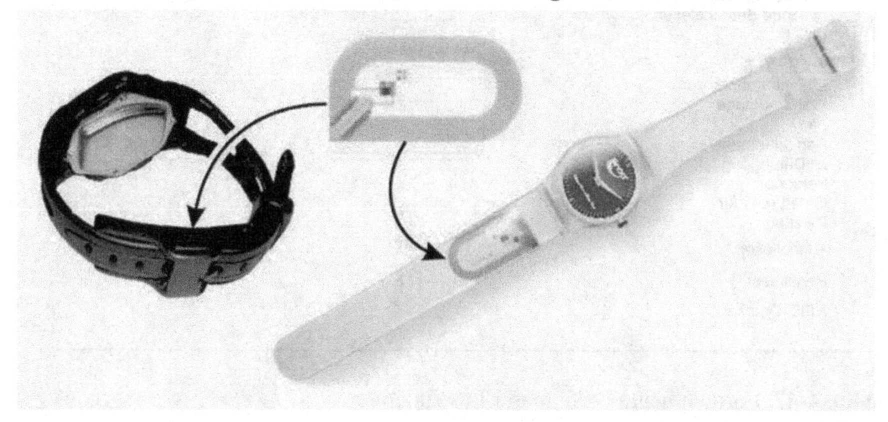

Abb. 4-46. 13,56 MHz-Inlays im Uhrenarmband und im Uhrenverschluss (WYXT)

> Die Wahl der Transponderbauform ist entscheidend für Funktion des RFID-Systems. Sie betrifft die Art der Anbringung am Objekt und die Toleranz gegenüber wechselnden / ungünstigen Umweltbedingungen.

4.10 Bauformen von Lesegeräten

Aus den bisherigen Anwendungen von RFID-Systemen haben sich gewisse Grundformen von Lesegeräten als besonders geeignet herausgebildet (Abb. 4-47). Sie sind wesentlich durch die Anforderungen nach Lesedistanz, Erkennungssicherheit, Anzahl mehrer Transponder im Feld sowie die Abdeckung verschiedener Orientierungen der Transponder definiert. Im Bereich der UHF-Antennen sind noch wesentliche Weiterentwicklungen zu erwarten, während die LF- und HF-Antennen weitgehend entwickelt sind. Neuerungen für HF-Antennen sind im Auto-Tuning (automatische Anpassung der Abstimmung), Multiplexing (Ansprechen mehrerer Antennen) und der Ausnutzung der Transpondersignale (Sensitivität) zu erwarten.

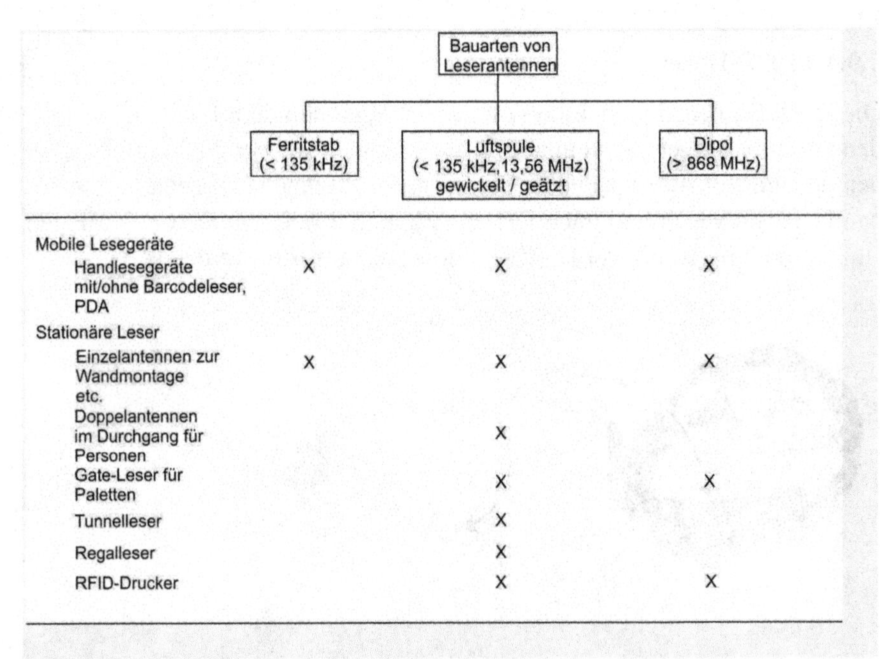

Bauarten von Leserantennen	Ferritstab (< 135 kHz)	Luftspule (< 135 kHz, 13,56 MHz) gewickelt / geätzt	Dipol (> 868 MHz)
Mobile Lesegeräte			
Handlesegeräte mit/ohne Barcodeleser, PDA	X	X	X
Stationäre Leser			
Einzelantennen zur Wandmontage etc.	X	X	X
Doppelantennen im Durchgang für Personen		X	
Gate-Leser für Paletten		X	X
Tunnelleser		X	
Regalleser		X	
RFID-Drucker		X	X

Abb. 4-47. Formen heute verfügbarer Leseantennen

4.10.1 Einzelantennen

Einzelantennen sind für die meisten Anwendungen ausreichend. Tendenziell nimmt die Lesereichweite mit der Grösse der Antennenfläche zu (sowohl beim Lesegerät als auch beim Transponder). Allerdings wird die Sendeleistung beschränkt und der Transponder wird zum limitierenden Faktor, weil er nicht mehr Energie aufnehmen und ein stärkeres Rücksignal senden kann. Hinzu kommt, dass mit zunehmender Grösse der Leserantenne auch ihre Empfindlichkeit gegenüber Störsignalen zunimmt. So macht es keinen Sinn, die Leserantennen beliebig zu vergrössern [76]. Einzelne LF- und HF-Antennen werden in verschiedenen Formen angeboten (Auswahl zweier Hersteller in Abb. 4-48 und Abb. 4-49).

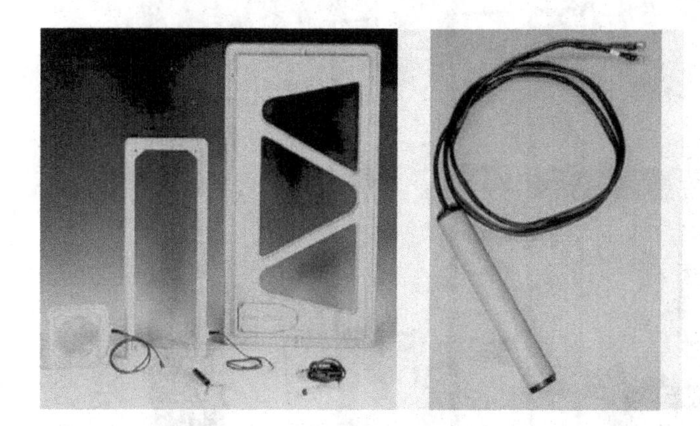

Abb. 4-48. LF-Antennen (links Luftspulenantennen, rechts Ferritantenne HDX, Texas Instruments)

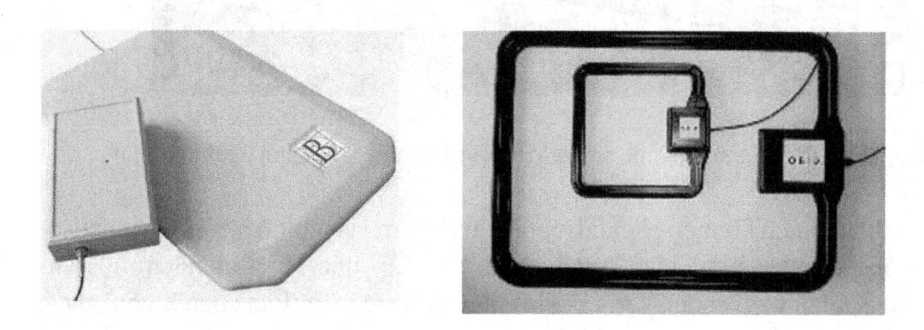

Abb. 4-49. Einzelantennen (Spulen, 13,56 MHz) für verschiedene stationäre Installationen (Feig Electronics)

Grosse Antennen, wie in Abb. 4-50 dargestellt, bestehen aus mehreren Teilen, die entweder in Schleifen gelegt sind (ähnlich einer 8) oder aus kleineren Einheiten bestehen, die nacheinander an- und ausgeschaltet werden. Es können auch für das Senden und Empfangen getrennte Antennen eingesetzt werden. Die Felder können bei gegenüberliegenden Antennen (Gates) auch in so genannten Helmholzspulen kombiniert und synchronisiert werden. Je nach Phasenverschiebung und Positionierung der Antenne zueinander können unterschiedliche Felder generiert werden, um verschiedenen Lesebereichen und Orientierungen der Transponder zu entsprechen.

Abb. 4-50. Einzelantenne mit 13,56 MHz für Passage (Infineon Technologies)

UHF-Antennen können ebenfalls einzeln oder in verschiedenen Kombinationen installiert werden. Im Vergleich zu den LF- und HF-Antennen müssen keine Spulen verwendet werden, die entsprechend mehr Platz benötigen, sondern es sind relativ kleine Einheiten (Abb. 4-51). Die Installation vor Ort ist allerdings schwieriger, da die Radiowellen durch die Wände und Gegenstände abgelenkt und absorbiert werden. So verändert bereits ein vorbeifahrender Gabelstapler, dessen Paletten gelesen werden sollen, das Feld selbst sehr stark. Schliesslich müssen auch die Anbringung der Etiketten am Objekt und deren Ausrichtung mit beachtet werden (s. Abb. 4-18, Abb. 4-19, Abb. 4-20).

In Abb. 4-51 sind Testaufbauten von UHF-Antennen gezeigt. Die in Abb. 4-52 dargestellten UHF-Antennen befinden sich an einem Tor zur

LKW-Beladung. Es sollen hauptsächlich Paletten gelesen werden. Das Drahtgitter hinter den Antennen schirmt den Lesebereich nach hinten ab, um dort nicht unbeabsichtigt Etiketten zu erfassen.

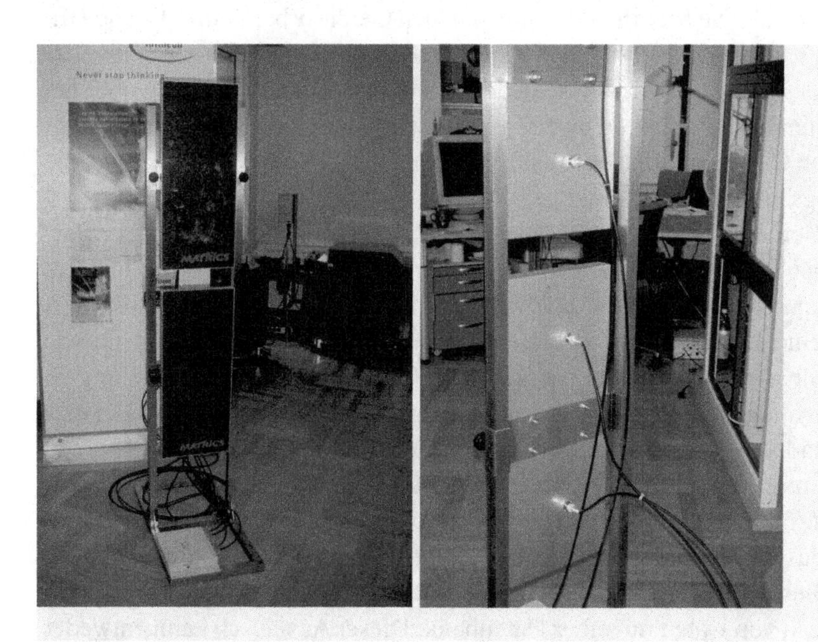

Abb. 4-51. Kombinierte UHF-Einzelantennen (Matrics)

Abb. 4-52. UHF-Antennen an einer Passage (Metro)

4.10.2 Handlesegeräte

Handlesegeräte verwenden die kleinste und damit mobile Form der RFID-Antennen dar. Die Mehrheit der angebotenen Geräte arbeitet im LF- und HF-Bereich (Abb. 4-53). Erste Geräte mit UHF-Antennen sind in der Entwicklung. Die Leser sind für verschiedenste Anwendungen gebaut, wobei bei HF-Systemen die Lesereichweite ein wesentliches Kriterium ist. Sie liegt zwischen 2–20 cm. Entscheidend ist dabei die Stromversorgung und die Leistungsaufnahme der Antenne.

Die Geräte sind aus einem Lesermodul und einer integrierten oder externen Antenne aufgebaut. Sie besitzen ferner einen Computer, häufig in Form eines separaten oder mit in das Gehäuse integrierten PDA. In Abb. 4-53 ist rechts eine Handantenne dargestellt, die über ein Kabel an einen Laptop angeschlossen wird. Da bei anderen mobilen Geräten keine Verbindung zu einer Stromquelle besteht, muss ein Akkupack mitgeführt werden. Bei entsprechender geforderter Arbeitsdauer von mehreren Stunden (zum Beispiel zur Inventarisierung in Bibliotheken) ist die Akkugrösse entsprechend anzupassen (Abb. 4-53 links: Akku und Lesemodul sind ein einem Gehäuse integriert, das die Bedienperson an die Schulter hängt). Die meisten Handlesegeräte besitzen eine Betriebssoftware mit spezifischen Programmen zum Austausch von Daten mit einer Datenbank. Dieser Austausch kann entweder drahtgebunden (zum Beispiel über eine Cradle am PC und Active Sync) oder über WLAN erfolgen. Letzterer hat den Vorteil, dass Inventuren in Echtzeit durchgeführt werden können. Allerdings deckt das WLAN nicht immer jeden Winkel in einem Raum ab. Auf die Drahtverbindung zwischen PDA und Leser beim Gerät links kann verzichtet werden, wenn zur Kommunikation eine Bluetooth-Verbindung genutzt wird.

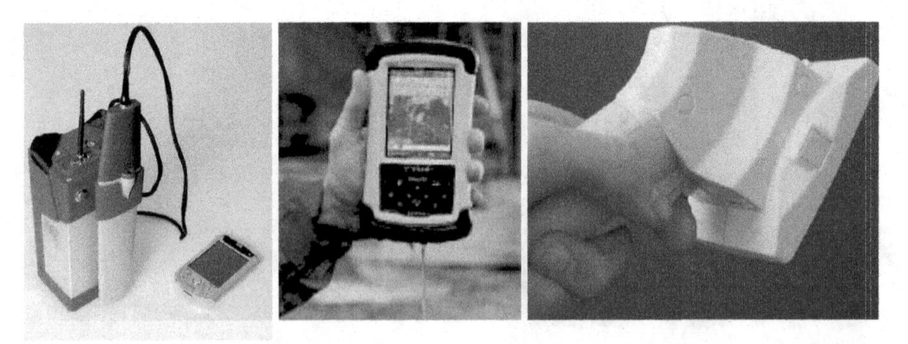

Abb. 4-53. Verschiedene Ausführungen von Handlesegeräten (links: Bibliotheca/ Zühlke, Mitte: Euro-ID, rechts: Feig)

In Abb. 4-54 ist ein PDA mit einem Mikro-Lesemodul gezeigt. Dieser besitzt gegenüber den zuvor gezeigten Geräten eine weit geringere Stromaufnahme und ein entsprechend kleineres Lesefeld (2–3 cm). Das Lesemodul kann auch vollkommen in den PDA integriert werden.

Abb. 4-54. PDA mit Micro-Reader (InfoMedis)

4.10.3 Tunnel-Leser

Tunnel-Leser enthalten in der Regel ein Förderband, das die Gegenstände durch den Tunnel hindurchführt (Abb. 4-55). Die Leser decken dabei drei Orientierungen der Transponder ab, indem das Band durch Bereiche führt, in denen die Richtung der Feldlinien auch mit den möglichen Orientierungen der Etiketten übereinstimmt. Gleichzeitig kann ein Tunnelleser, sofern er entsprechend konzipiert wurde, nach innen ein sehr starkes Feld aufbauen (hohe Sendeleistung), das jedoch nach Aussen hin den gesetzlichen Richtlinien entspricht. In jedem Fall handelt es sich um komplexe Antennensysteme und -formen.

Abb. 4-55. Tunnel-Leser (Infineon, für 13,56 MHz PJM-Transponder)

Tunnel-Leser werden vorzugsweise an Förderbändern für Gepäck in Flughäfen und in Verteilzentren eingesetzt. Sie können eine Öffnung von 20 cm bis über 1 m aufweisen.

4.10.4 Gate-Reader für Paletten und Behälter

Die Gate-Reader sind eine Kombination von Einzelantennen, um einen möglichst großen Bereich abzudecken und damit eine möglichst große Menge an RFID-Etiketten in möglichst kurzer Zeit zu erfassen. Bezüglich der Lesereichweite und Lesegeschwindigkeit arbeiten die HF-Systeme im Grenzbereich ihrer Leistung, dagegen haben die UHF-Systeme durchaus noch Reserven. Dies ist auch der Grund, weshalb letztere Systeme heute für die Paletten- und Behälterkennzeichnung bevorzugt werden. Nachteilig ist das sehr stark von Umweltbedingungen abhängige Lesefeld, das ein sehr sorgfältiges Einrichten bei der Installation erfordert. Abbildung 4-56 zeigt einen Gate-Reader mit einem HF-System und einen Gate-Reader mit UHF-System.

Die erzielten Leseresultate lagen allerdings vor ca. 3 Jahren auch mit den HF-Systemen um 99,8 %, bei sehr guter Wiederholbarkeit. Da heute HF- und UHF-Systeme unter vergleichbaren Bedingungen in der Praxis gestestet werden können, sind hierzu bald Ergebnisse zu erwarten. Insbesondere wenn nicht mehr die Umverpackungen (Paletten und Behälter) sondern zunehmend auch die Einzelteile gekennzeichnet werden, steht zu erwarten, dass die HF-Systeme wieder stärker in den Vordergrund treten. Hinzu kommt, dass die erst 2004 erhöhte Sendeleistung (peak power) zumindest in Europa größere Lesereichweiten erlaubt (s. Kap. 6.1). Allerdings sind hierzu noch keine Chips bzw. Antennen im Einsatz, die diese Sendeleistung ausnutzen können.

Abb. 4-56. Einsatz eines Gate-Lesers mit HF- (links, Moba [45]) und UHF-Etiketten (rechts, Metro)

Abbildung 4-56 zeigt links einen Stapel Kunststoffkisten eines so genanten Poolbetreibers, der beim Eintritt in ein Lager vollständig erfasst werden soll. Die Durchgangsbreite ist für eine Palette (und den Hubwagen) ausreichend. Die Erfassung dauert ca. 2–3 Sekunden. Die Gate-Antenne erfasst die Etiketten in zwei Orientierungen, in frontaler und seitlicher Anordnung. Für Etiketten, die mit der flachen Seite nach oben weisen, können die Felder zwischen den Antennen ebenfalls optimiert werden.

In Abb. 4-56 rechts wird mit einer größeren Breite gearbeitet, die für Gabelstapler ausgelegt sein kann. Zur Lesezuverlässigkeit liegen dem Autor noch keine aktuellen Ergebnisse vor.

4.10.5 Durchgangsleser für Personen

Durchgangsleser für Personen sind eine der wichtigsten Anwendungen von RFID-Systemen (Abb. 4-57). Die Antennen können mit oder ohne ein Drehkreuz arbeiten. Beim Einsatz eines Drehkreuzes ergibt sich der Vorteil, dass der Durchgang erst dann freigegeben wird, wenn die Person identifiziert wurde. Dadurch ist die Verweildauer der RFID-Karte oder des RFID-Tickets gesteuert und es ist genügend Zeit vorhanden, um einerseits eine Kommunikation mit einer Datenbank aufzubauen, andererseits auch größere Datenmengen von der Karte/dem Ticket zu lesen.

In vielen Fällen, in denen die Ansprüche an die Erkennungssicherheit etwas geringer sind, werden die Antennen ohne Drehkreuz eingesetzt. Im Gegensatz zu RF- und EM-Antennen aus der Warensicherung, ist die Lesereichweite der RFID-Gates heute auf 0,9–1 m begrenzt. RF- und EM-Gates können 1,2 m Distanz zueinander aufweisen (Kap. 3.6). Auch die Kombination in einer Reihe mit mehr als drei Antennen ist aufwändiger, da sie aufgrund der Kopplung der Felder getrennt angesprochen werden müssen. Dies kann zu Einbussen in der Lesegeschwindigkeit führen. In Abb. 83 ist rechts eine solche Kombination gezeigt. Der Zwischenraum ist dabei für den Durchgang gesperrt, so dass die Personen zwischen den Antennen mit 90 cm Abstand hindurchgehen müssen.

Die Antennen decken drei Orientierungen ab und erreichen eine Frontdetektion, eine Seitendetektion und teilweise auch eine horizontale Detektion. Letztere ist bei den meisten Durchgangslesern in der Mitte problematisch, da dort eine geringere Dichte der Feldlinnen in dieser Richtung erreicht wird. Im vorliegenden Beispiel (Abb. 4-57) wird die horizontale Detektion durch ein Schrägstellen der mittleren Sprosse verbessert.

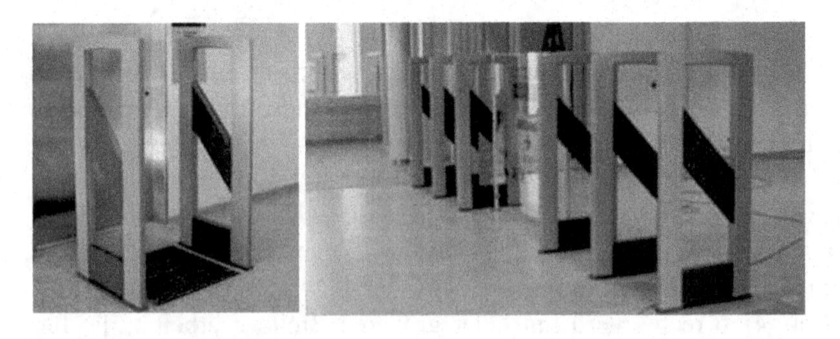

Abb. 4-57. Durchgangsleser mit 13,56 MHz für Personen, links einzelner Durchgang, rechts Array (Stadtbücherei Wien, Leser: Feig Electronics)

Neuere Entwicklungen zur Optimierung der Lesesicherheit betreffen die folgenden Punkte:

- Unter Ausnutzung der höheren zugelassenen (peak-) Sendeleistung in Europa und unter Verwendung der entsprechenden Chipgeneration können größere Abstände zwischen den Antennen erreicht werden.
- Verschiedene Firmen arbeiten an der Kombination von EAS- und RFID-Gates. Dies erscheint sowohl in Verkaufsläden als auch Bibliotheken als vorteilhaft, solange die Preise sich nicht für die jeweiligen Etiketten stärker angeleichen. Belastbare Ergebnisse zur Lesesicherheit sind derzeit nicht verfügbar.
- Falls eine größere Durchgangsbreite erforderlich ist, können zum Beispiel CDs im Cover zusätzlich mit einem Buchetikett gekennzeichnet werden.

Bezüglich weiterer Entwicklungen sind die Grenzen relativ eng: zur Erhöhung der Lesesicherheit können auch größere Etiketten verwendet werden. Auch der Einsatz von Drehfeldern, wie im Bereich EAS-Gates üblich, erscheint denkbar. Hingegen sind UHF-Systeme für die Personenidentifikation wenig geeignet. Sie sind nur wenig zuverlässig, da die Etiketten relativ nah am Körper getragen werden und dabei eine Abschirmung durch Körperflüssigkeit (Wasser) oder auch Kleidung auftreten kann.

4.10.5 Regalleser

Dem Regalleser liegt das Prinzip zugrunde, dass er ständig bzw. in regelmässigen Zeitabständen überprüft, ob sich ein Objekt in seinem Empfangsbereich befindet. Reisst die Verbindung ab, so kann eine Aktion ausgelöst werden. Dabei sind mehrere Punkte zu beachten (Abb. 4-58):

- Die Orientierung der Etiketten an den Objekten muss der Orientierung der Antennen im Regal entsprechen
- Da größere Flächen abgedeckt werden müssen, empfiehlt es sich, die Antennen über einen Multiplexer zusammenzuschalten, d.h. nacheinander zu aktivieren. Da die Objekte in der Regel längere Zeit im Regal lagern, ist ein Umschalten von einer Antenne zur anderen nicht zeitkritisch.
- Die Dichte der Etiketten zueinander und ihre Größe bestimmen, wie viele Objekte von einer Antenne erfasst werden.

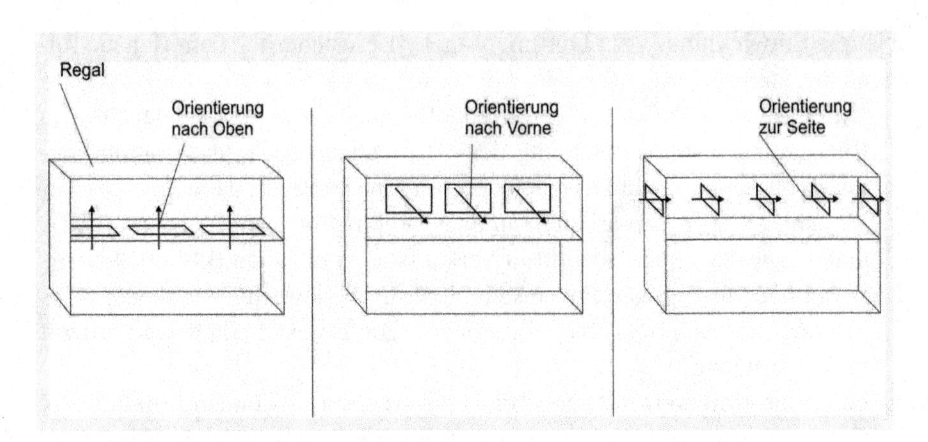

Abb. 4-58. Regalleser mit verschiedenen Orientierungen der Leseantennen

Regalleser können in vielen Anwendungen eingesetzt werden. Besonders interessant sind Regale in Bibliotheken und Videotheken, sowie Warenhäusern, um den Warennachschub sicherzustellen. Sie haben allerdings noch keine weitere Verbreitung.

4.10.6 RFID-Drucker

RFID-Drucker dienen zur Bedruckung von RFID-Etiketten, Anhängeetiketten und Tickets (Abb. 4-59). Zusätzlich übernehmen sie die Funktionsprüfung und die Programmierung von Daten, sowie die Kommunikation zum Netzwerk. Sie unterscheiden sich nach den Druckverfahren in vier Kategorien:

Thermo-Direkt. Dieses Verfahren ist weit verbreitet für den Quittungsdruck und basiert auf der Wärmeeinwirkung eines Druckkopfes auf eine wärmeempfindliche Papieroberfläche. Beim Bedrucken von RFID-Etiketten ist die begrenzte Alterungsbeständigkeit der Thermobeschichtung zu berücksichtigen. Thermodirekt erlaubt nur eine einfarbige Bedruckung. Auf wieder verwendbaren RFID-Karten werden häufig wieder beschreibbare Thermoschichten aufgetragen.

Thermo-Transfer. Dieses Verfahren gewährleistet eine dauerhafte Bedruckung und nutzt ebenfalls einen Thermokopf. Allerdings wird nicht ein thermosensitives Papier verwendet, sondern die Wärme wird auf eine Folie übertragen, die wiederum auf das Papier gepresst wird. Die Farbe bleibt dauerhaft bestehen. Entsprechend der Auswahl von Farbbändern im Gerät kann auch farbig gedruckt werden.

Inkjet. Dies ist ein berührungsloses Verfahren, bei dem ein Tintenstrahl auf das Papier gelenkt wird. Es können sehr hochwertige und vielfarbige Etiketten gedruckt werden.

Thermo-Sublimation und Bubble Jet. Hierbei werden ebenfalls berührungslos Farben auf glatte Kunststoff- oder Papierflächen aufgebracht. Die Drucke sind sehr hochwertig und werden für die Kartenpersonalisierung verwendet.

Druckverfahren, bei denen der Chip möglichst schonend behandelt wird, d.h. wenig Druck ausgeübt wird, sind besonders gut für RFID-Etiketten geeignet – aus dem umgekehrten Grund ist der Laserdruck eher ungeeignet.

Die Drucker enthalten ein RFID-Lesemodul, über das das Etikett gezogen wird. Die Etiketten können sich auf einer Rolle befinden, in Zick-Zack-Faltung abgelegt oder vereinzelt in einem Stapel zugeführt werden. Die entsprechende Eignung der Materialien und Rollengrössen etc. müssen vor dem Kauf eines Druckers bzw. der Etiketten genau geprüft werden. Zudem ist die erforderliche Druckqualität genau zu testen, da hierbei oft Unterschiede in der Auflösung verschiedener Barcodes bestehen. So ist zum Beispiel ein hoch auflösender Codabar-Barcode wenig für den Druck auf ein RFID-Etikett geeignet. Andere Barcodearten können durchaus in sehr hoher Qualität gedruckt werden.

Eine besondere Herausforderung stellte die on demand-Bedruckung von RFID-Etiketten für die Drucker dar, da hierbei Inlays direkt bei der Bedruckung in die Etiketten eingespendet wurden. Dies hat grundsätzlich den Vorteil, dass ein RFID-Drucker von Normalbetrieb (Etiketten ohne RFID) auf RFID-Betrieb umgestellt werden kann[6].

---

[6] Diese Entwicklung wurde bereits 2001 von der Firma Zebra vorangetrieben, allerdings zwischenzeitlich nicht weiter verfolgt.

Abb. 4-59. Verschiedene RFID-Drucker (Zebra, Datamax, Intermec)

5 Ausgewählte Anwendungen

Die Aufgabe der Transponder besteht darin, die Lücke zwischen der Objektebene und der Informationsebene zu schließen (s. Kap. 1). Es ist daher hilfreich, den Materialstrom der Objektebene in einem Netzwerk näher zu betrachten, um die Stellen für den effizientesten Einsatz von Transpondern zu charakterisieren[7].

Das Netzwerk besteht aus Lieferbeziehungen zwischen Herstellern und Kunden (schwarze Pfeile, Abb. 5-1). Sie weisen stets vom Entstehungsort zum Verbrauchsort. Darüber befindet sich die Informationsebene (graue Pfeile), auf welcher produktbezogene Informationen aller Art (z.B. über die Art des Produktes, seine Position und Verfügbarkeit zu einem bestimmten Zeitpunkt) ausgetauscht werden. Die Informationen fließen in zwei Richtungen zwischen Hersteller und Kunde. Zwischen diesen beiden Ebenen sind die Transponder einzuordnen (gestrichelte Pfeile). Da sie an die Objekte gebunden sind, entspricht ihre Richtung auch der des Materialstromes[8].

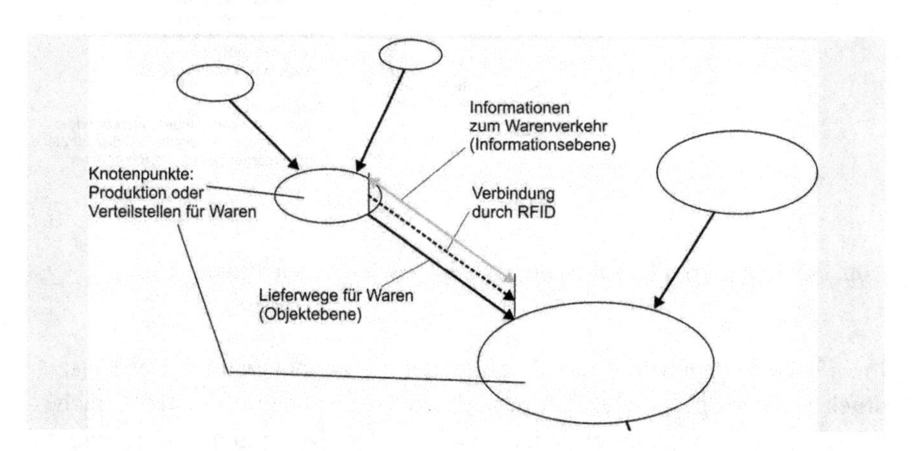

Abb. 5-1. Waren- und Informationsströme zwischen Herstellern und Kunden

[7] Für eine eingehendere Betrachtung sei auf [64] hingewiesen.

[8] Der Vollständigkeit halber sei auch die monetäre Ebene erwähnt. Sie ist dem Materialstrom entgegengerichtet.

Es sind grundsätzlich zwei unterschiedliche Anwendungen für Transponder möglich: die Anwendung in geschlossenen und in offenen Systemen (Abb. 5-2, Abb. 5-3). Im *geschlossenen System* können die Transponder wieder verwendet werden und es wird mit relativ geringen Lesereichweiten gearbeitet. Die dort eingesetzten Lesegeräte sind meistens einfache Einzelantennen. Vorrangige Aufgabe der Transponder ist dort die Steuerung von Produktionsprozessen. Welch starke Auswirkungen der Umstieg auf die RFID-Technologie auf die Arbeitsorganisation haben kann, wird später in den Beschreibungen der einzelnen Anwendungen (Tierhaltung, Bibliotheken) gezeigt. Die Anwendungen sind oft dadurch gekennzeichnet, dass die verwendeten Transponder und ihr Dateninhalt kaum oder gar nicht standardisiert sind (proprietäre Systeme). Infolge der Wiederverwendbarkeit lohnt es sich, auch relativ teure Transponder in kleinen Mengen einzusetzen.

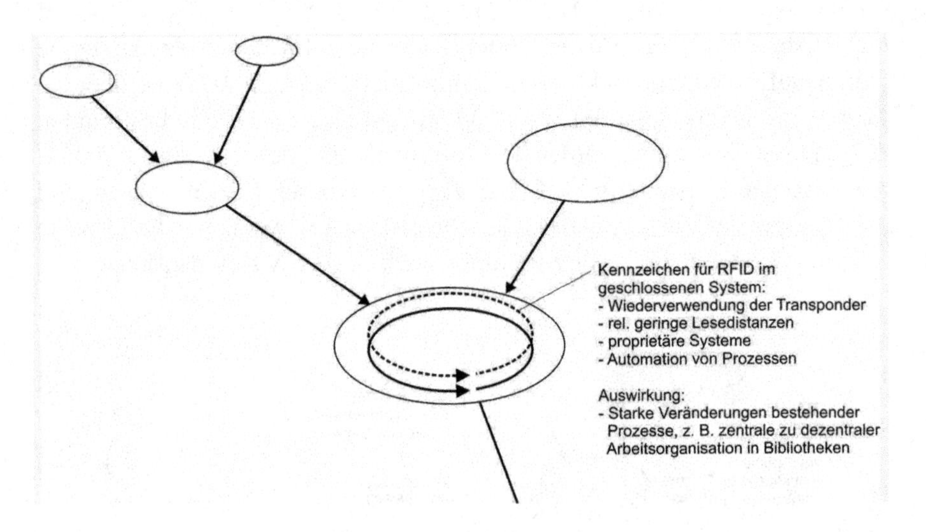

Abb. 5-2. Einsatz von RFID-Technologie im geschlossenen System

Im *offenen System* werden die Transponder nur einmal genutzt. Der Kostendruck ist dabei gegenüber den geschlossenen Systemen um ein Vielfaches höher. Gleichzeitig werden jedoch auch größere Mengen an Transpondern eingesetzt. Die Transponder werden weniger zur Prozessteuerung als vielmehr zu Kontrollzwecken verwendet: wo sich zu einem bestimmten Zeitpunkt welches Objekt befindet. Es ist dabei nicht zwingend, dass jedes Einzelteil innerhalb größerer Gebinde gekennzeichnet wird. Um die Kontrolle beim Ein- und Ausgang eines Verteilzentrums effektiv durchführen zu können, müssen die Transponder eine hohe Lesereichweite aufweisen, damit sie in einem breiten Durchgang an der Verladerampe gelesen werden können.

Es ist fast zwingend, dass sie einem Standard unterliegen, um bei den großen Stückzahlen nicht von einem einzelnen Transponderlieferanten abhängig zu sein. Ein Standard ist auch deshalb erforderlich, damit nachfolgende Verteilzentren die Transponder lesen können. Ein gutes Beispiel ist die Überwachung von Fluggepäck in Flughäfen. Um ein funktionsfähiges System zu erhalten, müssen theoretisch auf allen Flughäfen Lesegeräte installiert sein, die alle möglichen Transponder verschiedener Airlines und unterschiedlicher Hersteller lesen können. Die Nutzung nur auf einem Flughafen wäre kaum sinnvoll.

Typische Lesegeräte sind Tunnelleser, Gate-Reader und auch Handlesegeräte. Bestehende Prozesse werden im Vergleich zu geschlossenen Systemen nur in geringerem Masse verändert, denn nach wie vor müssen die Waren von einem zum anderen Ort geliefert werden. Allerdings ändert sich die Lagerhaltung, denn die Waren sind schneller verfügbar. Fälschungen und auch Diebstähle werden dadurch vermindert, dass die Kette der Kontrollen geschlossen wird, bzw. weit mehr Kontrollen als zuvor (automatisch) durchgeführt werden können.

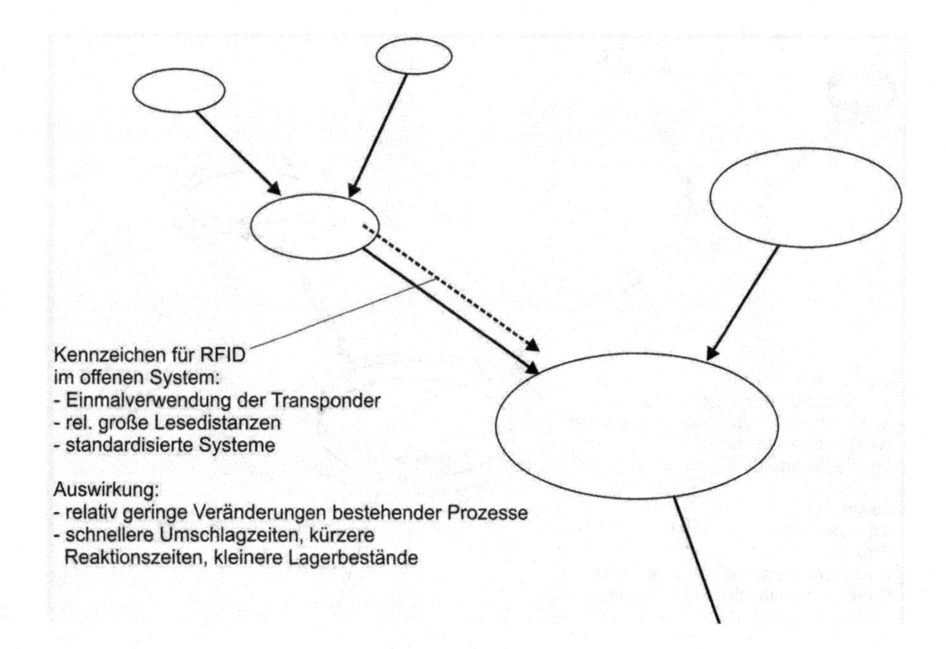

Abb. 5-3. Einsatz von RFID im offenen System

In Abb. 5-4 ist ein vollständig mit RFID *vernetztes System* dargestellt. Ein Produkt (und seine Vorprodukte) durchläuft mehrere Stationen; die Transponder werden sowohl in den Knotenpunkten als auch dazwischen genutzt. Ein gutes Beispiel ist die inner- und überbetriebliche Nutzung von Transpondern bei der Kennzeichnung landwirtschaftlicher Nutztiere. Die innerbetriebliche Nutzung erfolgt dadurch, dass die Tiere an Fütterungsautomaten durch Transponder erkannt werden und ihnen eine individuelle Ration zugeteilt wird. Die überbetriebliche Nutzung erfolgt dann, wenn die Tiere von einem Betrieb zum nächsten gelangen und Handelswege verfolgt werden müssen. Die Kennzeichnung mit Transpondern ermöglicht eine viel effektivere Datenaufnahme und dadurch eine effektivere Seuchenkontrolle.

Für die Kombination geschlossener und offener Systeme werden besonders hohe Anforderungen an die Transponder gestellt. Sie müssen für die Lesung an der Laderampe relativ große Lesereichweiten aufweisen, aber auch für unterschiedlichste Umweltbedingungen geeignet sein und bei der Aufbringung auf verschiedenste Objekte eine sehr hohe Lesesicherheit gewährleisten. Standardisierte Systeme sind aufgrund der Nutzung durch verschiedene Parteien an verschiedenen Stellen in vernetzten Systemen unabdingbar.

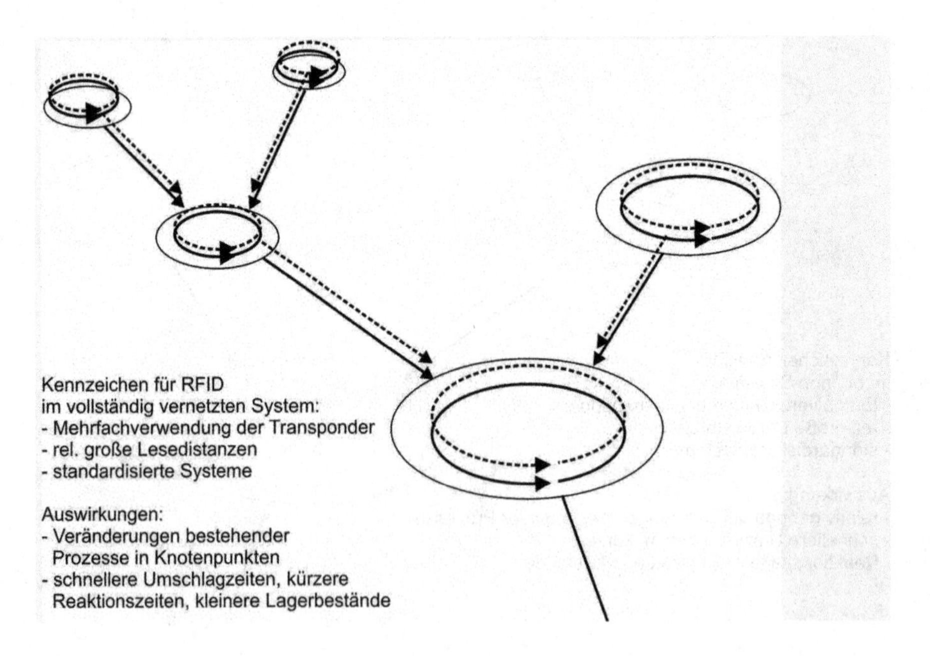

Abb. 5-4. Kombination von geschlossenen und offenen Systemen (vernetzte Systeme)

In den folgenden Kapiteln werden einige ausgewählte Anwendungen beschrieben, die für offene und geschlossene bzw. vernetzte Systeme repräsentativ sind. Die Zahl der Anwendungen wächst derzeit weltweit stark an (s. Kap. 2, Abb. 2-1). Dabei ist es interessant zu verfolgen, wie RFID-Systeme, die bisher für eine spezielle (innerbetriebliche) Anwendung vorgesehen waren, nun immer höhere Anforderungen abdecken müssen, wenn sie mit überbetrieblichen Anwendungen kombiniert werden. Derzeit gibt es kaum Transponder, die alle Anforderungen (hohe Lesereichweite, Datenschutz, geringe Kosten, Standardisierung) gleichzeitig erfüllen, aber immerhin ist ein Trend zur Vereinheitlichung von Eigenschaften erkennbar.

Tabelle 5-1 zeigt eine Zusammenstellung von RFID-Anwendungen, die nach innerbetrieblicher, überbetrieblicher Nutzung und der Kombination von beiden eingeteilt ist. Selbstverständlich kann die Tabelle nicht vollständig sein, da ständig neue Anwendungen hinzukommen. Aus dieser Tabelle werden einzelne Anwendungen herausgegriffen und im Folgenden detaillierter betrachtet.

Tabelle 5-1. Anwendungsbereiche für RFID, Zweck und Einordnung

Anwendungsbereich	**Kennzeichnung von ... mit ...**	**Zweck**	**Geschlossenes System (innerbetrieblicher Einsatz)**	**Offenes System (überbetrieblicher Einsatz)**
Tieridentifikation	Landwirtschaftliche Nutztiere – Ohrmarken, Injektate, Boli	Prozesssteuerung, Qualitätssicherung, Seuchenkontrolle	X	X
	Klein- und Zootiere – Injektate, Fussringe, Sonstige	Fälschungssicherung, Seuchenkontrolle	X	X
Personenidentifikation	Mitarbeiter von Firmen – Ausweiskarte	Gebäudezugangskontrolle Fälschungssicherung von Ausweisen	X	
	Reisende am Grenzübergang – Reisepass	Fälschungssicherung, Schnelle Abwicklung der Kontrolle, schneller Datenbankzugriff		X
	Besucher Skigebiet – ID-Karte	Fälschungssicherung, Schnelle Abwicklung der Kontrolle, schneller Datenbankzugriff	X	
	Nutzer des öffentlichen Personenverkehrs – ID-Karte	Automatische Bezahlung, Fälschungssicherung, Automatische Fahrgastzählungen	X	X
	Besucher von Großveranstaltungen, Stadien – ID-Karte	Schnelle Abwicklung der Kontrolle Automatische Bezahlung Fälschungssicherung	X	
	Messebesucher – ID-Karte	Schnelle Abwicklung der Kontrolle Automatische Bezahlung	X	
	Besucher von Spielsalons – ID-Karte	Automatische Bezahlung Fälschungssicherung	X	
	Personalausweis / Pass	Fälschungssicherung		

Anwendungsbereich	**Kennzeichnung von ... mit ...**	**Zweck**	**Geschlossenes System (innerbetrieblicher Einsatz)**	**Offenes System (überbetrieblicher Einsatz)**
Warenhäuser und Lieferkette (Supply Chain, Retail)	Einzelwaren (item level) – verschiedene Klebe- und Anhängeetiketten	Qualitätssicherung, kurze Lieferzeiten Schnelles Auffüllen der Verkaufsregale, geringer Lagerbestand, effiziente Lagerbewirtschaftung Fälschungssicherung Diebstahlkontrolle	X	X
	Behälter, Paletten - verschiedene Klebeetiketten	Kurze Lieferzeiten, Schnelles Auffüllen der Verkaufsregale Geringer Lagerbestand, effiziente Lagerbewirtschaftung	X	X
Wäschereien	Textilien – versch. Transponderformen	Qualitätskontrolle, Automatische Zuordnung	X	
Bibliotheken	Bücher, CDs – Klebeetiketten	Verbuchung, Sicherung, Inventur, Rückgabe	X	
	Bücher, CDs – Klebeetiketten	Inter-Library-Loan, Schnellere Zirkulation		X
Videotheken	Videokassetten, DVD – Klebeetiketten	Verbuchung, Sicherung, Inventur – Schnellere Zirkulation, Geringere Verluste	X	
Verlage	Bücher, CDs – Klebeetiketten	Produktion, Verteilung, Versand Qualitätssicherung	X	X
Archive und Museen	Gegenstände – verschiedene Transponderformen	Diebstahlsicherung Inventur	X	
Anwaltskanzleien, Ämter, Behörden	Akten – Klebeetiketten	Schnelles Auffinden Verfolgung des Aktenweges Inventur	X	
Pharmaindustrie	Medikamentverpackungen – Klebeetiketten	Qualitätskontrolle Fälschungssicherung		X
Kliniken	Patienten – Armbänder, Karten	Qualitätssicherung	X	
Autohersteller	Wegfahrsperre – Transponder im Schlüssel	Diebstahlsicherung		X

Anwendungsbereich	**Kennzeichnung von ... mit ...**	**Zweck**	**Geschlossenes System (innerbetrieblicher Einsatz)**	**Offenes System (überbetrieblicher Einsatz)**
	Fahrzeugteile, Behälter – verschiedene Klebeetiketten	Interne Logistik, Produktionssteuerung, Qualitätssicherung – Kotrolle der Zulieferungen, geringe Lagerhaltung, effiziente Lagerbewirtschaftung	X	X
Produktion	Werkzeuge	Bearbeitung, Prozessautomatisierung	X	
Maut	Plaketten am Fahrzeug	Automatische Gebührenzahlung	X	X
Militär	Behälter Einzelobjekt – verschiedene Etiketten	Logistiksteuerung Inventur	X	X
	Personen – verschiedene Transponderformen	Freund-Feinderkennung, Behandlung von Verletzten	X	X
Flughäfen	Passagiere – Karte, Ticket	Sicherung, dass rechtzeitig im Flugzeug, zusammen mit Gepäck		X
	Gepäckkontrolle – Fluggepäckanhänger	geringere Gepäckverluste		X
Paketdienste	Pakete – Klebeetiketten	Qualitätssicherung Effizientere Sortierung und Verteilung		X
Papierhersteller	Papierrollen – Klebeetiketten	Zuordnung zu Maschinen Qualitätskontrolle	X	X
Müllentsorger	Müllcontainer - versch. Transponderformen	Zuordnung zu Haushalten, Abrechnung nach Gewicht	X	
Fahrzeugversicherer, Staatl. Kontrolle	Windschutzscheibe – Fahrzeugvignetten, Nummernschilder	Fälschungssicherung Versicherungsnachweis		X
Reifenhersteller	Fahrzeugreifen – Verschiedene Transponderformen	Fälschungssicherung, Unfallvermeidung durch Alarmmeldung bei Druckabfall / Temperaturanstieg (Transponder mit Sensoren).		X

5.1 Tieridentifikation

Die Anwendungen von RFID-Systemen bei Tieren teilen sich auf in landwirtschaftliche Nutztiere, Wildtiere, Zootiere und Heimtiere. RFID-Systeme waren die einzigen Auto-ID-Systeme, die für die direkte Kennzeichnung geeignet waren, die den Umweltbedingungen stand hielten, die für eine große Zahl an verschiedener Tierarten und schließlich auch für die Prozessautomatisierung geeignet waren [6, 32, 34, 66, 71]. Die Tieridentifikation wurde, entsprechend den vielfältigen Anwendungsmöglichkeiten und hohen Erwartungen an die Stückzahlen, eine der wichtigsten Triebfedern zur Entwicklung moderner RFID-Systeme (s. Kap. 2). Beim Einsatz von visuell lesbaren Ohrmarken stößt man in der Praxis an Grenzen, da sie auf Distanz nur sehr schwierig zu lesen sind (die Nummern verblassen, haben zu wenige Stellen, Barcodes können verschmutzen etc.). Somit wurde sehr intensiv nach einer Möglichkeit zur berührungslosen, fälschungssicheren und breit einsetzbaren Identifikation gesucht. Tabelle 5-2 zeigt eine vergleichende Zusammenstellung verschiedener Kennzeichnungsmethoden.

Tabelle 5-2. Verschiedene Möglichkeiten zur Identifikation von Tieren

Methode	Eignung für	Maschinen-lesbarkeit	Fälschungs-sicherheit	Bemerkung
Tätowierung	Säugetiere und Vögel	keine	gering	Etablierte Methode
Ohrmarke optisch	Rinder, Schafe, Schweine	keine	gering	Etablierte Methode Verlustgefahr
Halsband mit Nummer	Rinder, Schafe, Pferde, Hunde, Katzen	keine	gering	Etablierte Methode Verletzungs- und Verlustgefahr durch Hängenbleiben
Fussfessel mit Transponder	Rinder, Schafe, Vögel	ja	gering	Verletzungsgefahr bei Säugetieren, etabliert bei Vögeln (Beringen), mögliche Kombination mit Aktivitätsmessung
Ohrmarke elektronisch	Rinder, Schafe, Ziegen, Schweine	ja	gering	Etablierte Methode Verlustgefahr
Halsband mit Transponder	Rinder, Schafe, Ziegen, Pferde	ja	gering	Etablierte Methode Verletzungs- und Verlustgefahr durch Hängenbleiben
Injizierbarer (implantierbarer) Transponder	Alle grösseren Säugetiere und Vögel, Reptilien	ja	hoch	Injektion nur mit guten Kenntnissen (kurze Ausbildung) Aufwändige Entnahme im Schlachthof je nach Injektionsort Kombination mit Temperatursensor möglich
Bolus	Rinder, Schafe, Ziegen	ja	hoch	Nur für Wiederkäuer geeignet, erst ab Ausbildung des Pansens Einfache Entnahme bei der Schlachtung

Aus der Tabelle geht hervor, dass eine breite Palette an Kennzeichnungsmethoden besteht, die jedoch jede für sich spezifische Vor- und Nachteile aufweisen. Demnach gibt es – entgegen den ursprünglichen Erwartungen – kein Identifikationssystem, das für alle Tiere gleichermaßen gut geeignet wäre. Die RFID-Systeme scheinen darunter jedoch die meisten relativen Vorteile zu besitzen. So wurden auch für die verschiedenen Tierarten unterschiedliche Bauformen entwickelt. Eine Gemeinsamkeit zwischen den RFID-Systemen für Tiere ist, dass sie im LF-Frequenzbereich < 134,2 kHz arbeiten und eine für alle Systeme gültige Standardisierung mit ISO 11785 existiert.

5.1.1 Landwirtschaftliche Nutztiere

Die elektronische Kennzeichnung landwirtschaftlicher Nutztiere bezieht sich hauptsächlich auf Rinder, Schafe, Ziegen, Schweine, Hühner und Pferde. Weitere Tierarten wie Strauße, Damwild, Rotwild etc. werden inzwischen ebenfalls landwirtschaftlich gezüchtet und elektronisch gekennzeichnet. Abbildung 5-5 zeigt die heute am weitesten verbreitete und gesetzlich vorgeschriebene Kennzeichnung mit zwei visuell lesbaren Ohrmarken (Tierkennzeichnungsverordnung). Rechts ist ein Ohr gezeigt, bei dem die Ohrmarke ausgerissen war und durch eine weitere ergänzt wurde.

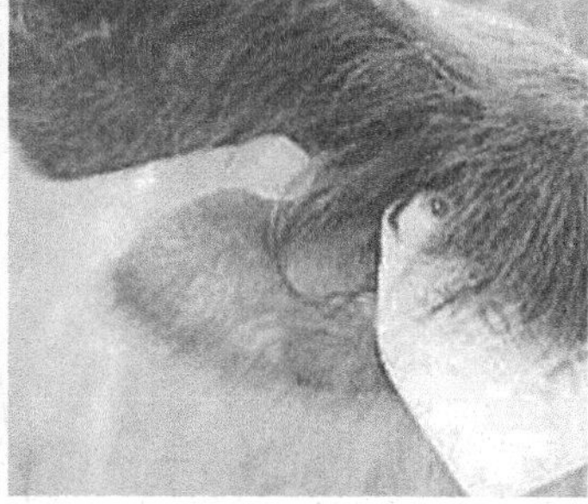

Abb. 5-5. Die übliche Kennzeichnung mit visuell lesbaren Ohrmarken (Fotos: www.ohrmarken.bio100.de). Aufgrund der Häufigkeit von Verlusten wird in beiden Ohren eine Ohrmarke eingezogen. Im rechten Bild musste eine weitere eingezogen werden. Die visuelle Lesbarkeit ist auch durch Verblassen der Schrift beeinträchtigt.

Für die Kennzeichnung der einzelnen landwirtschaftlichen Nutztierarten sind sehr unterschiedliche Anforderungen zu erfüllen. Sie unterscheiden sich von anderen Tierkennzeichnungen vor allem dadurch, dass die Tiere nach der Schlachtung als Nahrungsmittel verwertet werden. Dementsprechend muss das Kennzeichnungsmittel im Schlachthof vom oder aus dem Körper entfernt werden. Die weiteren Anforderungen ergeben sich aus der Anbringungsmöglichkeit am Tier (Verlustsicherheit, Fälschungssicherheit etc.), sowie aus der beabsichtigten Nutzung (inner- und/oder überbetrieblich).

Im Folgenden sollen die Anbringungsmöglichkeiten am Rind an einzelnen Beispielen gezeigt werden (Abb. 5-6). Die Überlegungen sind stellvertretend für viele andere Tierarten. Prinzipiell gibt eine ganze Reihe von Stellen, die für die Anbringung eines Transponders geeignet erscheinen, allerdings weisen alle spezifische Nachteile auf. Um eine geeignete Stelle festzulegen, wurden im Rahmen eines EU-Projektes (Idea) umfangreiche Untersuchungen mit 1 Mio Tieren (Rinder, Schafe, Ziegen) durchgeführt [18]. Hierbei galt es, auch Erfahrungen in der Massenapplikation und vor allem der praktischen Anwendung zu sammeln, um später einen flächendeckenden Einsatz von Tiertranspondern in Europa zu ermöglichen.

Im Folgenden werden nur die Varianten RFID-Ohrmarke, injizierbarer Transponder und Bolus eingehender betrachtet. Das Fussband, Tail Tag und Halsband werden nur in geringem Umfang in der Praxis gleichermaßen für inner- und überbetriebliche Zwecke verwendet.

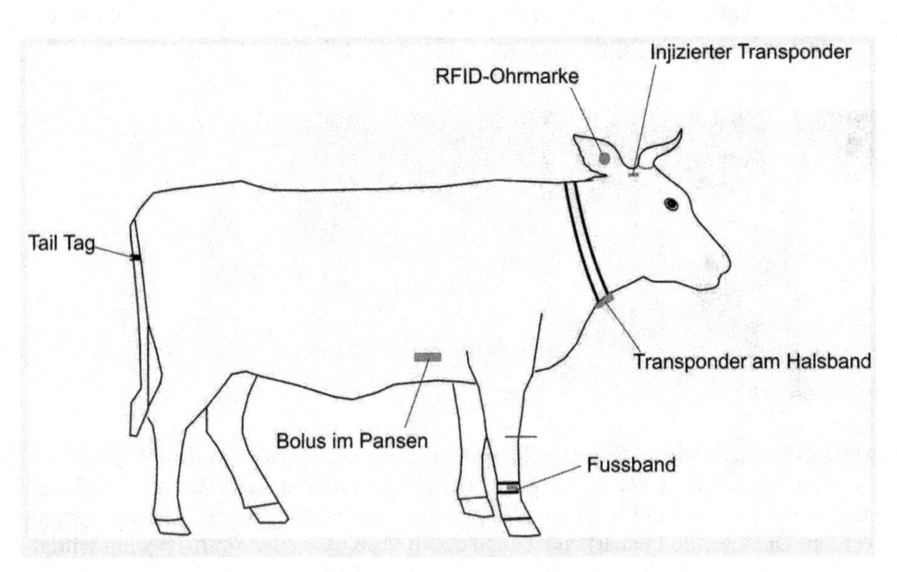

Abb. 5-6. Anbringungsmöglichkeiten für Transponder beim Rind

Ohrmarken

Elektronische Ohrmarken werden für die über- und innerbetriebliche Kennzeichnung genutzt, weil visuell lesbare Ohrmarken in beiden Bereichen bereits etabliert und sie sehr einfach zu applizieren sind. Eine wirklich fälschungssichere Kennzeichnung ist bei den Ohrmarken allerdings erst dann gegeben, wenn zusätzlich biometrische Kennwerte erhoben werden (DNA, Iriserkennung, Nasenabdruck), die entweder auf einer Datenbank oder zusätzlich auf der Ohrmarke gespeichert werden. Abbildung 5-7 zeigt eine Ohrmarke (weiblicher Teil) und eine Applikationszange. Der Einzug der Ohrmarke ist bereits ab Geburt möglich. Die Lesereichweite von ca. 40 cm ist vergleichbar mit einem injizierbaren Transponder von 32 mm Länge und damit ausreichend für innerbetriebliche Anwendungen.

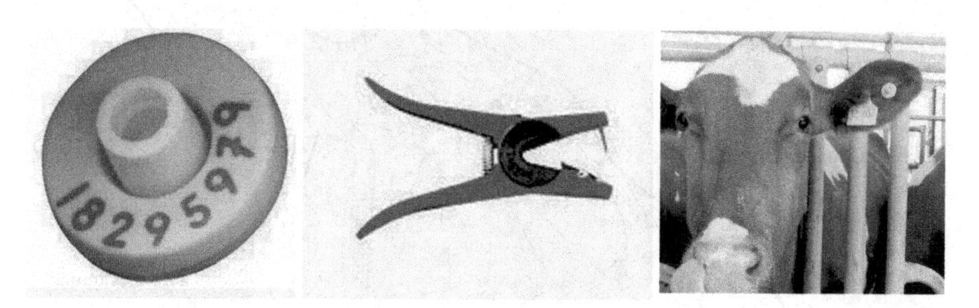

Abb. 5-7. Ohrmarkentransponder, Zange zur Applikation (Allflex), Kombination visuelle und elektronische Ohrmarke (Landtechnik Weihenstephan)

Injizierbare Transponder

Diese Transponder bestehen aus Glasröhrchen mit einer Länge von 12, 24 und 32 mm. Nur die Transponder mit 24 bis 32 mm Länge können eine ausreichende Lesereichweite von 30–40 cm erreichen, um sie auch bei größeren landwirtschaftlichen Nutztieren zur innerbetrieblichen Prozesssteuerung nutzen zu können.

Injizierbare Transponder können an verschiedenen Stellen des Tierkörpers appliziert werden. Unter diesen hat sich der Kopfbereich als besonders geeignet herausgestellt (Abb. 5-8). Das Tier wendet sich stets mit dem Kopf zuerst zu einem Futterautomaten – somit wird auch der Transponder gezielt in den Erkennungsbereich eines Lesegerätes gebracht.

Von den drei dargestellten Injektionsstellen am Kopf hat sich das sog. Scutulum (Dreicksknorpel) am Ohransatz gut bewährt. Als Vorteil ist zu sehen, dass dieser Bereich später bei der Schlachtung des Tieres einfach entfernt und auf den Verbleib des Transponders hin überprüft werden kann. Der vordere Bereich des Maules scheidet aufgrund der starken Bewegung und Enervierung aus tierschützerischen Motiven aus. Der Ohrgrund ist aus Gründen der Entnahme im Schlachthof unpraktikabel.

Zur Applikation, der histologischen Verträglichkeit (Wandern des Transponders im Gewebe) und Sicherheit der Erkennung mit verschiedenen

Antennen wurden umfangreiche Untersuchungen durchgeführt [31, 36 56, 65, 67].

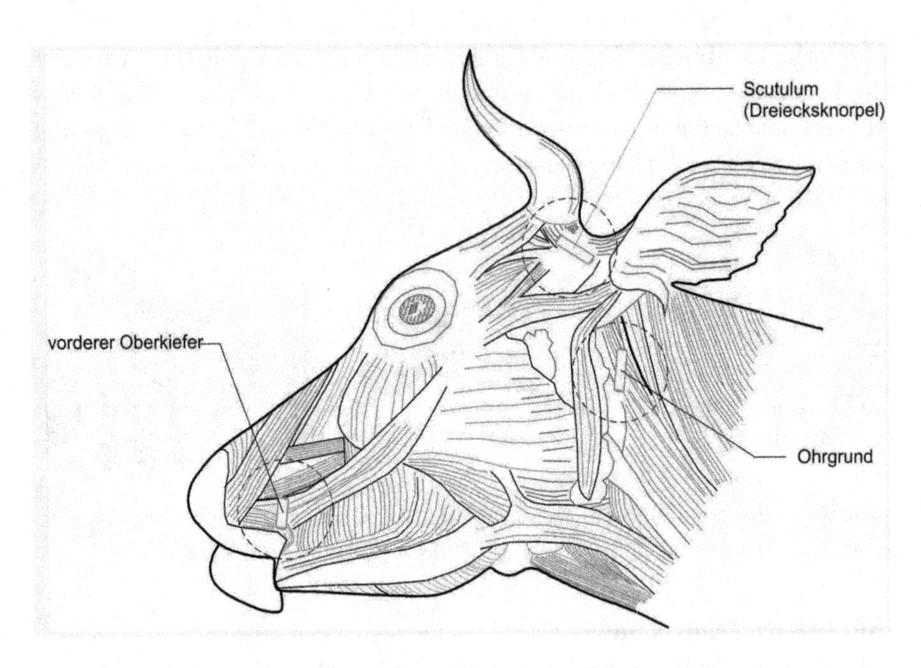

Abb. 5-8. Verschiedene untersuchte Stellen für die Injektion von Transpondern am Rinderkopf [36, 62]

Abbildung 5-9 zeigt ein Injektionsgerät und den Ablauf beim Ablegen des Transponders bei der Injektion. Das Gerät ist für verschiedene Transpondergrössen einstellbar. Ziel ist es, den Transponder nicht in das Gewebe einzudrücken, sondern ihn in einem Einstichkanal abzulegen. Bis einige Stunden nach der Injektion ist es noch möglich, dass ein Transponder wieder aus dem Einstichkanal austreten kann. Dies kann durch geeignete Beschichtung der Transponderoberfläche mit einem physiologisch gut verträglichen Material verhindert werden. Zusätzlich bewirkt eine Beschichtung eine starke Verwachsung und Kapselbildung mit dem umliegenden Gewebe, so dass eine Migration des Transponders weitgehend ausgeschlossen werden kann [36].

Inzwischen ist die Injektion bei Kleintieren weit verbreitet. Da bei diesen keine Verwertung als Nahrungsmittel vorgesehen ist, sind für die Injektionsstelle selber viel mehr Variationsmöglichkeiten gegeben.

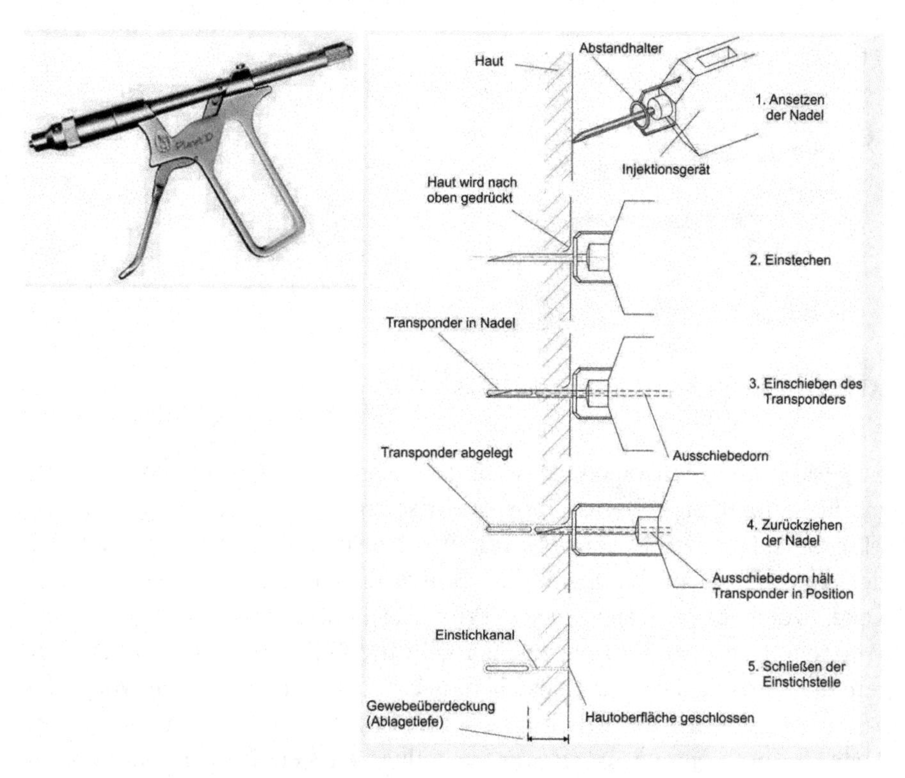

Abb. 5-9. Injektionsgerät und Injektionsvorgang (Planet ID, [36])

Bolus

Der Bolus (Abb. 5-10) besteht aus einem Keramikzylinder, der einen Glastransponder enthält. Der Keramikzylinder besitzt ein hohes spezifisches Gewicht, so dass er im unteren Teil des Pansens von Wiederkäuern liegen bleibt. Die Überlegung auf diese Art einen Transponder in das Tier einzubringen, wurde von so genannten Käfigmagneten abgeleitet, die bei gleicher Applikation dafür sorgen, dass beim Fressen mit aufgenommene Metallteile (Nägel, Draht etc.) festgehalten werden und keine Schäden im weiteren Verdauungstrakt hervorrufen können.

Die Applikation des Bolus erfolgt mit einer Sonde über den Oesophagus. Verschiedene Untersuchungen haben gezeigt, dass die Applikation zwar bei sehr jungen Tieren möglich ist [18], jedoch einiger Übung bedarf und erst bei voller Entwicklung des Pansens wirklich dauerhaft ist (es besteht die Gefahr, dass der Bolus wieder ausgeschieden wird).

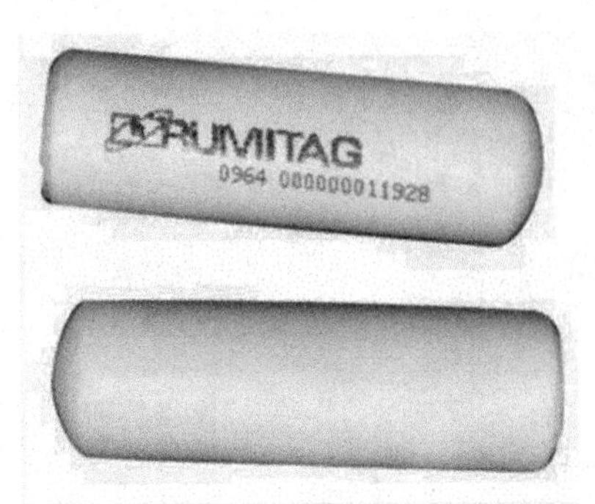

Abb. 5-10. Bolus zur Eingabe in den Pansen (Gesimpex)

Insgesamt lässt sich sagen, dass alle drei Kennzeichnungsmethoden (Ohrmarke – Injektat – Bolus) ihre spezifischen Vor- und Nachteile haben (Tab. 5-3). Daher ist es sinnvoll, vor einer Anwendung eine genaue Analyse der Anforderungen durchzuführen. Sollen die Tiere nur fälschungssicher gekennzeichnet oder auch in der Prozesstechnik erkannt werden? Ist das Alter des Tieres bei der Kennzeichnung kritisch? Können oder müssen weitere biometrische Daten als Absicherung erhoben werden? Andere Vorgaben kommen auch aus der Tradition oder der menschlichen Empfindung im Umgang mit Tieren: es ist schwer vorstellbar, dass ein Pferd mit einer Ohrmarke ausgestattet würde, obwohl dies technisch und physiologisch durchaus möglich wäre. Bei dieser Tierart ist der injizierbare Transponder das Mittel der Wahl. Ebenso ist die Applikation bei Schweinen schwierig: Ohrmarken gehen verloren, ein Bolus kommt nicht infrage (kein Wiederkäuer) und Halsbänder gehen ebenfalls verloren. Folglich wäre der injizierbare Transponder ideal; nur sind dann die Anforderungen an die Lokalisierung des Transponders im Schlachtkörper und dessen sichere Entfernung sehr hoch.

In Tab. 5-3 sind ergänzend weitere Tierarten und Vor- und Nachteile bei der Applikation der jeweiligen Transponderbauarten aufgeführt.

Tabelle 5-3. Tierarten und geeignete Transponderbauarten

	Ohrmarke	Injektat	Bolus
Rind	Einfach applizierbar, Verlustrisiko, bei fälschungssicherer Kennzeichnung ist biometrisches Kennzeichnen zusätzlich zu erfassen	Relativ einfach applizierbar Lokalisierung bei Entnahme aus dem Schlachtkörper wichtig	Nicht für sehr junge Tiere geeignet Entnahme sehr einfach
Schwein	Einfach applizierbar, hohes Verlustrisiko, bei fälschungssicherer Kennzeichnung ist biometrisches Kennzeichnen zusätzlich zu erfassen	Relativ einfach applizierbar Lokalisierung bei Entnahme aus dem Schlachtkörper wichtig	Ungeeignet
Ziege/Schaf	Einfach applizierbar, Verlustrisiko, bei fälschungssicherer Kennzeichnung ist biometrisches Kennzeichnen zusätzlich zu erfassen	Relativ einfach applizierbar Lokalisierung bei Entnahme aus dem Schlachtkörper wichtig	Nicht für sehr junge Tiere geeignet Entnahme sehr einfach
Pferd	Ungeeignet	Relativ einfach applizierbar Lokalisierung bei Entnahme aus dem Schlachtkörper wichtig	Ungeeignet
Huhn	Fussring mit Transponder	Wenig geeignet (kleine Transponder, schwierige Injektion und Entnahme aus dem Schlachtkörper)	Ungeeignet

5.1.1.1 Innerbetriebliche Nutzung

Die zuvor beschriebenen Transponder sind sowohl für den inner- als auch überbetrieblichen Einsatz geeignet. Bei der innerbetrieblichen Nutzung steht die Funktionssicherheit im Vordergrund, bei der überbetrieblichen Nutzung hingegen die Fälschungssicherheit. Es sollen im Folgenden einige innerbetriebliche Anwendungen und deren arbeitswirtschaftliche Auswirkungen erläutert werden.

Abbildung 5-11 zeigt, dass mindestens zehn Anwendungen mit RFID in der Nutztierhaltung (hier speziell bei Rindern) möglich sind. Die Wichtigsten darunter sind die Erkennung am Futterautomaten, am Melkstand, am Kälbertränkestand und bei der Zugangsberechtigung zu bestimmten Stallbereichen. Für die Überwachung des Gesundheits- oder Reproduktionsstatus können injizierbare Transponder mit Temperatursensoren verwendet werden.

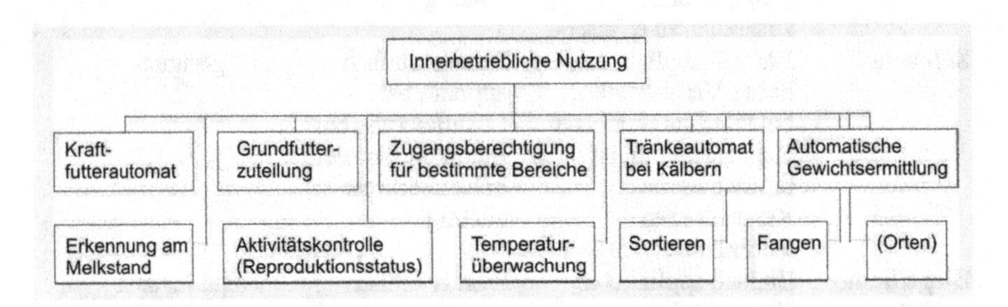

Abb. 5-11. Innerbetriebliche Nutzungsmöglichkeiten von Transpondern in der Nutztierhaltung

Die Erkennung des individuellen Tieres am Futterautomaten ist zwingend notwendig, um es nicht mehr anzubinden, sondern frei in einem Laufstall halten zu können (Abb. 5-12, Abb. 5-13). Nur durch die Identifizierung ist eine automatisierte und individuelle Tierbetreuung und Tierfütterung bei gleichzeitiger Reduktion des Personaleinsatzes möglich.

Die Anforderungen bezüglich der Lesesicherheit waren aufgrund des Tierverhaltens sehr hoch. Die Lesedistanz beträgt 30 bis 40 cm zwischen einem Transponder, der im Kopfbereich angebracht ist und einer im Gehäuse von Automaten untergebrachten Leseantenne (Abb. 5-14). Die Anforderungen an die Lesereichweite ergeben sich aus der Breite des Tieres und der Position des Transponders am Kopf.

Abb. 5-12. Moderner Liegeboxenlaufstall für Rinder (linkes Bild: rechts Futterstand, links davon Liegeboxen, rechtes Bild: Auslauf im Aussenklimabereich

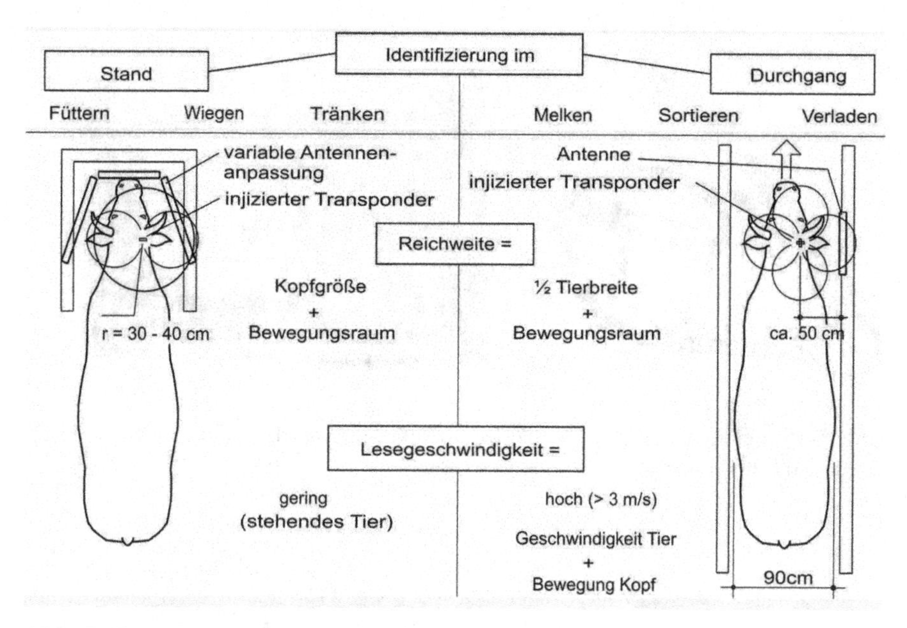

Abb. 5-13. Lesereichweite und Anbringungsmöglichkeiten von Transpondern beim Rind [36]

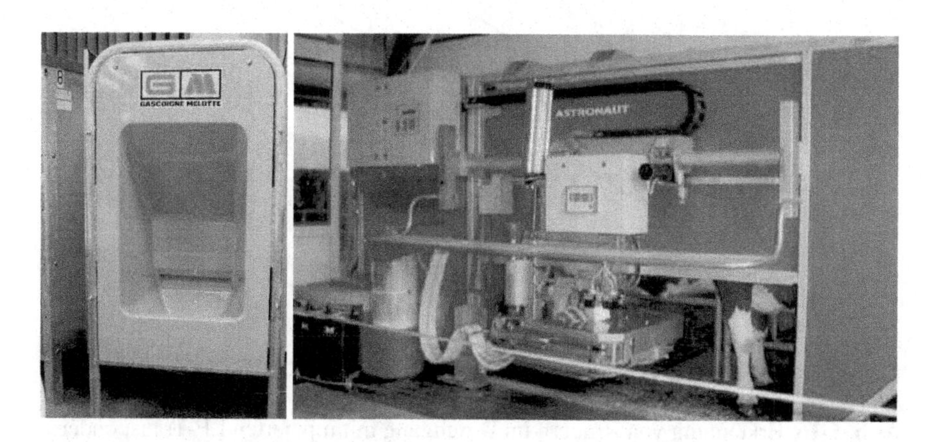

Abb. 5-14. Futterautomat und Melkroboter mit Tiererkennung (Antennen nicht sichtbar, im Kopfbereich, Gascoigne Melotte, Astronaut)

In Abb. 5-15 sind zwei Beispiele für Lesegeräte (Handsonde und Treibgangleser) abgebildet. Beide Geräte dienen zur Erfassung der Identität bei Behandlungen oder bei der Tierselektion in Treibgängen.

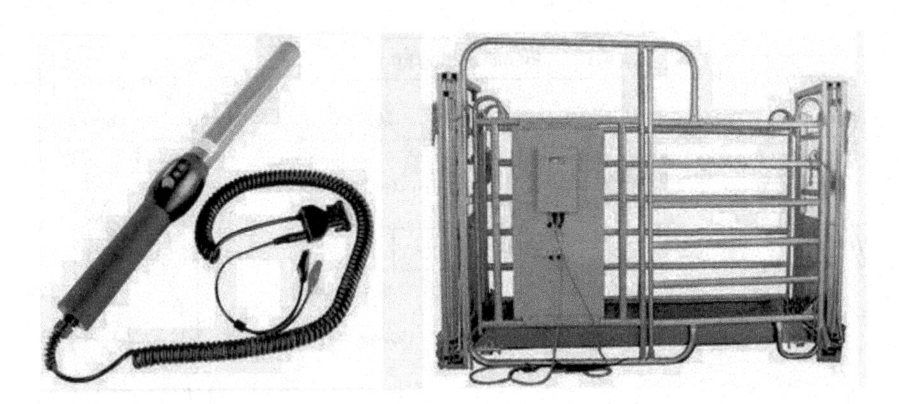

Abb. 5-15. Lesegeräte für Tiertransponder (links Handsonde, rechts Treibgangleser (Texas Trading GmbH)

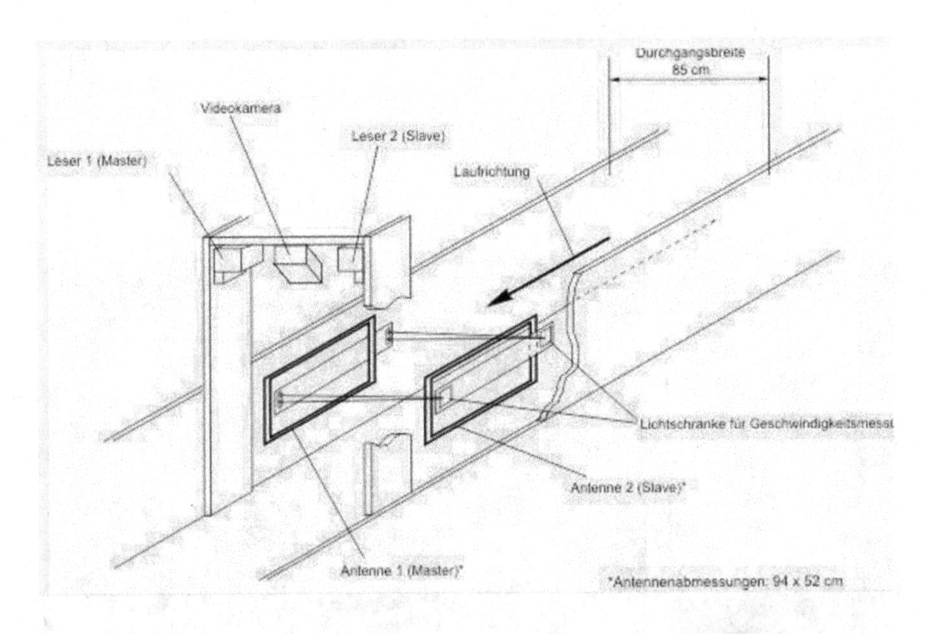

Abb. 5-16. Erkennung von Rindern im Durchgang mit injizierten LF-Transpondern (Testaufbau mit zwei Antennen [36])

Der Einsatz von Transpondern hat sich in der Rinderhaltung – neben der artgerechteren Haltung in Bezug auf mehr Bewegung – sehr stark auf die Arbeitswirtschaft ausgewirkt [71]. Dies soll anhand von zwei Abbildungen verdeutlicht werden (Abb. 5-17, Abb. 5-18), auf denen die Wegdiagramme des Personals beim Melkvorgang aufgezeigt sind.

Bis vor ca. 10 Jahren war noch eine traditionelle Haltung von Kühen im Anbindestall ohne Transponder üblich. In diesem Stall waren
- die Tiere permanent nebeneinander angebunden und somit kaum Bewegungsfreiheit gegeben,
- das Stallklima wurde den menschlichen Bedürfnissen und nicht denen der Tiere angepasst,
- das Grund-, Kraftfutter und die Einstreu wurde zum Tier hingetragen,
- der Mist von Hand oder über ein Kanalsystem entsorgt,
- das Melkzeug von einem Tier zum anderen getragen und in gebückter Haltung angesetzt.

Folglich waren alle Arbeiten um das angebundene Tier herum vertreten und der interne logistische Ablauf zentral ausgerichtet, um alles zum Tier hin oder weg zu bringen. Demgegenüber sind die Funktionsbereiche heute im Laufstall dezentral angeordnet.
- Die Kühe können sich bewegen und Sozialverhalten zeigen,
- es gibt verschiedene Klimabereiche,
- alle Funktionsbereiche werden selber ausgewählt: Fressbereich, Liegebereich, Melkstand, Kraftfutterstand.
- Die für den Menschen wichtigen Funktionsbereiche sind für ihn optimiert. Insbesondere der Melkstand erfordert keine gebückte Haltung mehr und ist beheizt. Teilweise werden zur Arbeitsentlastung bereits Melkroboter eingesetzt, die von den Kühen ebenfalls frei aufgesucht werden.

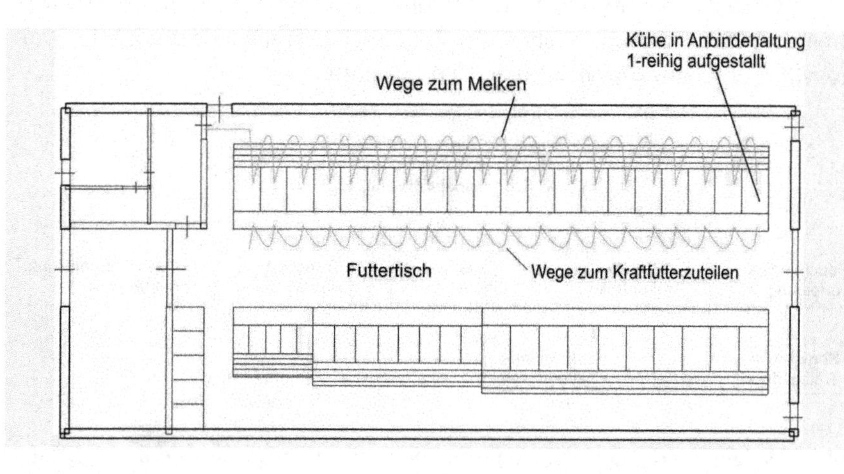

Abb. 5-17. Wegdiagramm beim Melken und individueller Kraftfutterzuteilung im Anbindestall (nach Auernhammer, Landtechnik Weihenstephan)

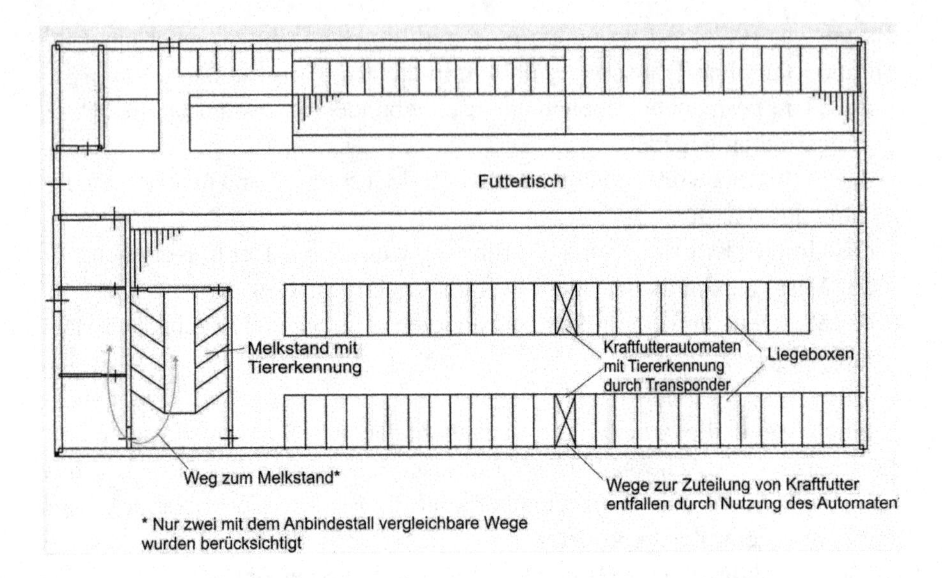

Abb. 5-18. Wegdiagramm beim Melken im Laufstall (Kraftfutterzuteilung erfolgt automatisch, Auernhammer, Landtechnik Weihenstephan)

5.1.1.2 Überbetriebliche Nutzung

Die Kennzeichnung von landwirtschaftlichen Nutztieren hat drei wesentliche Anforderungen zu erfüllen: die Verbesserung der Seuchenkontrolle, die Verbesserung der Qualitätssicherung und den Tierschutz. In allen drei Anwendungen ist eine fälschungssichere Applikation der Transponder wichtig. Weitere Möglichkeiten sind in Abb. 5-19 dargestellt.

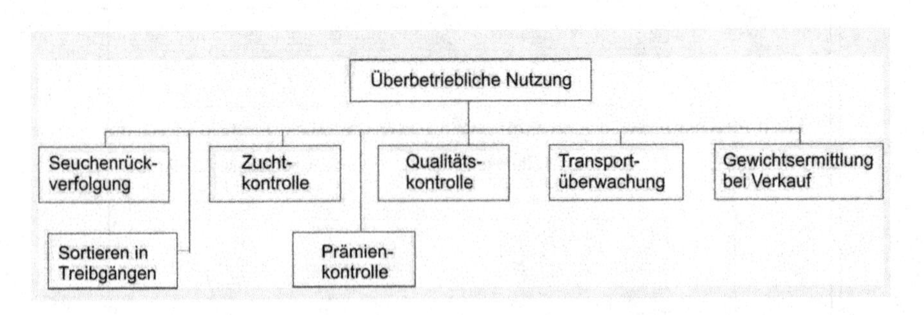

Abb. 5-19. Überbetriebliche Nutzungsmöglichkeiten von Transpondern in der Nutztierhaltung

Seuchenrückverfolgung

RFID-Systeme haben erstmals ein effektives Mittel geboten, um Tiere flächendeckend zu kennzeichnen und maschinenlesbar zu erfassen. Dabei ist es aus Sicht der Seuchebekämpfung sehr wichtig, dass die Tiere überhaupt elektronisch gekennzeichnet sind, damit die Datenerfassung fehlerfrei erfolgen kann.

Die Fälle von BSE (Bovine Spongiforme Encephalopathie) und einige weitere Tierseuchen (die teilweise auch für den Menschen gefährlich werden können) haben deutlich gemacht, wie wichtig eine sichere Kennzeichnung der Tiere ist. Nur über eine gesicherte Kontrolle können gezielt Seuchenherde behandelt oder sogar ausgemerzt werden. Dabei sind insbesondere Tiertransporte problematisch, da sie wie Multiplikatoren wirken und weit entfernt vom ursprünglichen Entstehungsort weitere Keimzellen für Seuchen legen können. Je genauer die Position und Veränderung eines einzelnen Tieres festgestellt werden kann, umso genauer können auch die Herde behandelt und eventuell unter Quarantäne gestellt werden.

Qualitätssicherung

In Bezug auf die Qualitätssicherung sind vor allem Lebensmittelskandale zu nennen. Dabei wurden die Tiere mit Medikamenten behandelt oder erhielten Futtermittel, für welche bestimmte Sperrzeiten / Wartezeiten galten, bevor sie zum Schlachthof und anschliessend auf den Markt gelangten. Unter der Vorgabe, die Produktionskette besser kontrollieren zu können, sind Herkunftsbezeichnungen und Labels mit Angaben wie „aus kontrollierter Herkunft“ entstanden.

RFID-Systeme können hier, ebenfalls wie bei der Seuchenrückverfolgung, einen großen Beitrag leisten, die Informationskette vom Herstellerbetrieb zum Schlachthof, teilweise sogar bis zu den Teilstücken auf der Ladentheke zu schließen. Erst die lückenlose Kennzeichnung und Datenerfassung ermöglicht die Überprüfung der zurückliegenden Aufzucht- und Mastbedingungen. Wenn auch Lebensmitteskandale nicht ganz verhindert werden können, so erscheint es doch möglich, deren Anzahl und vielleicht ihr Ausmaß zu verringern.

Tierschutz

Zu häufige, zu lange und nicht tiergerechte Transporte von Tieren innerhalb der EU werden immer wieder beanstandet. Die Kennzeichnung der Tiere mit RFID wird diese Transporte nicht verhindern, sie kann jedoch ebenfalls helfen, sie zu reduzieren. Dadurch können verantwortliche Personen den Vorfällen beim Transport, beim Verladen und davor in der Produktion besser zugeordnet werden.

Der überbetriebliche Einsatz ist ein typisches offenes System; mehrere Nutzer sind in einer Kette vorzufinden. Nur wenn die Transponder untereinander kompatibel sind, kann eine Rückverfolgung funktionieren. Die relevanten ISO-Standards 11784 und 11785 wurden bereits Anfang der 90er Jahre entwickelt.

In der Tierkennzeichnung werden Transponder heute in großem Umfang eingesetzt. Eine vollständige Übersicht zur Menge eingesetzter Transponder kann an dieser Stelle nicht gegeben werden. Jedoch zeigt der Blick alleine auf den Markt in Australien, dass dort in den Jahren 2005 bis 2007 ca. 18 Mio HDX-Ohrmarken eingesetzt werden sollen (Gesimpex, Prognose Stand Mai 2004).

5.1.2 Zootiere und Kleintiere

Die Kennzeichnung von Zootieren und privat gehaltenen Kleintieren mit Glastranspondern hat in den letzten fünf Jahren stark zugenommen [5, 10, 14, 19, 26]. Seit 2005 ist es in der Europäischen Union Pflicht Tiere, die eine europäische Aussengrenze passieren, mit einem Transponder auszustatten.

Abb. 5-20. Chips am Zoll (Illustration: Jürg Furrer, 2004)

Eine der ersten Anwendungen war die Kennzeichnung von Tauben durch Fussringe, die Transponder enthielten (Deister). Hierdurch war es möglich, die Tauben automatisch zu registrieren, wenn sie beim Abflug an einem entfernten Ort freigelassen wurden und schließlich an ihrem Heimatort ankamen. Bisher war der Nachweis, dass eine bestimmte Taube auch einen bestimmten Ort wieder aufsuchte, sehr schwierig zu erbringen.

Bei Hunden und Katzen wird der Transponder als Ersatz für eine Marke am Halsband verwendet (Abb. 5-21). Die individuelle Tiernummer wird zusammen mit der Adresse des Halters in einer zentralen Datenbank gespeichert. Der Halter ist im Besitz eines so genannten Tierpasses. Die Tierärzte oder auch Tierheime, zu denen entlaufene Tiere gebracht werden, sind im Besitz eines Lesegerätes.

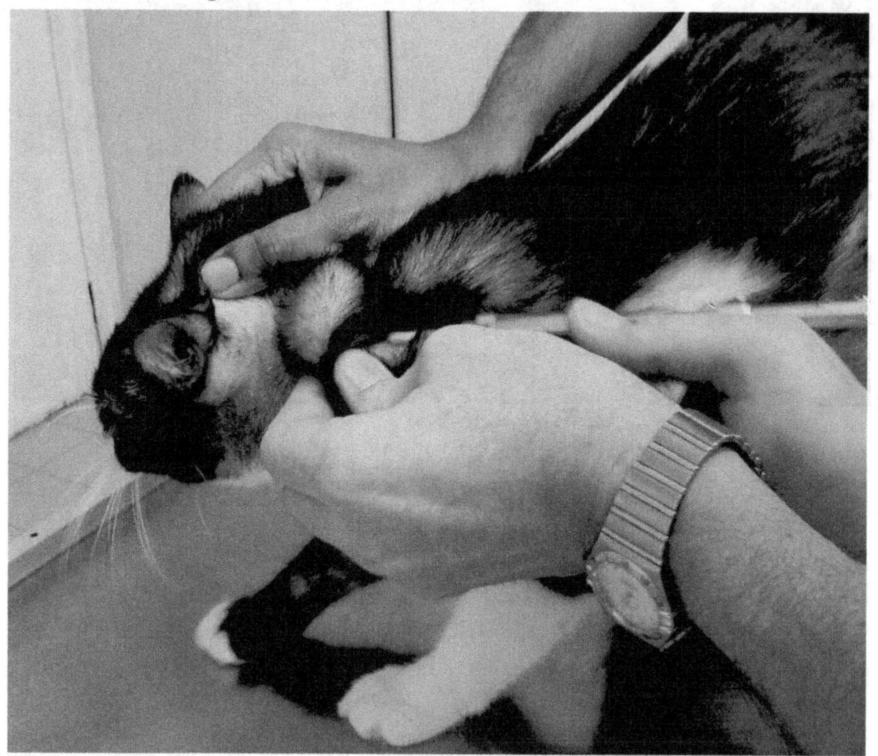

Abb. 5-21. Injektion eines Transponders bei einer Katze (Planet ID)

Für Kenzeichnungen mit besonders hohen Ansprüchen an die Fälschungssicherheit (zum Beispiel Renn- und Zuchtpferde, Injektion Abb. 5-22) kann zusätzlich zur Verifikation der Identität eine Blutprobe und ein genetischer Fingerabdruck (DNA-Probe) genommen werden. Weitere ergänzende Identifikationsmöglichkeiten sind der Noseprint (Nasenabdruck), die Iriserkennung, die Tätowierung und das traditionelle Brandzeichen.

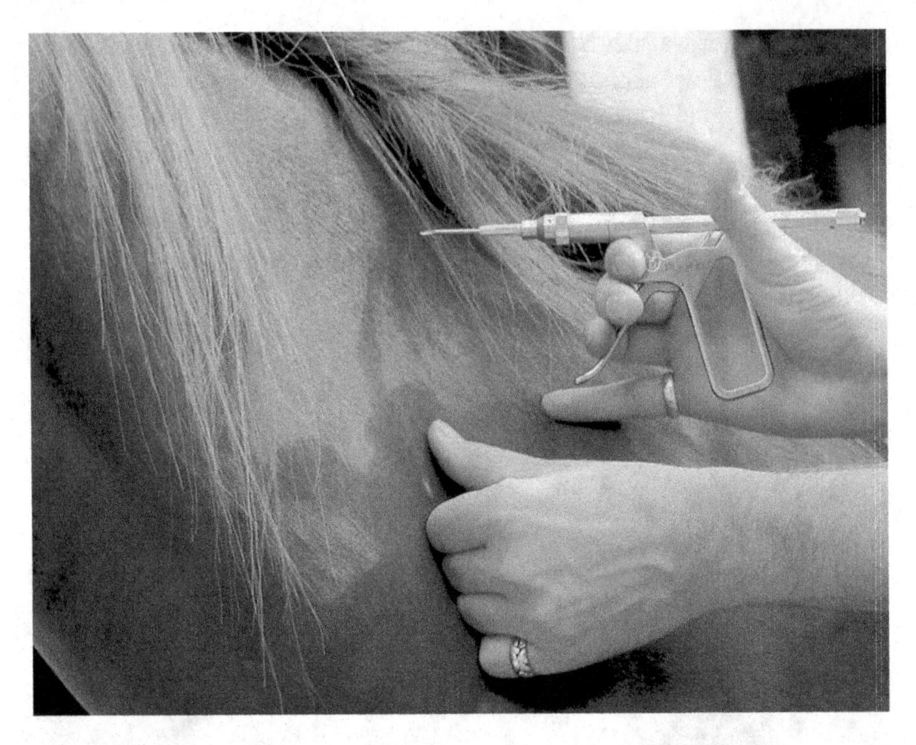

Abb. 5-22. Injektion eines Transponders beim Pferd (Planet ID)

Im Februar 2005 wurde der Entwurf eines Standards «RFID for Food Animal Identification» (AIM Global) veröffentlicht. Er umfasst die Transponder im LF-Bereich (ISO 11784, ISO 11785, ISO 14223-1) und UHF-Bereich (860-960 MHz, ISO/IEC 18000-6, ISO/IEC 15961, ISO/IEC 15434). Der Entwurf definiert einen erweiterten Datenspeicher. Er wurde von der Industrie nicht akzeptiert.

Anlass für die Schaffung dieses Standards waren die zunehmende Besorgnis bezüglich der unkontrollierten Verbreitung der Maul- und Klauenseuche und vor terroristischen Anschlägen durch die Vergiftung von Lebensmitteln. Hintergrund für die Zulassung von UHF-Transpondern war die Erweiterung des Speichers im Transponder. Diese Erweiterung ermöglicht es, den Lebensweg direkt am Tier zu dokumentieren, ohne erst in einer Datenbank nachsehen zu müssen. Die Programmierung der dafür nötigen Datenmengen ist aufgrund des Frequenzverhaltens nur mit Ohrmarken und nicht mit injizierten Transpondern oder Boli möglich.

5.2 Personenidentifikation bei Sportveranstaltungen und in Skigebieten

RFID kann bei fast jeder Personenidentifikation durch einen Ausweis (eine Karte oder Token) eingesetzt werden. Aufgrund dieser breiten Möglichkeiten beschränken sich die folgenden Beschreibungen auf die Sportveranstaltungen und Skigebiete. Skigebiete und Sportveranstaltungen sind ein Beispiel für einen den umfassenden Einsatz von RFID zur Personenidentifikation (Abb. 5-23, Abb. 5-24). Die wichtigsten Einsatzbereiche sind die Zugangskontrolle zum Skilift, zu Wellnessbereichen und Hotelzimmern sowie die Benutzung von öffentlichen Verkehrsmitteln. Im Folgenden wird nur beispielhaft auf einzelne Anwendungen eingegangen.

Abb. 5-23. Übersicht zum RFID-Einsatz bei der Personenidentifikation bei Sportveranstaltungen / Skigebieten

Entscheidend für einen flächendeckenden Einsatz von RFID ist die Frage, wie die zahlreichen Einzelvorgänge der Datenerfassung (Events) abgearbeitet werden können. Dazu gibt es grundsätzlich drei Möglichkeiten:

- Die Verwendung einer einfachen UID und damit eines sehr kostengünstigen Datenträgers. Aufgrund der Nummer werden alle nachrangigen Daten (Information über Person, Aufenthaltsort, etc.) in einer zentralen Datenbank aufgerufen, geprüft und die Aktion an einem Terminal ausgelöst.
- Die Verwendung einer einfachen UID in Verbindung mit einem lokalen Application Server, der einen Grossteil der Entscheidungsvorgänge bereits vor Ort abwickelt und nur Updates zur zentralen Datenbank schickt.
- Die Verwendung von Smart Cards, welche beim Lesegerät Entscheidungen treffen und eine Freischaltung bzw. den Zugang ermöglichen. Hierbei wird beispielsweise der Status (Anzahl erlaubte Besuche) auf der Karte gespeichert und angepasst. Der Vorteil von Smart Cards ist eine hohe Verarbeitungsgeschwindigkeit, ihr Nachteil sind höhere Kosten.

Abb. 5-24. Einsatz von RFID im Skigebiet (X-ident Technologies)

Abbildung 5-25 zeigt den Zugang zu einem Skilift mit seitlich angeordneten Antennen und Drehkreuzen, die bei korrekter Registrierung den Durchgang freigeben. Für den Benutzer ergibt sich der Vorteil, dass er keine Kontaktkarte (Barcode-Karte) aus einer Tasche holen muss. Dadurch werden die Wartezeiten an den Liften stark verkürzt und die Kapazitäten besser ausgenutzt. Die Transponder sind in verschiedensten Bauformen verfügbar: als Armbanduhr, als Einsteckkarte aus Kunststoff oder Papier oder in einen Handschuh integriert. Die Antennen an den Lesestationen sind synchronisiert, um keine Fehlfunktionen an nebeneinander liegenden Antennen zu verursachen.

Abb. 5-25. Einsatz von RFID-Karten und -Uhren am Zugang zum Skilift (Skidata)

Innerhalb eines Skigebietes können an vielen Stellen Bezahlvorgänge durchgeführt werden. Dies können direkt von den Betreibern des Skigebietes und ohne Beizug einer Bank abgewickelt werden, solange die Beträge relativ gering sind. In Abb. 5-26 wird eine einfache Möglichkeit mit einem so genannten Token (das den Transponder enthält) gezeigt. Ziel ist es jeweils, mit einem Transponder alle Anwendungen abzudecken. Dies bedeutet, dass in jedem Falle eine größere Lesereichweite im Durchgang realisiert und gleichzeitig eine hohe Sicherheit vor Betrug gewährleitstet werden muss.

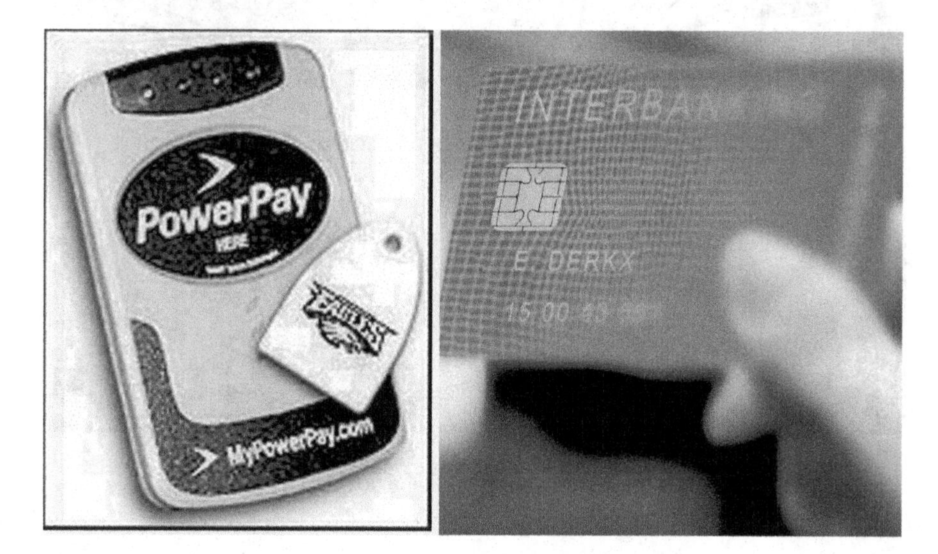

Abb. 5-26. Lesegerät für Bezahlfunktion (links MyPowerPay; rechts Philips Semiconductors)

Eine interessante Anwendung ist der Einsatz von RFID bei Massensportveranstaltungen. Eine besondere Herausforderung liegt im Erfassen der exakten Start- und Ankunftszeiten aller Teilnehmer. Im vorliegenden Beispiel werden LF-Glastransponder verwendet. Sie sind an den Schuhen oder am Bein befestigt (Abb. 5-27, Abb. 5-28). Im Start- und Zielbereich werden sog. Tartanmatten ausgelegt, die Antennenschleifen enthalten. Die Schleifen werden im Multiplexverfahren angesprochen (vergleiche Antikollision, Kap. 4.8).

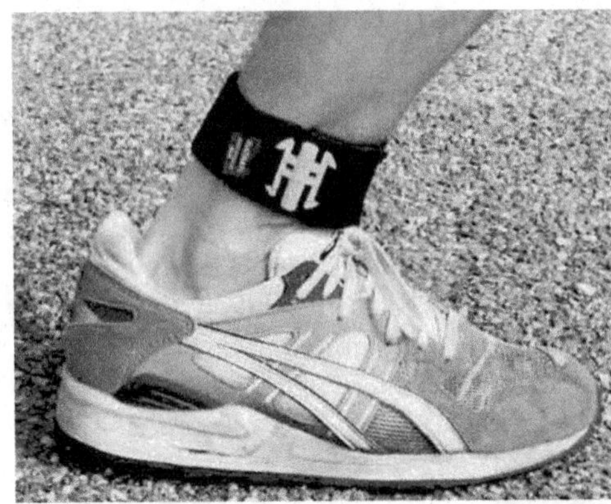

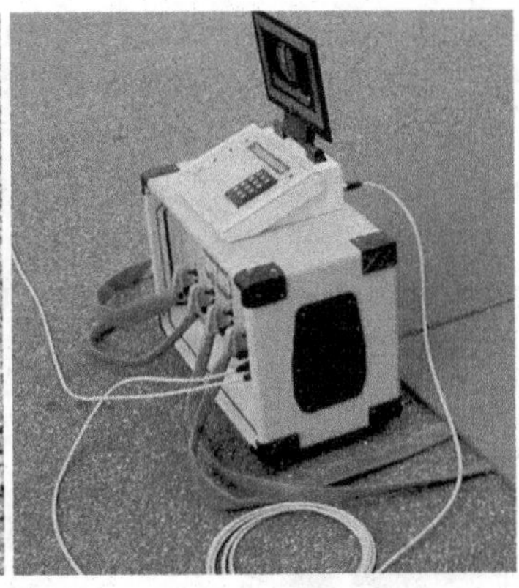

Abb. 5-27. LF-Transponder am Fuss (links) und Lesegerät (rechts, Datasport)

Abb. 5-28. Erfassung am Start und am Ziel (Electrocom)

Die Anwendung ist seit mehr als acht Jahren etabliert. Mehrere Firmen versuchen mit anderen Technologien (mit höheren Frequenzen) ähnliche Lösungen zu erarbeiten. Dazu wurden HF-Etiketten mit größeren Antennen verwendet, die an der Startnummer des Sportlers angebracht werden. Vielfach werden als Alternativen zu Tartanmatten auch Durchgangsantennen verwendet. Beim Einsatz von UHF-Etiketten ist zwar der Installationsaufwand relativ geringer (kleinere Antennen), jedoch ist die Lesezuverlässigkeit stark schwankend. Den größten negativen Einfluss auf das Leseergebnis hat die Nähe des UHF-Etiketts zum Körper (Signaldämpfung durch Wasser).

5.3 Warenhäuser und ihre Lieferketten

Die logistischen Abläufe innerhalb von Warenhäusern (Supermärkten) und in der Lieferkette (supply chain) sind sehr komplex – und damit sind auch die

Einsatzmöglichkeiten für RFID sehr vielfältig [4, 41, 42, 78]. Abbildung 5-29 zeigt eine Übersicht einiger Nutzungsmöglichkeiten. Dabei zeigt sich, dass sich der RFID-Einsatz gleichermassen auf die Kontrolle des Warenflusses vor der Auslieferung ins Warenhaus auswirkt (indem an jedem Ein- und Ausgang eine Kontrolle der Waren stattfindet), wie auch im Warenhaus selber beim Auffüllen von Regalen, dem Automatisieren von Bezahlfunktionen, dem Diebstahlschutz und bei Spezialangeboten. Ein Spezialangebot kann z.B. sein, dass eine Kundin ein Kleid auswählt und gleichzeitig Hinweise erhält, welche weiteren Kleidungsstücke dazu passen könnten (Abb. 5-34).

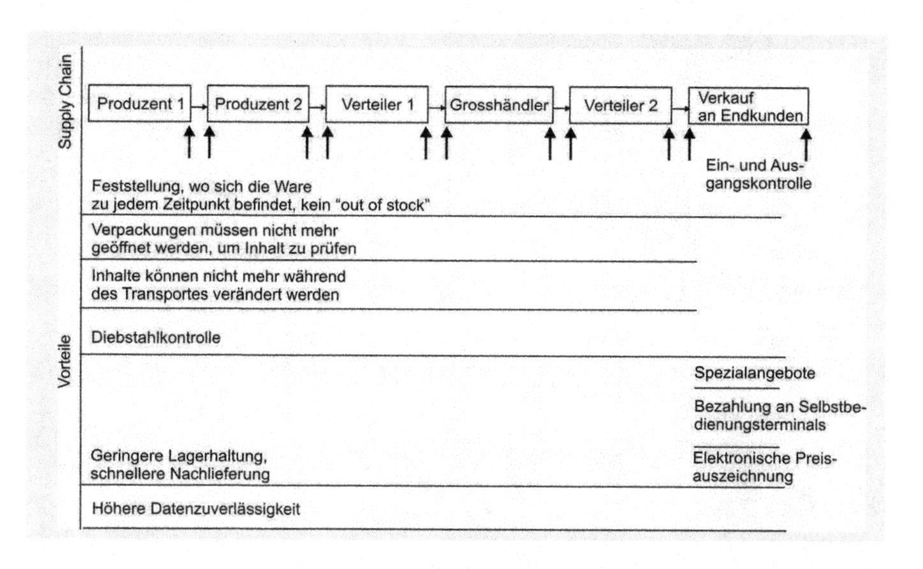

Abb. 5-29. Möglichkeiten der Nutzung von RFID in der Lieferkette und im Warenhaus

Abbildung 5-30 zeigt Übersichten eines offenen (oben) und geschlossenen (unten) Systems. Beide Formen sind in Warenhäusern und der Lieferkette vorzufinden. Im Fall des offenen Systems ist das Sammeln, weiterleiten von einem zum nächsten Knotenpunkt und schliesslich die Verteilung zu Filialen illustriert. Im Fall des geschlossenen Systems werden Behälter (beispielsweise an Transportunternehmen) vermietet und in einem Kreislauf geführt. Um diesen Kreislauf, bzw. den Verbleib der Behälter zu kontrollieren, bietet sich RFID an. Das gleiche Schema ist auch für Paletten anwendbar.

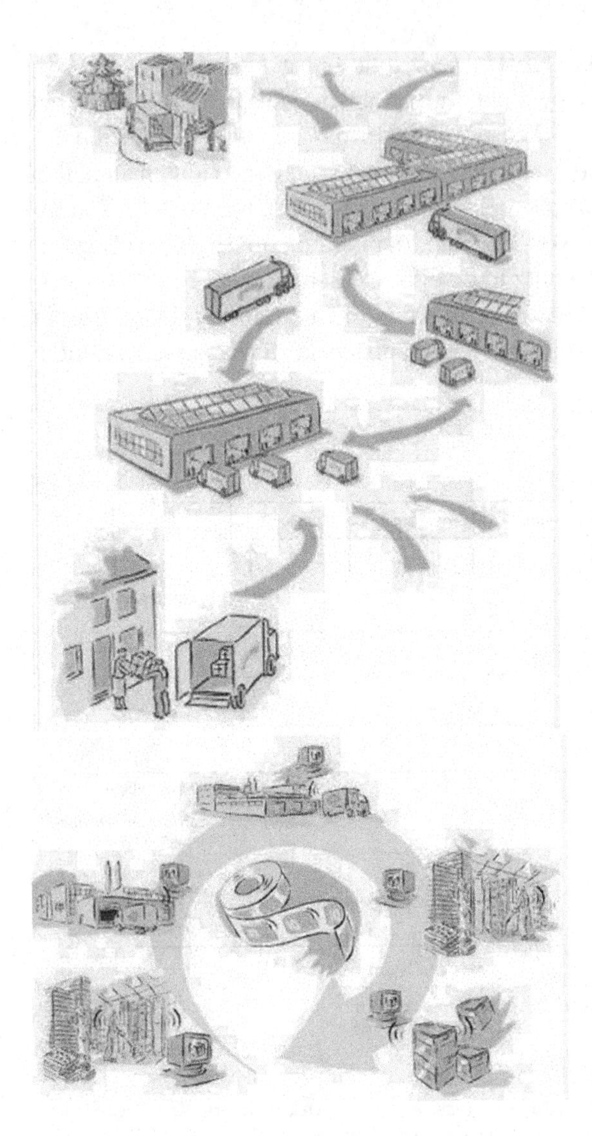

Abb. 5-30. Schematisierung der RFID-Nutzung im offenen (oben) und geschlossenen (unten) System (X-ident Technologies)

Die Vorteile beim Einsatz von RFID in Warenhäusern und der Lieferkette können wie folgt zusammengefasst werden [61]:

- Verbesserung der Diebstahlsicherung. Durch Kunden und Personal werden Waren im Wert von 1,8 % des Gesamtumsatzes gestohlen.
- Bessere Verfügbarkeit von Waren. Verzögertes Auffüllen von Regalen reduziert den Warenverkauf um 3–4 %.

- Verminderung von Fälschungen. Waren im Wert von 5–7 % des Welthandelsvolumens (ca. 280 Mrd USD) werden jährlich gefälscht.
- Verminderung von Rückrufaktionen infolge fehlerhafter Herstellung
- Nicht verkaufbare Waren. In Lebensmittel- und anderen Läden könnte der Anteil dieser Waren (Bsp. verderbliche Waren mit abgelaufenem Verkaufsdatum) vermindert werden.
- Erhöhte Datenverlässlichkeit: Die Unterschiede zwischen einer Warenbestandsliste und dem wirklichen Warenbestand können bis zu 35 % betragen. Bei automatisierter Datenaufnahme sind deutliche Reduktionen der Fehler zu erwarten.

In der Lieferkette finden ständige Überprüfungen des Warenein- und -ausganges statt. Innerhalb der Lieferkette werden auf der Paletten- und Verpackungsebene HF- und UHF-Transponder eingesetzt, die eine für den Durchgang an der Laderampe entsprechend hohe Lesereichweite und Lesegeschwindigkeit aufweisen (Abb. 5-31). Abbildung 5-32 zeigt das Auslesen der Transponder an einzelnen Punkten in der Logistikkette. Für die Kennzeichnung der einzelnen Gegenstände (item level tagging) zeichnet sich hingegen der Einsatz von HF-Transponderetiketten ab, da sie unempfindlicher auf die umgebenden Materialien reagieren und dadurch eine einfachere Anbringung und eine zuverlässigere Auslesung ermöglichen (Abb. 5-33).

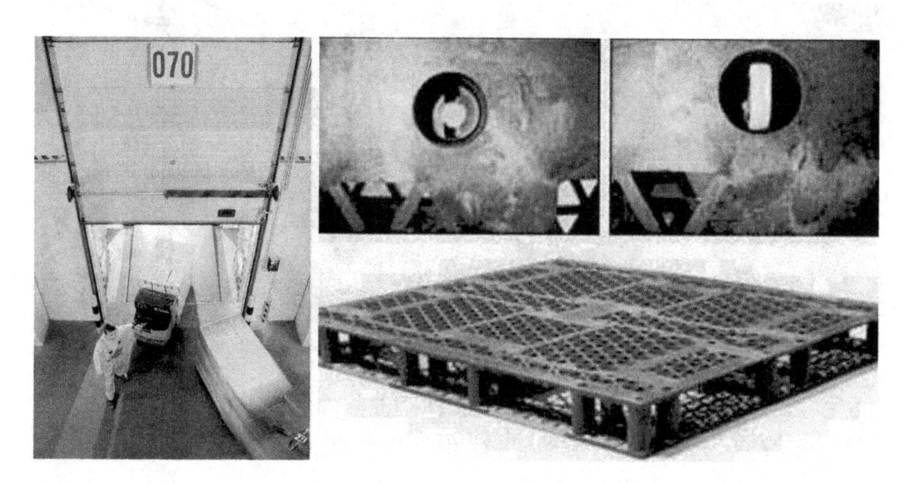

Abb. 5-31. Lesen der Paletten und Verpackungen an der Laderampe (Metro) und Paletten mit integriertem Transponder. Die Transponder sind in Hohlräume der Palettenfüsse integriert (oben).

Abb. 5-32. Verfolgung des Warenein- und -ausgangs (Infineon Technologies)

Abb. 5-33. Verteilung der Waren (Metro). Die Identität und der Status der Waren kann zu jeder Zeit direkt am Objekt abgerufen werden.

Abb. 5-34. Spezialangebote im Warenhaus, die mit RFID ausgelöst werden (Metro)

Abb. 5-35. HF-Etiketten für einzelne Waren (Metro)

Abb. 5-36. Elektronische Preisschilder, die durch die Waren beim Hineinlegen und über das Computernetzwerk eingestellt werden können (Metro)

Abbildung 5-37 zeigt die Möglichkeit, die Position eines Gegenstandes ständig zu überprüfen, indem eine Antenne im Regal integriert ist, die ständig die Transpondersignale aufnimmt. Fehlt eines der Signale, so fehlt auch der entsprechende Gegenstand im Regal. Durch dieses Verfahren ist eine sehr effektive Diebstahlsicherung möglich. Allerdings können auch Diskussionen über Datenschutz ausgelöst werden, wie am Beispiel des RFID Einsatzes bei Rasierklingen deutlich wird: in dem Moment, in dem eine Person eine Packung aus dem Regal nimmt, wird gleichzeitig ein Foto des Kunden aufgenommen. Sollten die Rasierklingen nicht an der Kasse bezahlt und damit das Foto gelöscht werden, kann am Ausgang des Supermarktes eindeutig festgestellt werden, wer etwas entwendet hat. Die präventive Erstellung von Fahndungsfotos ist allerdings nicht mit dem Datenschutz vereinbar.

Abb. 5-37. Nutzung der Permanentlesung (ständiges Abfragen des Lesegerätes, ob sich ein Objekt in seinem Bereich befindet) zur Kontrolle, ob eine Ware entnommen wurde (Leser: schwarzer Kasten, Metro)

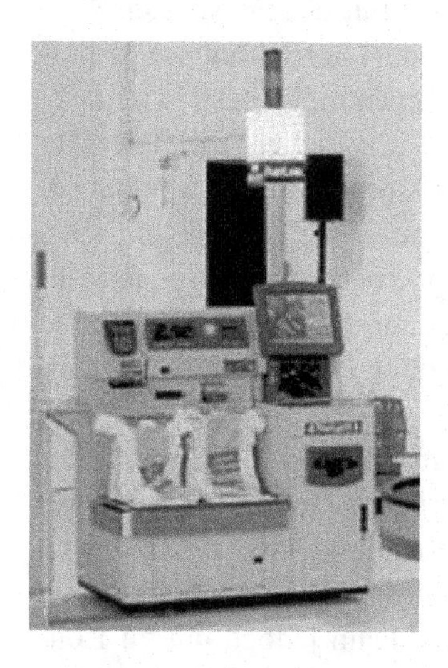

Abb. 5-38. Selbstbedienungskasse im Supermarkt (Metro)

In Tab. 5-4 sind die wichtigsten Merkmale beim gezielt ausgelösten und permanenten Lesen von RFID-Signalen zusammengefasst.

Tabelle 5-4. Unterschiede in der Art der Datenerfassung und Einsatzbeispiele

Gezieltes Auslösen der Lesung bei Bedarf	Permanentes Lesen
Vorhandensein (Zustandekommen der Verbindung) löst Aktion aus	Nicht-Vorhandensein (Abreißen der Verbindung) löst Aktion aus
Objekt oder Lesegerät sind in Bewegung	Objekt und Lesegerät sind statisch
Kurze und lange Lesedistanzen	Kurze Lesedistanzen
Beispiele:	Beispiele:
Tier ID	Videotheken
Personen ID	Intelligentes Regal
Logistikkette	Intelligenter Kühlschrank
...	...

5.4 Aktenverwaltung und -suche in Anwaltskanzleien, Ämtern und Behörden

In Anwaltskanzleien, Ämtern und Behörden wird mit der physischen Akte gearbeitet. Trotz des starken Ausbaus der IT-Systeme in Richtung elektronische Aktenverwaltung bleibt das physische Dokument noch bestehen.

Mit Hilfe von RFID-Systemen kann eine Brücke zwischen der Papierakte und der IT-Ebene geschlagen werden. Es werden hierbei zwei Anwendungen unterschieden: die Verwaltung von Akten im Archiv (die Eingabe und Entnahme) sowie die Suche von aktuellen Akten am Arbeitsplatz. Im ersten Fall können Kosteneinsparungen durch eine verlässlichere Ablage und Entnahme (Arbeitszeiteinsparung) erreicht werden, im zweiten Fall durch die Vermeidung zeitintensiver Suche.

Abbildung 5-39 zeigt für die Archivierung und die Aktensuche ein Beispiel. Der Transponder wird in Form eines Etikettes in den Aktendeckel geklebt. Der Leser mit der Antenne ist entweder unter dem Schreibtisch montiert oder direkt in einem Ablagefach integriert. Die Möglichkeit der Kombination mit Durchgangslesern ist gegeben, kann jedoch nur zu Kontrollzwecken eingesetzt werden, nicht zum Erfassen ganzer Aktenstapel, die eine Person beim Durchlaufen mit sich führt. Die Erfassungssicherheit wäre nicht ausreichend.

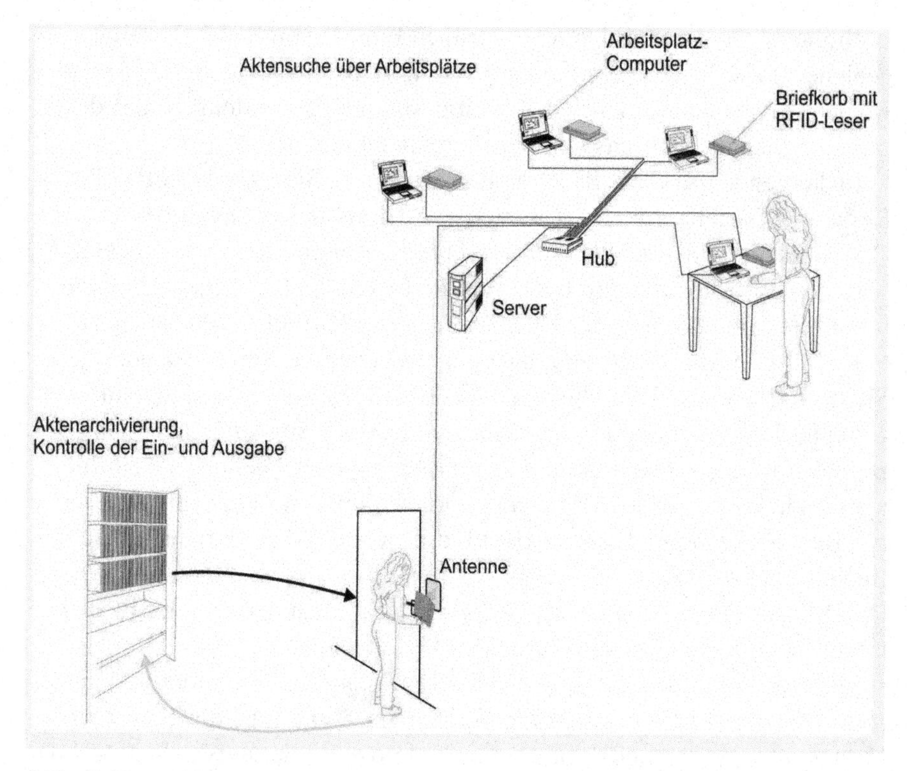

Abb. 5-39. Archivierung mit Ausbuchen (links) und Suche von Akten an mehreren Arbeitplätzen (rechts, InfoMedis AG)

5.5 RFID in Bibliotheken

RFID-Systeme werden seit ca. 8 Jahren zur Verbuchung, Sicherung und Inventarisierung des Buchbestandes in Bibliotheken eingesetzt[9] (z.B. Rockefeller Library, USA). In Europa und Asien wurden die Systeme vor ca. vier Jahren mit neuen Chipgenerationen weiterentwickelt. Ursprünglich wurden entweder WORM-Chips verwendet oder R/W-Chips in Kombination mit EM-Sicherungsstreifen. Erst mit zunehmender Leistung und Standardisierung der RFID-Systeme wurde ein breiterer Einsatz möglich. Heute sind weltweit etwa 10 Anbieter spezifischer RFID-Bibliothekssysteme am Markt vertreten.

---

[9] Entwicklungen von Firmen wie 3M, Checkpoint Systems

Bibliotheken sind für den relativ frühen Einsatz von RFID-Systemen gut geeignet, da sie in sich geschlossene Systeme darstellen und die Transponder wieder verwendet werden. Gleichzeitig sind es Anwendungen, bei denen grössere Mengen an Transpondern eingesetzt werden.

Im Folgenden wird das RFID-System der Firma Bibliotheca RFID Library Systems AG stellvertretend für moderne Bibliothekssysteme beschrieben [15, 44, 46, 47, 48, 49, 79]. Zum besseren Verständnis der Zusammenhänge wird der Besucherweg durch die Bibliothek (auch als *Sicht des Besuchers* bezeichnet) und der Weg des Buches (*Sicht des Bibliothekars*) dargestellt.

Der Weg in Abb. 5-40 zeigt, dass der Besucher die Bibliothek durch eine Sicherungsschranke (Durchgangsleser) betritt. Ein- und Ausgang sind hier getrennt dargestellt, sie können aber durchaus zusammengefasst sein. Der Besucher wendet sich meist direkt zum Buchregal oder geht zuerst zur Informationstheke, an einen OPAC-Platz (Online Public Access Catalogue) oder zur Buchrückgabe und anschließend zum Regal. Nach der Entnahme des Buches[10] aus dem Regal führt der Weg zur Selbstverbuchungsstation, wo ein RFID-Leser in die Arbeitsplatte integriert ist und an der sich der Besucher mittels einer RFID-Besucherkarte identifizieren kann.

Nach erfolgter Identifikation und Rückmeldung aus dem Library Management System (LMS) werden die Bücher im Stapel auf die Selbstverbuchungsstation gelegt und es findet eine Umprogrammierung der RFID-Chips statt (Statusänderung): sie werden von <nicht ausgeliehen> auf <ausgeliehen> programmiert. Die Bücher mit dem Status <ausgeliehen> lösen keinen Alarm im Durchgangsleser am Ausgang aus.

Die Statusänderung kann entweder durch Umprogrammieren des EAS-bits oder des Application Family Identifiers (AFI) erfolgen (s. Kap. 6.3). Das hier dargestellte System nutzt den AFI, da dieser von allen Chips unterstützt wird, die dem ISO Standard 18000-3 Mode 1 entsprechen. Durch diese Massnahme ist gewährleistet, dass die Chips verschiedener Hersteller zueinander kompatibel sind und gegebenenfalls auch ein Wechsel zwischen den Transpondern zweier Hersteller erfolgen kann. Dies ist besonders wichtig vor dem Hintergrund, dass Bibliotheken keine proprietären Chips verwenden sollten. Bibliotheken weisen sehr lange Nutzungsperioden einer Chipgeneration auf. Bei der fortschreitenden Chipentwicklung wäre es fatal, wenn ein grosser Bestand mit 1 Mio Büchern beim Einsatz neuer Chipgenerationen umgerüstet werden müsste oder die Bibliothek alte und immer teurer werdende Chips beziehen müsste.

[10] Bücher werden stellvertretend für alle Medien in der Bibliothek genannt

Die Buchnummern sind nun auf dem persönlichen Konto des Besuchers im LMS registriert. Der Besucher kann zur Bestätigung einen Beleg mit den Titeln und dem Rückgabedatum ausdrucken. Für diejenigen Besucher, die die Selbstverbuchung nicht in Anspruch nehmen wollen, kann die Ausleihe nach wie vor, eventuell auch zusammen mit einer persönlichen Beratung, an einer Personaltheke durchgeführt werden.

Abb. 5-40. Wege des Besuchers in der Bibliothek und Nutzung der RFID-Technologie (Besuchersicht)

In der zweiten Betrachtungsweise (Abb. 5-41), ist die zuvor dargestellte Sicht nur ein Teil eines Gesamtsystems (rechte Seite). Nach der Anlieferung (unten links) wird das Buch in den Bestand eingegeben und erhält ein RFID-Etikett. Dieses Etikett wird mit den notwendigen Daten programmiert (initialisiert) und mit dem LMS verknüpft. Das Buch kommt nun in das Regal und gelangt in den Kreislauf der Ausleihe. In grösseren zeitlichen Abständen kann durch das Fachpersonal eine Inventur durchgeführt werden. Dies geschieht, indem ein Handlesegerät am Regal entlang geführt wird, das die dort befindlichen Bücher registriert. Auch der umgekehrte Fall, die Feststellung fehlender oder falsch eingeordneter Bücher, ist durch einen Abgleich mit einer Soll-Liste möglich.

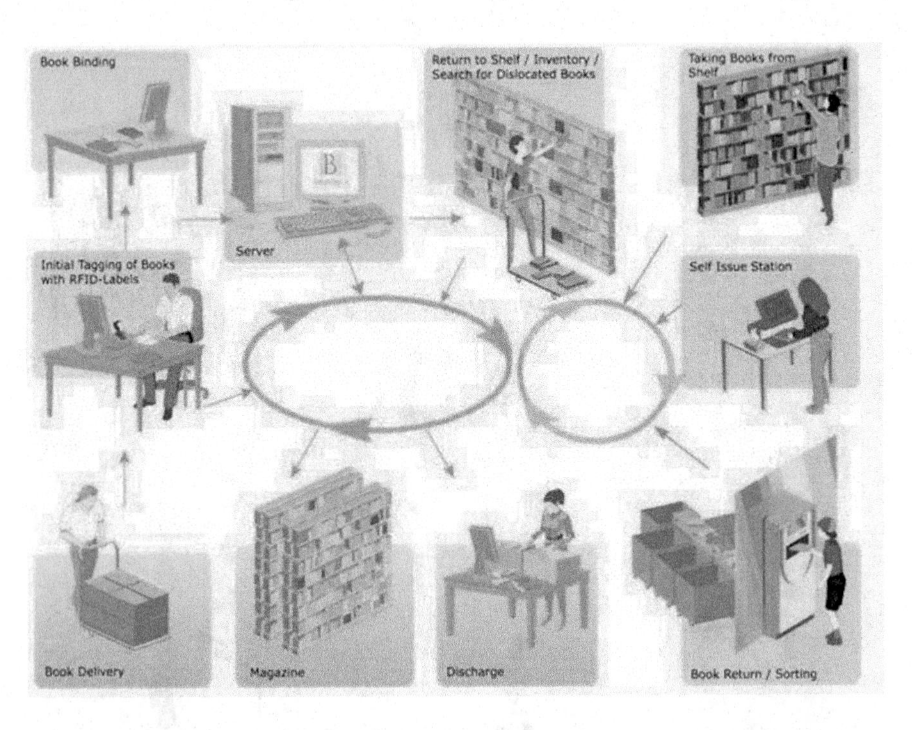

Abb. 5-41. Weg des Buches in der Bibliothek und Nutzung der RFID-Technologie (Bibliothekarsicht)

Aus der Buchrückgabe gelangen die Bücher wieder zurück in die Regale. Sie können entweder in einem einzigen Container gesammelt oder in verschiedene Behälter vorsortiert werden. Sie sind bereits wieder im LMS registriert und die Diebstahlsicherung ist wieder aktiviert (Status <nicht ausgeliehen>). Sie müssen dann zügig in die Regale zurückgestellt werden, da sie sonst im OPAC als verfügbar angezeigt werden, aber nicht im Regal zu finden sind.

Die allgemeinen Vorteile eines modernen RFID-Systems gegenüber herkömmlichen Warensicherungssystemen in Bibliotheken können wie folgt zusammengefasst werden:

- Die Vermeidung von Warteschlangen an der Theke.
- Die Verringerung repetitiver Arbeiten bei gleichzeitiger Verstärkung der Beratungstätigkeit des Fachpersonals.
- Die Verbindung von RFID mit der Funktion eines Warensicherungssystems (EAS) zur Verminderung der Diebstahlrate.
- Eine regelmäßige, einfachere Inventur zur Aktualisierung der Datenbestände.
- Eine erleichterte Suche nach falsch eingeordneten Büchern.
- Die Feststellung, welche Bücher entwendet wurden und deshalb nachbestellt werden müssen.
- Die Bücher können im Anschluss an die Buchrückgabe vorsortiert werden.
- Das System kann mit Zusatzfunktionen erweitert werden, wie zum Beispiel dem Bezahlen am Automaten oder einer Zugangskontrolle.

Neben der sicheren Funktion des RFID-Systems und der Betriebssoftware für die Komponenten ist deren Positionierung in der Bibliothek von grösster Bedeutung für die Arbeitswirtschaft. Die dabei resultierenden Phänomene lassen sich auf andere Anwendungen in geschlossenen Systemen übertragen. Die Betrachtungsweise ist auch sehr hilfreich, um in einem Prozessmodell quantitative Aussagen zum Nutzen von RFID zu machen.

Eines der wichtigsten Ziele in der Bibliothek ist, möglichst viele, oder sogar alle Arbeiten von der Theke an die Selbstbedienungsautomaten zu verlagern. Die Positionierung der RFID Komponenten im Raum ist ausschlaggebend dafür, wie weit das Ziel der Selbstbedienung (bzw. die Auslastung der Selbstverbuchungsstationen) erreicht wird [48]. Die Änderung des Besucherstromes wird anhand von zwei Bildern gezeigt (Abb. 5-42, Abb. 5-43). Im ersten Fall handelt es sich um eine traditionelle Bibliothek mit einem Sicherungssystem (EAS), im zweiten Fall um eine Bibliothek mit der Nutzung eines RFID-Systems. Es fällt auf, dass die Theke in der zweiten Lösung keine zentrale Bedeutung mehr hat, dass fast alle Funktionen automatisiert sind, bis hin zur Bezahlung von ausstehenden Gebühren. Die Einheiten sind im Raum so verteilt, dass sie den Besucherstrom von der Theke weglenken. Wichtig ist in diesem Zusammenhang, dass die Besucher gleich am Eingang die zurückgebrachten Bücher an einen Rückgabeautomaten abgeben können. Ist dies nicht der Fall, so nehmen sie die Bücher mit zum Regal, holen dort die neuen Bücher und gehen mit beiden Stapeln zur Theke, um sie dort gemeinsam verbuchen zu lassen. Dies bedeutet, dass die Selbstverbuchungsstation weniger ausgelastet ist und insgesamt mehr Bücher an der Theke verbucht werden. Die Abbildungen machen deutlich, wie stark sich die Position und Kombination der Automaten auf die gesamte Effektivität auswirken – und die Theke gegenüber der ersten Bibliothek deutlich kleiner wird.

Eine der ersten Bibliotheken, die RFID konsequent nutzten, ist die Stadtbibliothek Winterthur. Vor der Einführung des Systems wurde eine Umfrage bei den Besuchern durchgeführt, um deren Wünsche direkt zu erfassen. Zwei wichtige Ergebnisse waren: es sollten keine Warteschlangen bei der Ausleihe entstehen und die Rückgabe der Medien sollte zu jeder Tageszeit möglich sein. Durch den Einsatz der RFID-Technik ist es möglich, diese beiden Anforderungen zu erfüllen, ohne das Personal zusätzlich zu belasten oder Neueinstellungen vorzunehmen.

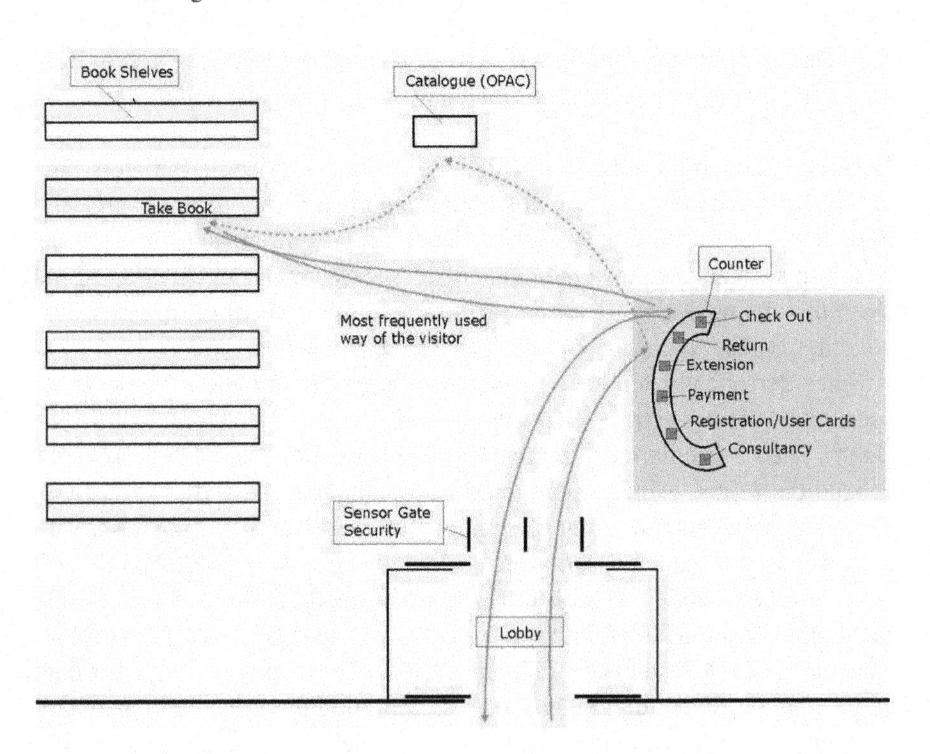

Abb. 5-42. Zentrale Anordnung der Funktionen an der Theke in einer herkömmlichen Bibliothek mit einem Sicherungssystem

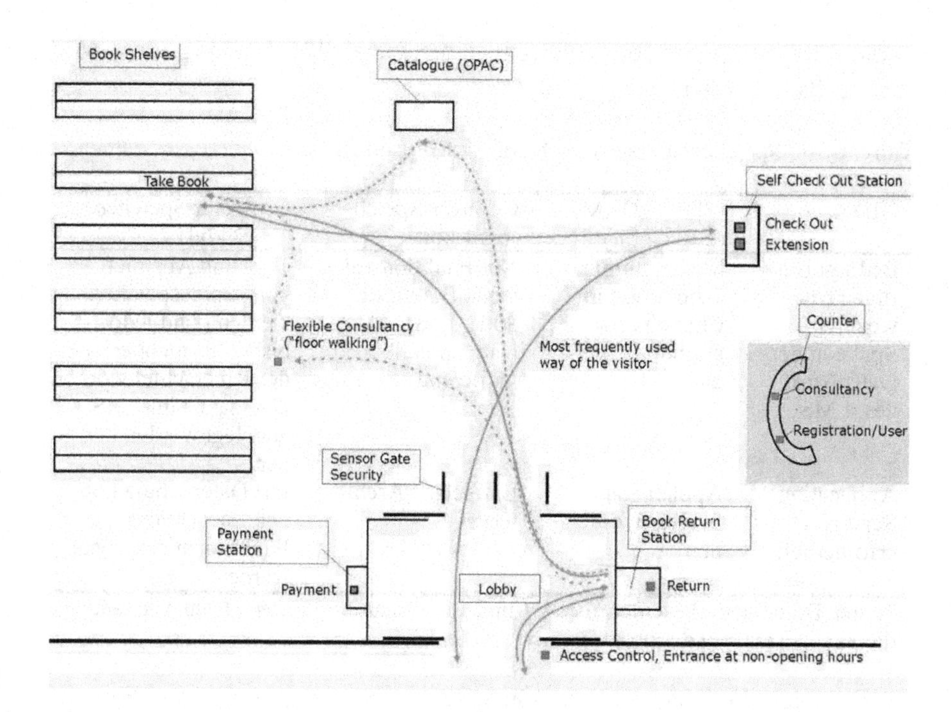

Abb. 5-43. Dezentrale Anordnung der Funktionen in einer Bibliothek mit einem RFID-System

Die RFID-Komponenten in einer Bibliothek und ihre Nutzung

Das hier dargestellte Bibliothekssystem nutzt eine Architektur, in der möglichst viele Aufgaben von dezentralen RFID-Einheiten erledigt werden, so dass der Verkehr auf dem Datennetz und die Serverbelastung minimiert sind. Der Aufbau eines solchen Systems setzt voraus, dass einige für den Betrieb wichtige Daten auf den Chip programmiert werden können.

In Tab. 5-5 sind die Vor- und Nachteile nicht-programmierbarer (Read-Only Chips, nur mit UID), einmal programmierbarer (One Time Programable, OTP), programmierbarer Chips mit geringem (bis 1 k bit) und programmierbarer Chips mit grösserem Speicher (1–2 kbit) aufgeführt. Letztere entsprechen ISO 15693.

Die Verwendung der programmierbaren Chips hat mit allen Funktionen zu tun, die offline abgewickelt werden sollen. Dies betrifft:

- das Handling des Buchstapels (Antikollision)
- die Buchsicherung im Durchgangsleser
- die Inventur und

– die Rückgabe an externen Plätzen, an denen keine Verbindung zum LMS aufgebaut werden kann.

Tabelle 5-5. Speichernutzung verschiedener Chips in RFID-Bibliothekssystemen

UID	OTP (WORM) (z.B. 64 bit)	Geringer Speicher (bis 1 kbit)	Grösserer Speicher (1 – 2 kbit)
Bedingt Einfügen einer weiteren Spalte in der Datenbank des LMS	Mediennummer kann direkt im Chip einprogrammiert werden	Nur Funktionsrelevante Daten, ca. 800 bit, je nach Datenmodell* variierend	Titel und Abstract könnten gespeichert werden (sind jedoch bisher als nicht erforderlich erachtet worden, da sie im LMS abgelegt werden können
Application Server erforderlich	Application Server erforderlich	Einfachste Architektur	Für Datenschutz können Encryption-Funktionen eingebaut werden.

*unter Datenmodell werden die Art und die Organisation der Daten verstanden, die in den Transponder programmiert werden.

Im Falle der Nutzung von Read-Only Chips und eines Application Servers werden alle Nummern am Durchgangsleser ausgelesen. Um nicht die gesamte Datenbank durchsuchen zu müssen, enthält der Application Server eine Liste der ausgeliehenen Medien. Wird nun eine Nummer gelesen, so wird diese mit der Liste der ausgeliehenen Medien verglichen. Taucht das Medium nicht in der Liste auf, wird ein Alarm ausgelöst.

Chips mit programmierbarem Speicher nutzen entweder ein EAS-bit, das einen Alarm auslöst, wenn es nicht deaktiviert (ausgeschaltet) wurde, oder es wird der AFI genutzt. Die Inkompatibilität der EAS-Bits bzw. Kompatibilität des AFI wird in Kap. 6 gesondert behandelt. Die Transponder mit Aktivierung des AFI bieten auch noch den Vorteil gegenüber solchen mit dem EAS-bit, dass die Mediennummer mit übertragen wird, so dass das entwendete Medium identifiziert werden kann.

Die für das Bibliothekssystem genutzten Komponenten sind in Tab. 5-6 zusammengefasst.

Tabelle 5-6. Basis, Zusatz und Ausbaukomponenten zur Anpassung an die individuellen Anforderungen grösserer und kleinerer Bibliotheken

Komponente	Basiskomponente	Zusatzkomponente	Ausbau
RFID-Etikett (Buch/CD)	X		
Durchgangsleser	X		
Personalverbuchung/ Einarbeitungsstation	X		
Selbstverbuchungsstation	X		
Handlesegerät		X	
Buchrückgabe		X	
RFID-Drucker			X
Sortierung			X
Zugangskontrolle für den Vorraum zur Buchrückgabe		X	
Bezahlautomat			X
Bargeldlose Bedienung von Kopierern, Kaffeeautomaten etc.			X

Die Komponenten im vorliegenden System ohne Application Server sind voneinander unabhängig und werden über das Ethernet bzw. einen Server miteinander verbunden (vorhandenes Netzwerk). Dies ermöglicht eine hohe Betriebssicherheit sowie ein hohes Maß an Flexibilität bei der Anbindung zusätzlicher Komponenten (Erweiterung nach Bedarf).

Der Durchgangsleser läuft unabhängig vom Netzwerk, da nur die Information auf dem Transponder genutzt wird. Bei Nutzung des AFI kann zum Beispiel die Mediennummer mit übermittelt werden. Diese Daten werden dann mit dem LMS abgeglichen.

Für die Selbstverbuchungsstation und die Buchrückgabestation findet der Datenaustausch über das Netzwerk durch ein TCP/IP basiertes Protokoll (SIP2, SLNP, NCIP) statt. Die meisten LMS-Anbieter bieten eine SIP2-Schnittstelle an. Die Überprüfung, ob das installierte LMS-System eine Schnittstelle bietet, sollte gleich zu Beginn der Evaluation eines RFID-Systems erfolgen.

Auf der Einarbeitungsstation und Personalverbuchung befindet sich entweder ein Client des LMS-Systems, oder die Funktionen werden ebenfalls über SIP2 abgewickelt.

Abbildung 5-43 zeigt den Zusammenhang des Systems.

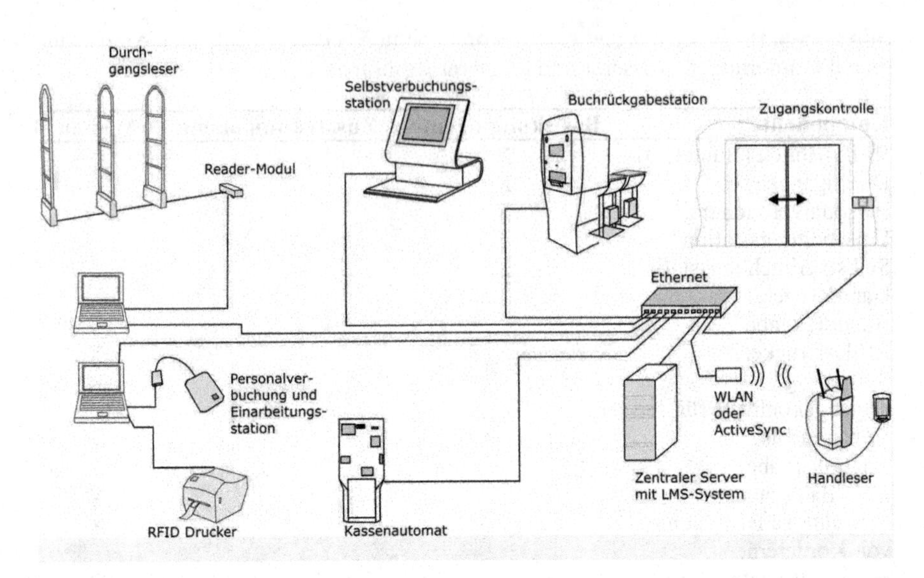

Abb. 5-44. Zusammenhang eines Bibliothekssystems (Bibliotheca-RFID)

Für den sicheren Betrieb eines Bibliothekssystems sind **RFID-Etiketten** erforderlich, welche an die Umweltbedingungen angepasst sind. Da sich die Sendefrequenz verschiebt, sobald die Etiketten in ein Buch eingeklebt sind, ist es sinnvoll, sie zuvor so zu verstimmen, dass sie im Buch selber wieder nahe bei 13,56 MHz liegen.

In Bibliotheken ist es aus Gründen der Kompatibilität im Gesamtsystem wichtig, dass alle Medien mit den gleichen (standardisierten) Chips ausgestattet werden. Die Medien sollen auch stets direkt gekennzeichnet werden, nicht indirekt auf ihrer Verpackung. Dies ist bei allen Medien, die kein Metall enthalten, problemlos möglich. CDs[11] enthalten jedoch eine Metallschicht und führen zu einer starken Verstimmung der Transponderantennen. In etwas geringerem Masse gilt dies auch für magnetische Medien (Video- und Musikkassetten), allerdings sind die Auswirkungen nicht so stark wie bei CDs. Ein speziell auf CDs abgestimmtes Etikett kann direkt auf die Oberfläche der CD (oder DVD) geklebt werden (Abb. 5-44). Allerdings ist mit einem grösseren Streubereich in der Lesedistanz zu rechnen, als dies bei Büchern der Fall ist. Dieser liegt in der Regel bei CDs zwischen -10 bis -40 % gegenüber einem Buchetikett. In Einzelfällen können Reduktionen bis zu 80 % auftreten, entsprechend den wechselnden Metallgehalten in den CDs

[11] Im Folgenden werden zur Vereinfachung CD, CD-ROM und DVD (sowie neu auf den Merkt kommende SACD) als CD bezeichnet.

(Dicke und Fläche der Metallschicht). Hier kann durch geeignete Massnahmen (zum Beispiel Doppelkennzeichnung der CD selber und der Verpackung, wie bei einem Medienpaket) wieder eine ausreichende Lesesicherheit im Durchgang erzielt werden. Auch sind Kombinationen mit Safer-Systemen denkbar, sofern diese an der Selbstverbuchungsstation vom Bibliotheksbenutzer selber geöffnet werden können.

Die CD-Etiketten für die direkte Applikation sind in drei Varianten verfügbar (Abb. 5-44 Mitte und rechts):

- als Ring (CD-Ringetikett) und als
- zusätzliches Secure-Etikett, das die gesamte Oberfläche der CD abdeckt.
- Nicht mit abgebildet ist eine Kombination aus beiden oberen Etiketten, bei dem der Chip mit auf dem Secure-Etikett integriert ist.

Für sehr wertvolle oder beliebte (häufig gestohlene) Medien gilt es einerseits den finanziellen Aufwand für die Wiederbeschaffung, andererseits den zusätzlichen Personalaufwand abzuwägen, wenn dieses die Medien im Stellvertretersystem (Hüllen im Regal, CDs im abgeschlossenen Schrank) oder mit Safern (Hüllen, die nur vom Bibliothekspersonal geöffnet werden können) herausgeben werden müssen.

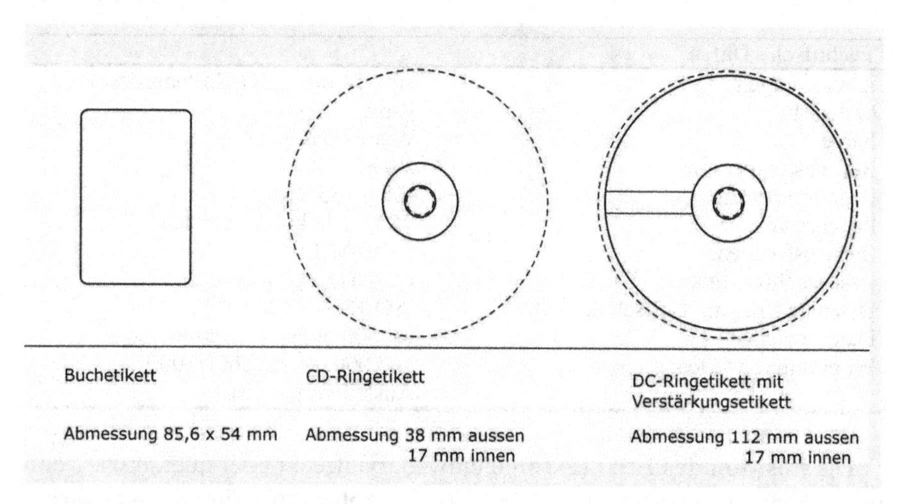

Abb. 5-45. Verschiedene RFID-Etiketten in Bibliotheken und ihre Eignung (links Buchetikett, rechts CD-Etiketten)

Eine zusätzliche Barcodebedruckung auf das RFID-Etikett wird von den Bibliotheken nicht mehr als notwendig erachtet. Einerseits befindet sich auf den Büchern fast immer schon ein Barcodeetikett, das weiterhin benutzt werden kann (insbesondere in der Übergangsphase und beim Ausleihen zwischen verschiedenen Bibliotheken), andererseits entstehen durch die individuelle Bedruckung sehr hohe Kosten bei der Nachbestellung kleinerer Mengen. In fast allen Fällen wird nur das Logo der Bibliothek aufgedruckt (Abb. 5-45). Tabelle 5-7 gibt einige technische Daten zu Buchetiketten wieder.

Abb. 5-46. RFID-Etiketten für Bücher mit Logoaufdruck (Bibliotheca RFID)

Tabelle 5-7. Beispiel der technischen Daten von Buchetiketten (Bibliotheca RFID)

Technische Daten	
Abmessungen	86 x 54 mm (ISO-Kartengrösse)
Material	Papier
Farbe	Weiss opak
Betriebstemperatur	0 – +55°C
Lagertemperatur	-25 – +85°C
Feuchtigkeit	95% nicht kondensierend
Betriebsfrequenz	13.56 MHz
Lesegeschwindigkeit	ca. 4 Transponder / s
Datenübertragung Luftschnittstelle	ISO 18000-3 Mode 1
Datenspeicher	ca. 500 bit bis ca. 1 kbit
Programmierzyklen	100 000, entspricht 50 000 Ausleihvorgängen

Die **Position des Etiketts** sollte entweder aufrecht oder quer, etwa 1 cm vom Buchrücken und etwa in der Mitte sein (Abb. 5-46). Eine gewisse Variation in der Höhe von bis zu +/– 3 cm um die Mitte ist sogar vorteilhaft für die sichere Erkennung im Regal bei der Inventur mit einem Handlesegerät. Auch die Platzierung nahe am Buchrücken berücksichtigt die Lesbarkeit mit dem Handlesegerät. Für die Selbstverbuchungsstation und weitere Komponenten ist die Platzierung nicht relevant.

Falls sich bereits ein defektes RFID-Etikett oder ein RF-Sicherungsetikett (oder ein auf der Fläche angebrachter EM-Sicherungsstreifen) in einem Buchdeckel befindet, kann auch die Innenseite des gegenüberliegenden Buchdeckels verwendet werden. Generell gilt jedoch, dass die einmal gewählte Seite (Frontdeckel oder Rücken) beibehalten werden sollte, denn dies sichert eine maximale Distanz der Etiketten zueinander (Stapelverarbeitung und Inventur) und vermindert so das Risiko, dass sich die Etiketten im Stapel gegenseitig verstimmen.

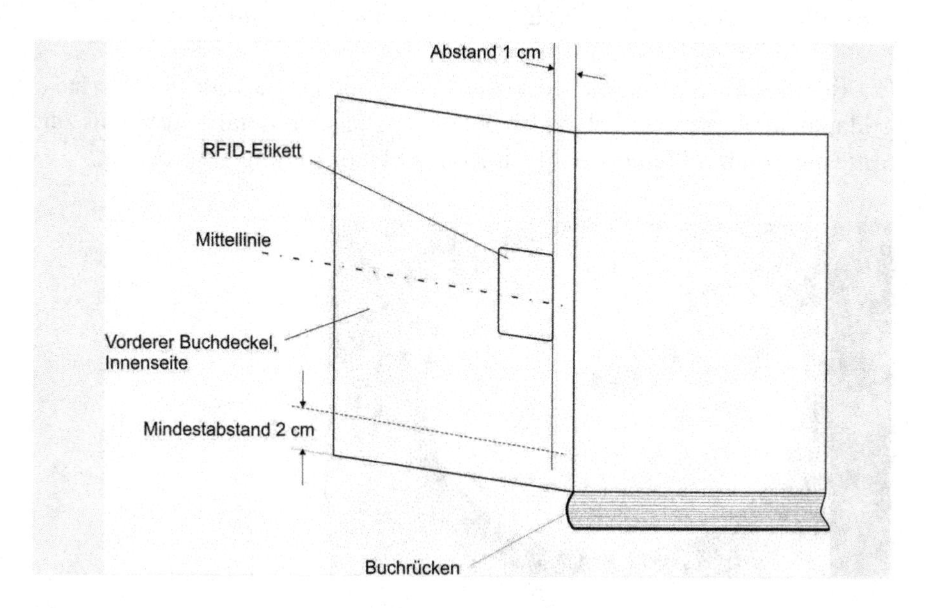

Abb. 5-47. Position des RFID-Etiketts im Buch

Im Folgenden wird die **Applikation von CD-Etiketten** näher betrachtet. Ihr Metallgehalt variiert stark. Beidseitig abspielbare CDs können nicht mit einem Etikett beklebt werden und werden daher nicht weiter behandelt. Sie müssen entweder ungesichert im Bestand bleiben (zumindest mit indirekter Sicherung durch ein Etikett im Booklet), oder können an der Theke oder mit einem Safer (Sicherungshülle, die nur vom Bibliothekspersonal geöffnet werden kann) ausgegeben werden.

Die Metallgehalte variieren bei CDs in Abhängigkeit von

a) der CD-Art

- CD
- CD-ROM

- DVD
- SACD (Super Audio CD)

b) der Flächendeckung mit Metall

- Mit vollständiger Metallisierung bis zur Mitte. Ca. 10 % der Sammlung entsprechen erfahrungsgemäss diesem Typ.
- Ohne vollständige Metallisierung (freier Bereich in der Mitte)

c) und dem Alter

- Ältere CDs (vor 2002) enthalten deutlich mehr Metall als Neue.

CD-ROMs sind in Bibliotheken sehr selten zu finden und können daher ausgeklammert werden. Im Folgenden wird bezüglich der Metallisierung bis zur Mitte nur von mit Metallisierung und ohne Metallisierung gesprochen.

Abb. 5-48. CD-Ring-Etikett (Bibliotheca RFID)

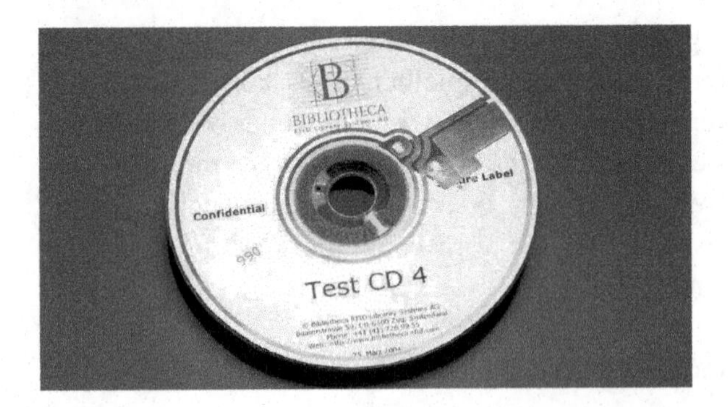

Abb. 5-49. CD-Ring-Etikett mit Verstärkungsetikett (Secure-Etikett, Bibliotheca RFID)

Beim Aufkleben der RFID-CD-Etiketten ist generell darauf zu achten, dass keine bereits vorhandenen Etiketten (RF-Sicherungsetiketten, EM-Sicherungsstreifen, Barcodeetiketten etc.) überklebt werden, da ansonsten die Gesamtdicke der CD für das Abspielgerät überschritten wird. Ingesamt spielt eine geringe Unwucht durch das Etikett (Chip, Antenne) eine eher untergeordnete Rolle. Für die zentrische Positionierung beider Etiketten wird eine Aufbringhilfe verwendet.

In Tab. 5-8 wird eine qualitative Einordnung verschiedener Etiketten bezüglich ihrer Lesereichweite gezeigt. Die Messung für einen solchen Vergleich erfolgt zweckmässigerweise mit einer Einzelantenne an einem Longrange-Reader-Modul mit mindestens 2 W Leistung. Anderenfalls sind die zu messenden Unterschiede in der Lesereichweite zu gering. Eine Lesedistanz von 45 cm an einer Einzelantenne entspricht etwa einem geschlossenen Feld in der Mitte eines Durchgangslesers in der parallelen Orientierung.

Tabelle 5-8. Qualitative Einordnung der Lesereichweite verschiedener RFID-Etiketten (mit gleichem Chip) in der Bibliothek

Lese-Distanz		
45 cm	Buchetikett	Dient als Referenz, ohne Metallbeeinflussung
	CD-Ringetikett mit Secure-Etikett, ohne Metallisierung Mitte	
	CD-Ringetikett mit Secure-Etikett, mit Metallisierung Mitte	
	CD-Ringetikett ohne Metallisierung	Zu geringe Lesereichweite für Sicherung
0 cm	CD-Ringetikett mit Metallisierung	Zu geringe Lesereichweite für Sicherung

Eine genauere Einordnung ist in der Praxis kaum möglich, insbesondere bei Medienpaketen, in denen mehrere CDs enthalten sind. Für Medienpakete sind noch weitere Einflussfaktoren auf die Lesereichweite relevant: vor allem der Abstand und die seitliche Position der CDs zueinander. Generell führt ein Abstand zwischen aufeinander gestapelten CDs von > 3 mm zu ausreichenden Leseergebnissen auf einer Einzelantenne. Bei Durchgangslesern ist die Auswirkung auf die Lesereichweite im Einzelfall zu prüfen.

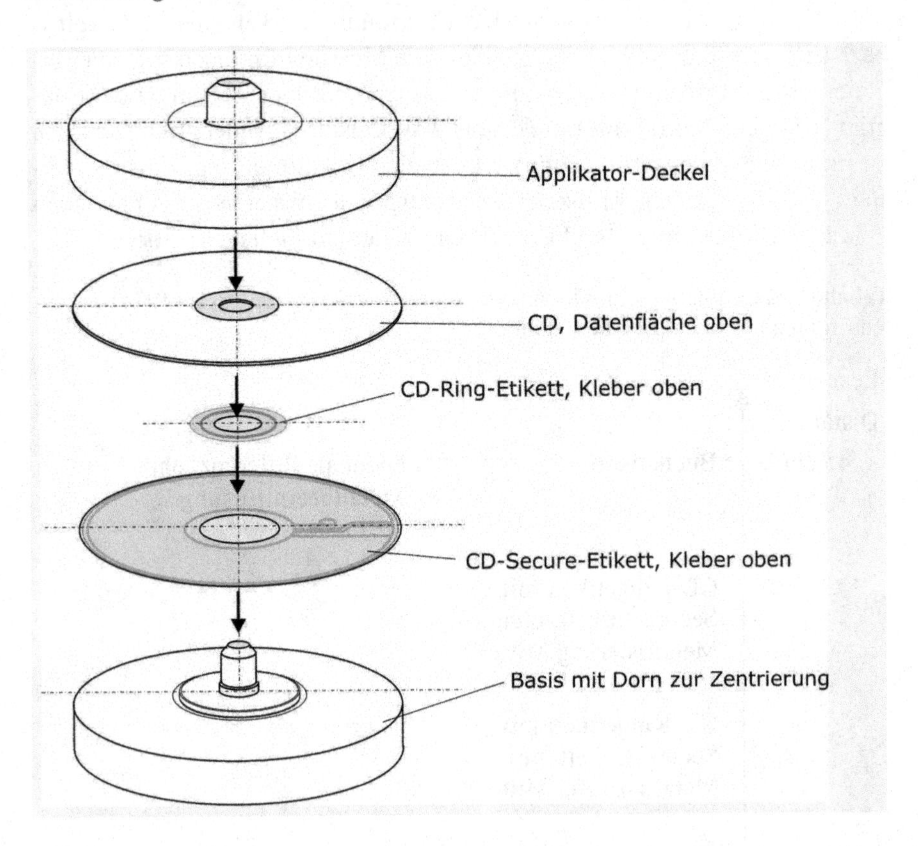

Abb. 5-50. Aufbringen des CD-Ring- und Secure-Etiketts mit einer Aufbringhilfe

Zur Kennzeichnung von Videokassetten werden Etiketten verwendet, deren Abmessungen geringfügig unter denen der Buchetiketten liegen (47 x 79 mm (Abb. 5-50). An der Längsseite (Rücken der Kassette) angebrachte, in ihrer Form länglich angepasste Etiketten haben sich nicht bewährt, da ihre Orientierung auf der Leseantenne an der Selbstverbuchungsstation sehr ungünstig ist. Die 90°-Orientierung lässt keine zuverlässige Erkennung zu.

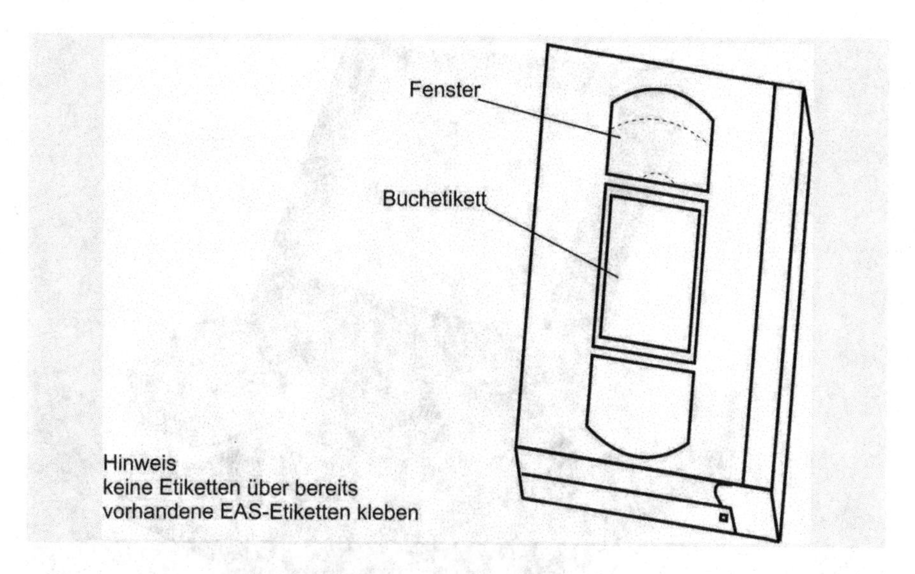

Abb. 5-51. Position des Video-Etiketts

Die **Selbstverbuchungsstation** ist ein zentraler Bestandteil des Bibliotheksystems (Abb. 5-51, Abb. 5-52). Die Gehäuse sind entsprechend der Bedienung und der Anforderungen der RFID-Systeme ausgelegt. Dies betrifft die Position der Antenne im Gehäuse, die Auswahl der Antenne, vor allem aber das Vorsehen von ausreichender Ablagefläche links und rechts neben den Stationen. Die Bibliotheksbesucher verbuchen häufig mehrere Bücher (15 und mehr) und diejenigen, die bereits verbucht wurden, müssen irgendwo in der Nähe abgelegt werden. Dabei ist es vorteilhaft, wenn nicht zu viele im Lesebereich von 20 cm um das Gerät liegen. Auch ist ein Abstand von 2–3 m zwischen den Stationen vorteilhaft, um mögliche gegenseitige Beeinflussungen zu minimieren.

Seitens der Beschaffenheit der Bücher sind kaum Funktionseinschränkungen bekannt. Eine einzige, sehr seltene Einschränkung ergibt sich für Bücher, die eine Kaschierung mit einer Metallfolie aufweisen. Diese müssen an der Theke verbucht werden.

Abb. 5-52. Selbstverbuchungsstation zur Auftischmontage mit separatem Belegdrucker (Bibliotheca RFID)

Abb. 5-53. Selbstverbuchungsstation als Terminal (Städtische Büchereien Wien)

Abbildung 5-53 bis Abb. 5-55 zeigen Beispiele für die Benutzeroberflächen am Touch-Screen einer Selbstverbuchungsstation. Die Einsatzerfahrung aus den letzten drei Jahren zeigt, dass die Selbstverbuchungsstationen möglichst einfach arbeiten sollten. Insbesondere Kinder und ältere Personen benötigen bei zu vielen verfügbaren Funktionen pro Bildschirmseite überdurchschnittlich mehr Zeit zur Bedienung und blockieren dann die Stationen für andere Benutzer. Somit ist es sinnvoll, die Auswahl auf die unbedingt notwendigen Funktionen zu beschränken und auf entsprechende wenige Bildschirmseiten zu verteilen:

- Auswahl der Sprache
- Auswahl der Aktion (Ausbuchen – Kontoeinsicht)
- Identifikation über eine Barcode- oder RFID-Benutzerkarte
- Ausbuchen
- Beleg drucken
- Verlängerung der bereits ausgeliehenen Medien
- Ansicht der ausstehenden Gebühren
- Verlassen des Menüs

Die Funktionen wie Rückgabe, direkte Bezahlung von Gebühren über einen nebenstehenden Automaten, Vorbestellungen oder gar Suche nach bestimmten Medien werden nicht an einer Selbstverbuchungsstation, sondern weiterhin an der Theke oder einem OPAC-Platz angeboten. Die erste Aufforderung am Selbstverbucher ist die Auswahl der Sprache (Abb. 5-53). Daraufhin erscheint die Wahl zwischen Ausleihe, Kontoeinsicht und Abmelden. Die Möglichkeit zur Rückgabe kann optional eingeblendet werden, sofern keine gesonderte Station dafür im Bibliothekseingang installiert wurde.

Abb. 5-54. Auswahl Ausleihe, Rückgabe, Konto an der Selbstverbuchungsstation (Bibliotheca-RFID)

Bei Auswahl der Funktion <Ausleihe> erfolgt eine Aufforderung, sich zu identifizieren (Abb. 5-54). Dies kann entweder über eine RFID- oder eine Barcodekarte geschehen. Der Bildschirm gibt entsprechende Hinweise zu dieser Aktion. Die nächste Aktion ist das Auflegen der Medien, was möglichst aufgefächert und nicht im akkuraten Stapel aufeinander erfolgen sollte, damit die Etiketten in den Büchern nicht parallel aufeinander liegen. Wäre dies der Fall, so könnten eventuell einzelne Medien nicht gelesen und programmiert werden.

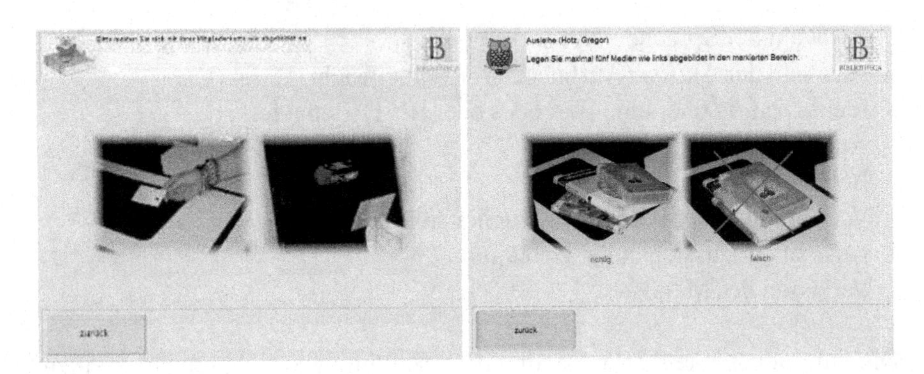

Abb. 5-55. Aufforderung zur Identifikation und zum Auflegen der Bücher (Bibliotheca-RFID).

Die Selbstverbuchungsstation zeigt nun die erfassten Medien in einer Liste an und verbucht sie über eine Kommunikation mit dem LMS (Protokolle SIP2, SLNP oder NCIP). Wahlweise kann ein Beleg gedruckt oder die Anwendung direkt verlassen werden. Der Erfolg der Programmierung des Status auf <Ausgebucht> wird von der Software wiederholt geprüft und mit dem LMS abgeglichen.

Die Menge an aufzulegenden Büchern ist seitens der Software auf fünf beschränkt. Dies entspricht etwa der Menge, die ein Benutzer als Stapel in beide Hände nehmen kann. Diese Begrenzung kann ein- und ausgeschaltet oder in ihrer Zahl abgeändert werden. Die Begrenzung berücksichtigt, dass einzelne Bücher innerhalb eines grösseren Stapels eventuell nicht gelesen werden und diese dann herausgenommen werden müssten. Das Herausnehmen des Mediums ist bei einem kleinen Stapel noch einfach möglich. Die Einschränkung hat folglich den Vorteil, dass die Erkennung zuverlässiger ist und wenn ein Fehler auftritt, dieser leichter wieder behoben werden kann.

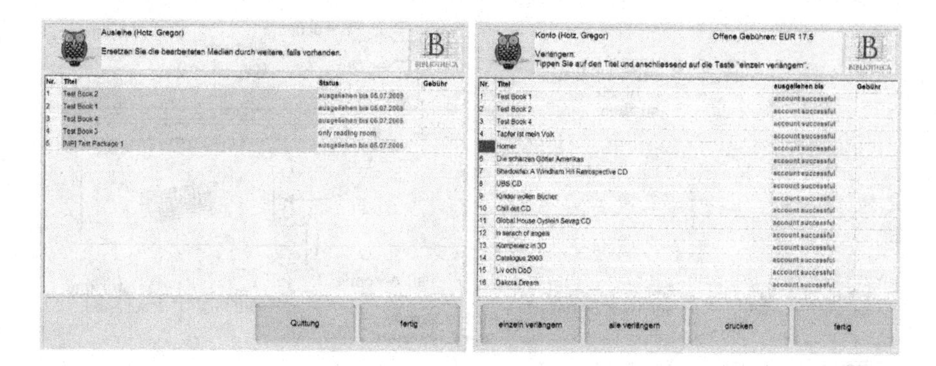

Abb. 5-56. Links Auflistung der ausgeliehenen Medien mit Statusanzeige, rechts Einsicht ins Konto und Verlängerungsoption (Bibliotheca-RFID)

Dasjenige Medium, welches sich im Erkennungsbereich befindet, ist gelb hinterlegt (Abb. 5-55). Wird es weggenommen, so verschwindet der gelbe Hintergrund in dieser Zeile. Zu jedem weiteren erfassten Medium wird der Status (Ausgeliehen bis...) angezeigt. Die Oberfläche der Stationen kann individuell vom Administrator angepasst werden. Die Anpassungen sind somit sofort wirksam, der Betrieb der Selbstverbuchungsstationen muss dafür nicht unterbrochen werden.

Die **Verbuchung von Medien an der Theke** erfolgt durch die Personalstation. Sie ersetzt den bisher verwendeten Barcodeleser, kann jedoch einen Stapel an Medien erfassen. Durch diese Möglichkeit können deutliche Zeiteinsparungen von bis zu 50 % erreicht werden.

Bei der Einrichtung des Arbeitsplatzes an der Theke sind einige praktische Punkte zu beachten, die für einen reibungslosen Ablauf der Verbuchung wichtig sind. Es haben sich in der Praxis die in Abb. 5-56 dargestellten Positionierungen als vorteilhaft erwiesen. So wird durch eine seitliche Anordnung verhindert, dass von den Besuchern weitere Medien unbeabsichtigt im Lesebereich abgelegt werden. Ein Bereich von mindestens 20 um die Leseantenne sollte frei von jeglichen Geräten und metallischen Gegenständen bleiben. Dies betrifft auch Metallträger unter der Tischplatte. Die Antenne kann auch unter der Tischplatte angebracht werden. Insbesondere die Computertastatur sollte einen Abstand von 20 cm aufweisen, da bei manchen Fabrikaten Signale erzeugt werden können, die sich auf dem Weg zum PC nicht durch einen Ringmagneten herausfiltern lassen.

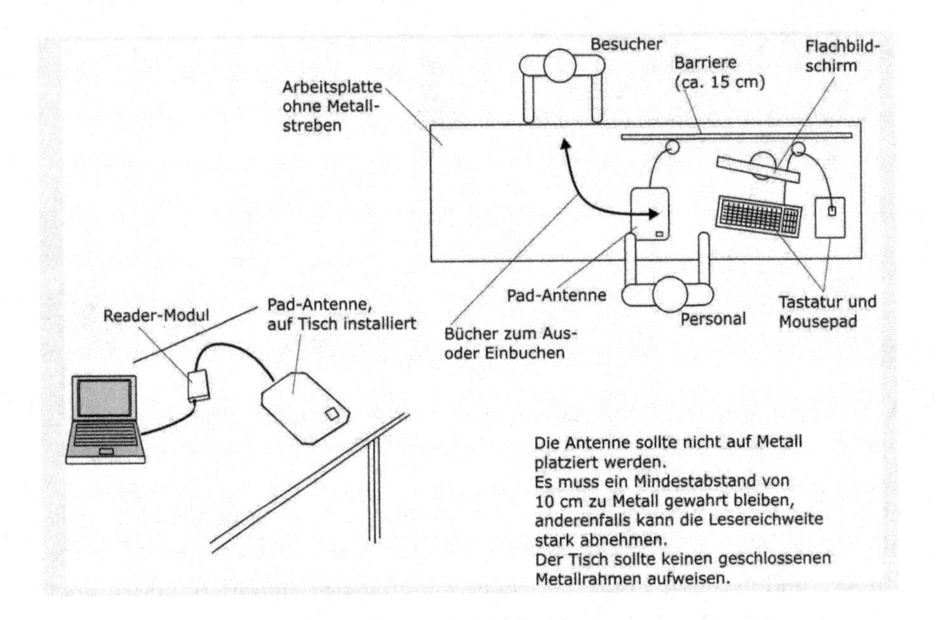

Abb. 5-57. Positionierung der Personalverbuchungsstation an der Theke (rechts oben), allgemeine Installationshinweise, auch für die Einarbeitung (links)

Die **Einarbeitungsstation** dient dem erstmaligen Kennzeichnen der Medien mit RFID-Etiketten und der Eingabe der Daten in die Datenbank. Die dabei stattfindende Zuordnung zwischen Medium, RFID-Etikett und Datenbank ist immer nur einzeln möglich. Die Etiketten können zwar selektiv angesprochen werden, es ist jedoch nicht möglich, sie äusserlich zu unterscheiden und das richtige Etikett dem richtigen Buch zuzuordnen, wenn mehrere Etiketten auf der Antenne liegen. Für die Einarbeitung wird das gleiche Gerät benutzt wie bei der Personalverbuchung an der Theke. Es muss allerdings nicht an der Theke angeschlossen sein, sondern kann auch an einem speziell für die Einarbeitung vorgesehenen Arbeitsplatz eingesetzt werden.

Den Ablauf der Einarbeitung umfasst 4–5 Schritte (ca. 10–20 s pro Buch, Beispiel der Benutzeroberfläche siehe Abb. 5-57):

- Lesen des vorhandenen Barcodes im Buch mit einem Barcodescanner. Der Aufruf entsprechender Daten im LMS erfolgt automatisch.
- Prüfung und Ergänzung der Daten in einer Eingabemaske.
- Auflegen des RFID-Etiketts auf die Antenne und Programmierung bestätigen. Bei nicht erfolgreicher Programmierung muss diese wiederholt werden.
- Einkleben des Etiketts.

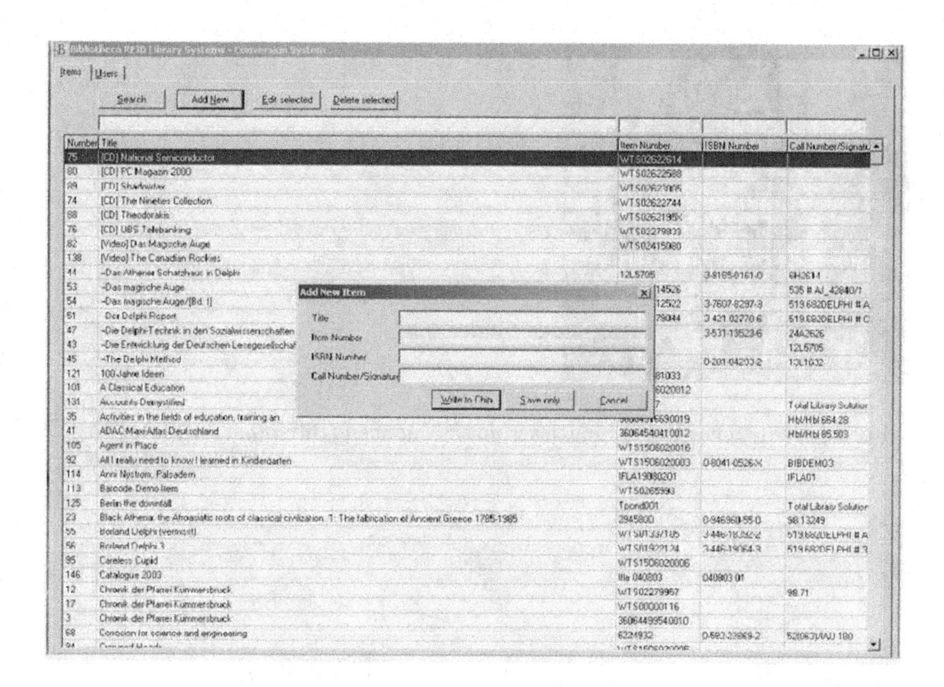

Abb. 5-58. Eingabemaske für die Einarbeitung von Medien mit RFID-Etiketten

Der **Durchgangsleser** ist eine weitere wichtige Komponente des Bibliothekssystems (Abb. 5-58). Er wurde für die übliche Türbreite von 90 cm entwickelt (diese Breite ist rollstuhlgängig). Der Durchgangsleser besteht aus zwei, drei oder in besonderen Fällen mehreren parallel zueinander aufgestellten Antennen.

Durch die Lesung des AFI kann ein Alarm (akustisch, optisch) ausgelöst oder optional eine Ansteuerung weiterer Geräte erfolgen. Wiederum optional kann auch die Nummer der nicht ausgebuchten Medien registriert und für weitere statistische Zwecke bereitgestellt werden (z.B. Nachbestellung). Eine Registrierung der Besucher im Durchgang mittels RFID-Besucherkarten ist aus datenschutzrechtlichen Gründen nicht erlaubt.

Vor der Installation findet eine Ortsbegehung der Bibliothek statt, bei der die Positionierung der Durchgangsleser und deren Verkabelung festgelegt werden. Es ist auch wichtig, dass die Durchgangsleser in einem gut einsehbaren Bereich (Nähe der Theke) positioniert werden. Dadurch ist eine bessere Kontrolle der Personen möglich, die einen Alarm auslösen. Der Durchgangsleser sollte in jedem Fall auf der Innenseite von z.B. Doppeltüren installiert werden.

Abb. 5-59. Einfacher Durchgangsleser mit 2 Antennen (Bibliotheca-RFID)

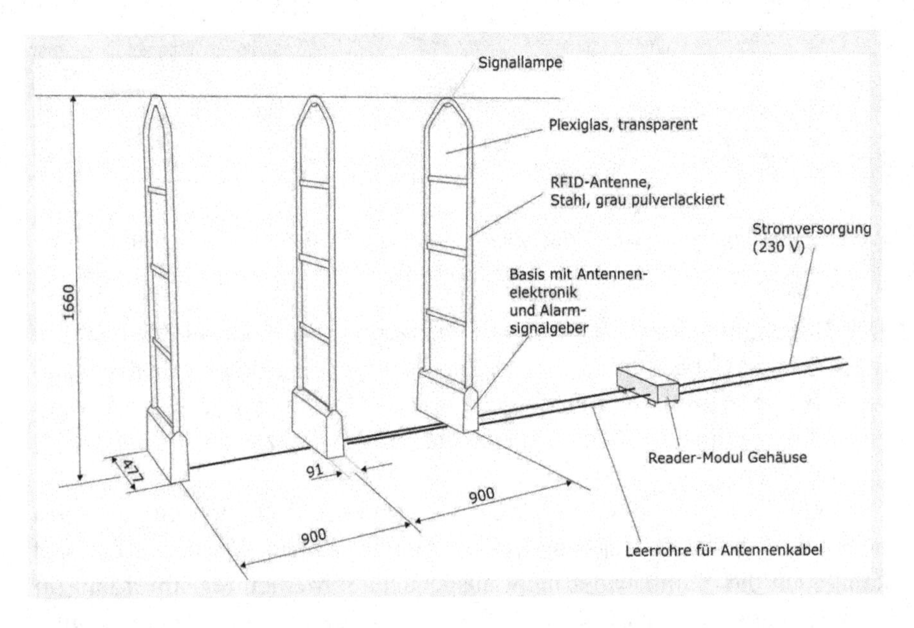

Abb. 5-60. Zweifacher Durchgangsleser mit 3 Antennen (Lucatron)

Tabelle 5-9. Beachtenswerte Punkte bei der Installation von Durchgangslesern

Störfaktor	Mögliche Massnahmen
Metall	Keine grösseren Metallteile im Umkreis von 2 m, gegebenenfalls ist die Funktion der Leser bei der Installation zu testen
Leitungszuführungen	Datenkommunikationskabel etc. im rechten Winkel zur Durchgangsrichtung Falls sich in der Nähe Starkstromschaltanlagen oder Schaltschränke befinden, sollten diese vor der Installation auf die Abgabe von Störsignalen hin getestet werden.
Fernseher, Personalcomputer	nicht näher als 2 m
Leuchtstoffröhren	Entfernung mindestens 5 m
Motoren	Entfernung mindestens 5 m
Mehrere Durchgangsleser	Wenn 2 Durchgänge in einem Abstand von weniger als 8 m zueinander aufgestellt werden, müssen die jeweiligen Antennen miteinander synchronisiert werden.
Andere RFID-Systeme (z. B. Türschliessanlagen)	Die Kompatibilität sollte bei der Installation getestet werden.

Für den Fall, dass die vom Durchgangsleser gespeicherten Daten der Transponder ausgewertet werden sollen, kann eine Schnittstelle des Reader-Moduls genutzt werden. Für den Datentransfer an einen PC sind eine entsprechende Datenleitung und eine sog. Gate Tracking Software erforderlich.

Für Bibliotheken mit einer hohen Besucherzahl und gleichzeitig geringen Anzahl an Mitarbeitern ist es vorteilhaft, eine gesonderte **Rückgabestation** anzubieten (siehe auch Abb. 5-60). Sie vermindert die Arbeiten an der Theke, erhöht bei richtiger Raumplanung die Nutzungsfrequenz der Selbstverbuchungsstationen, die Besucher haben es leichter, die Medien zu Nicht-Öffnungszeiten fristgerecht (z.B. nach der Arbeitszeit) zurückzubringen und die Medien können schneller wieder der Ausleihe zugeführt werden.

Abb. 5-61. Buchrücknahmestation (Stadtbibliothek Winterthur)

Die Installation bietet sich insbesondere im Eingangsbereich bzw. einem Vorraum an, da diejenigen Besucher, die nur ausgeliehene Bücher zurückgeben wollen, die Bibliothek gar nicht betreten müssen. In dem Vorraum ist ein Schutz der Anlage vor klimatischen Einwirkungen gewährleistet. Ausserdem kann dort Vandalismus weitgehend verhindert werden, da der Raum auch Nachts durch eine Videokamera unter Beobachtung steht. Eine Rückgabestation kann mit mehreren Eingabeeinheiten und Sortierstationen beliebig kombiniert werden (Abb. 5-61).

Das Medium wird in einen Eingabeschlitz eingelegt. Es wird durch den RFID-Leser identifiziert und – im gleichen Verfahren wie bei der Selbstverbuchung – über das SIP2-Protokoll auf die Zugehörigkeit zur Bibliothek hin überprüft. Nachdem diese sichergestellt ist, wird das Buch von einem Band in einen zweiten, durch eine Klappe verschlossenen Bereich weiterbefördert. Hinter dieser Klappe befindet sich ein weiterer RFID-Leser, der den Status auf dem Chip ändert und die Daten schliesslich über den integrierten PC an das LMS weiter gibt.

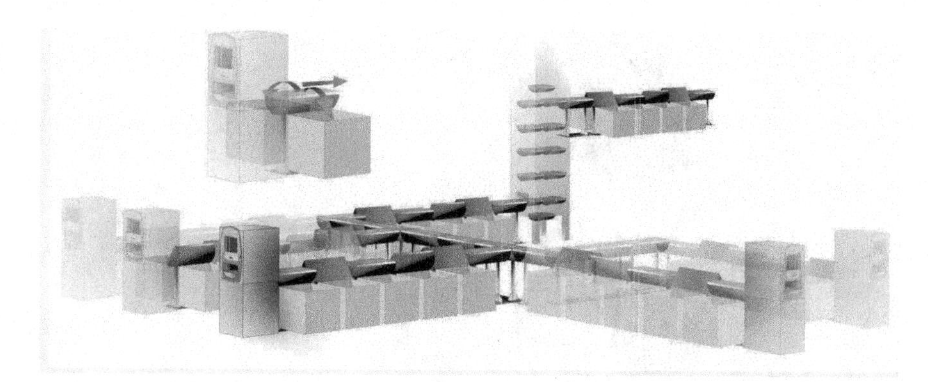

Abb. 5-62. Buchrücknahmeautomaten mit anschliessender Sortieranlage und Höhenförderer (Bibliothek Antwerpen)

Das **Handlesegerät** dient zum Auslesen der RFID-Etiketten von Büchern im Regal. Hierdurch kann eine Inventur durchgeführt oder fehlgestellte Medien gesucht werden (Abb. 5-62). Es können die Nummern und weitere Informationen der im Regal vorhandenen Bücher im Regal aufgenommen und angezeigt werden. Das Handlesegerät besteht es aus drei Teilen (Abb. 5-63):

- dem RFID-Lese- und Akkumodul,
- der Handantenne (Lesereichweite ca. 20 cm) und
- dem Handheld PC (PDA, Typ IPAQ / HP).

Abb. 5-63. Handlesegerät für die Inventur (Zühlke)

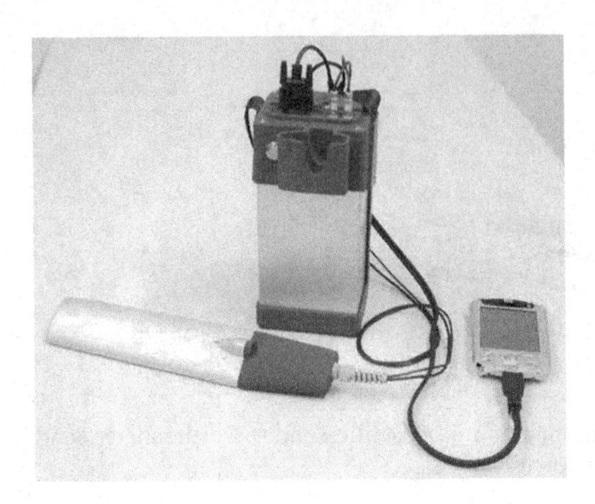

Abb. 5-64. Bestandteile des Handlesegeräts für die Inventur (Zühlke)

Die Feldlinien der Antenne müssen das Etikett möglichst in seiner Achse durchfliessen. Daher wird das sog. Seitenfeld verwendet (Abb. 5-64, bei paralleler Haltung würden die Feldlinien in 90° auf die Etiketten treffen). Dieses Seitenfeld wird verwendet, um eine möglichst hohe Energiemenge in die parallel zur Antenne angeordneten RFID-Etiketten zu leiten. Mit diesem Feld beträgt die Lesereichweite 10–15 cm. Erste Testergebnisse lassen den Schluss zu, dass für die jeweiligen Aktionen Inventur oder Suche einzelner Medien (z.B. falsch eingeordnete) unterschiedliche Orientierungen der Handantenne zu favorisieren sind, da der Lesebereich entweder breiter oder schmaler ausfällt.

Die Höhe der Handantenne ergibt sich aus der möglichen Streuung der Höhe der eingeklebten Etiketten im Buch. Die Lesegeschwindigkeit beträgt etwa 5 Etiketten /s. Dies entspricht in der Praxis etwa einem Zeitbedarf von 10 s für einen Regalboden mit 1 m Länge.

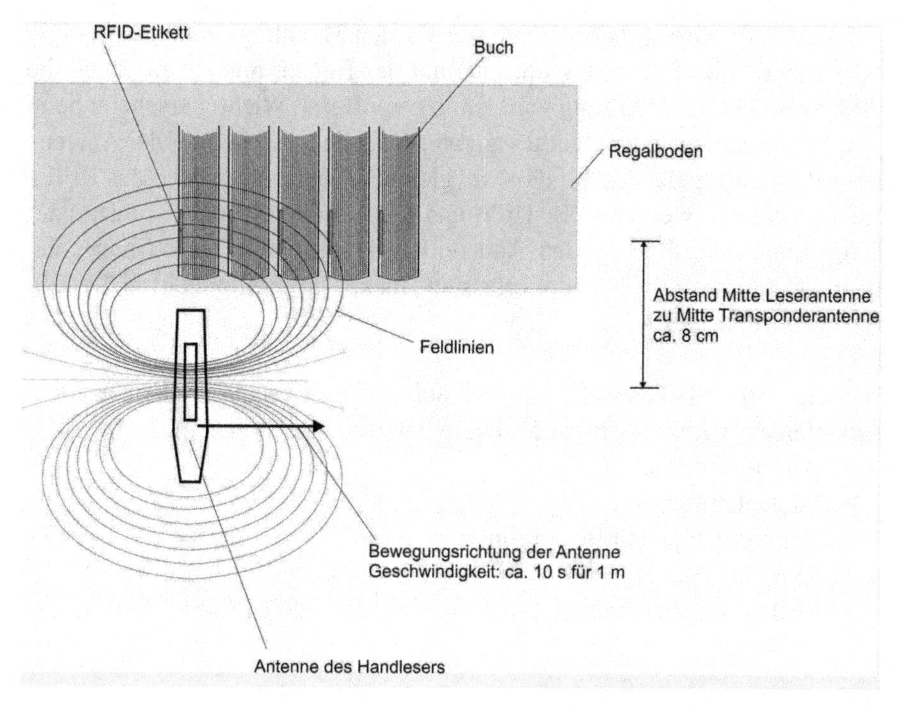

Abb. 5-65. Verteilung der Feldlinien des Handlesegerätes zur Erfassung von Büchern (Draufsicht)

Das Lesegerät kann, mit Ausnahme von CDs, den gesamten Medienbestand erfassen. Die Erfassung von CDs ist gemäss ihrer Position zueinander im Regal nicht mit konstanter Zuverlässigkeit möglich. Der Lesebereich ist soweit begrenzt, dass nur Medien im Bereich unmittelbar vor und seitlich der Antenne erfasst werden, nicht jedoch darunter-, darüber- oder dahinter stehende Medien.

Der Datenaustausch mit dem LMS findet über Synchronisationsfunktionen (Active Sync) statt. Dazu wird z.B. ein ASCII Export File verwendet. Bei der Inventur wird die UID bzw. die Mediennummer in einem Puffer zwischengespeichert. Die Kapazität des Puffers reicht für ca. 10.000 Medien aus.

Das Handlesegerät kann Daten aus dem LMS übernehmen. Nach den darin aufgeführten Medien kann gesucht werden. Die Identifikation erfolgt entweder über die UID oder die Mediennummer. Bei der Suche nach falsch ins Regal gestellten Medien nutzt das Handlesegerät die im Chip hinterlegten Informationen bezüglich ihrer Signatur und vergleicht diese mit einer Sollposition.

Mehrere Praxistests haben ergeben, dass sich Metallregale nur geringfügig oder gar nicht auf die Erfassungsqualität der Bücher auswirken. Auch die Geschwindigkeit der Lesung wird kaum beeinflusst. Wichtig erscheint beim Vergleich verschiedener Handlesegeräte, dass die Orientierung der Antenne bei jedem Test gleich bleibt, dass die gleichen Speicherbereiche des RFID-Etiketts gelesen werden (z.B. UID) und keine weiteren Arbeitsschritte der Programme ausgeführt werden. Anderenfalls können auftretende Unterschiede in der Leistung (Menge der erfassten Bücher pro Zeiteinheit) nicht richtig eingeordnet werden.

In vielen Bibliotheken werden maschinell lesbare Besucherkarten zur Identifikation eingesetzt (Abb. 5-65). Diese unterteilen sich in Karten mit:

- Barcodeaufdruck
- Magnetstreifen
- Kontakt-Chips mit Bezahlfunktion
- RFID mit Sicherheitsfunktionen (ISO 14443)
- RFID ohne Sicherheitsfunktion (ISO 15693, ISO 18000-3.1, erweiterbar)

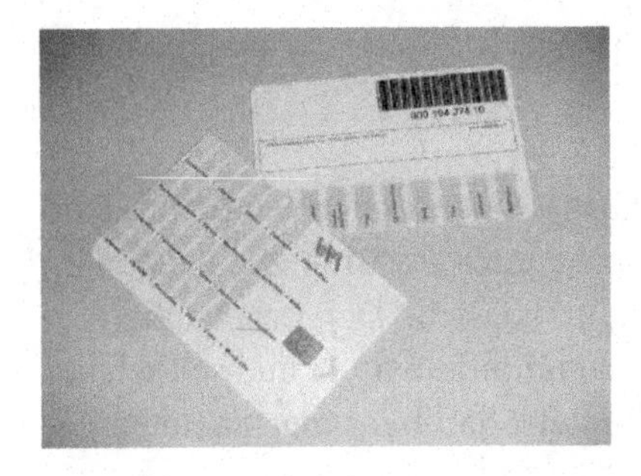

Abb. 5-66. Besucherkarten mit Kontakt-Chip für Bezahlfunktion, Barcode, visuell lesbarer Nummer und RFID (nicht sichtbar), Beispiel Winterthur

An der Selbstverbuchungsstation können Karten mit 14443-Chips über ein separates Lesegerät erkannt werden werden. Sollte bereits ein RFID-System verwendet werden, das nicht dem o. g. Standard entspricht, so ist ein Test der Kompatibilität vor der Installation erforderlich.

Der beschriebene Einsatz von RFID in Bibliotheken ist aus mehreren Gründen für andere RFID-Anwendungen beispielhaft:

In dieser Anwendung ist bereits die Erfahrung aus ca. drei Jahren Betrieb enthalten. Die Auswahl der geeigneten Frequenzen und standardisierten

Chip-Technologie wurde bestätigt. Neu ist bei dieser Anwendung im Vergleich zu älteren Systemen, dass erstmals grössere Mengen von weitgehend standardisierten Transpondern verwendet werden.

Die Auswirkungen auf die Arbeitswirtschaft im geschlossenen System wurden eingehend untersucht.

Bibliotheken sind ein Beispiel dafür, dass die Möglichkeiten und Grenzen der RFID-Technologie richtig eingeschätzt wurden: aus Gründen der Zuverlässigkeit des Systems erfolgt keine Verbuchung im Durchgang, sondern an eigens dafür vorgesehenen Stationen. Bei Durchgangsantennen wäre das Risiko, ein Teil nicht zu erfassen, zu hoch.

5.6 Kliniken und Patientenidentifikation

Die vielfältigen unterschiedlichen Prozesse sowie die Komplexität von Behandlungsabläufen in Krankenhäusern stellen hohe Anforderungen an alle Beteiligten. Die Qualitätssicherung und somit die Risikominimierung ist dabei für eine erfolgreiche medizinische Betreuung von entscheidender Bedeutung [75]. In den letzten Jahren wurde speziell darauf Wert gelegt, die medizinischen Prozesse zu standardisieren und zu optimieren (Total Quality Management).

Für die Patientensicherheit ist aber entscheidend, dass nicht nur der medizinische Prozess an sich, sondern ebenso das reibungslose Zusammenwirken der einzelnen Behandlungsschritte sichergestellt ist. Dem optimalen Zusammenspiel all dieser Faktoren wurde in der Vergangenheit nur geringe Beachtung geschenkt.

Speziell in den Schnittstellenbereichen verschiedener Prozesse ist eine exakte und schnelle Patientenidentifikation bzw. korrekte Zuordnung der Patientendaten wichtig. Immer wieder werden Fälle bekannt, bei denen es in Folge von Fehlern bei der Erfassung von Patientendaten, bzw. Patientenidentifikation zu falschen medizinischen Behandlungen, bis hin zu Transplantation von falschen Organen gekommen ist. Als Ursachen hierfür sind Arbeitsüberbelastung, mangelnde Ausbildung, Kommunikations- und Überwachungsschwierigkeiten, sowie Zeitdruck zu nennen.

Ein RFID-basiertes System zur Patientenidentifikation [52] sorgt für eine effiziente EDV-Erfassung und Verwaltung der gesamten Patientendaten, es kann das Zusammenwirken verschiedener Prozesse überwachen und bei Fehlern die Klinikmitarbeiter rechtzeitig alarmieren. Grundlage ist allerdings nicht allein die Identifikation von Patienten sondern auch die des Personals/der Behandlungspersonen.

Für die Identifikation bietet sich ein Armband oder eine Karte mit RFID an, die mittels eines Scanners (z.B. integriert in einen Personal Digital Assistant, PDA) ausgelesen werden kann. Die Identifikation mit RFID vereinfacht viele Abläufe, weil:

- das Scannen der Nummer an einem Armband auch dann erfolgen kann, wenn dieses nicht sichtbar unter einer Decke oder Kleidung verborgen ist. Gleichzeitig werden dabei unnötige Berührungen (Hygiene) vermieden.
- Daten auf dem Chip ergänzt oder geändert werden können, wenn diese offline und schnell verfügbar sein müssen. Ganz besondere Anforderungen stellen beispielsweise Rettungsdienste (Feuerwehr) bei der Evakuierung von Gebäuden, bei der eine Überprüfung von Personaldaten ohne die Datenbank im Hintergrund erfolgen muss. Auch können die wichtigsten Daten (Blutgruppe, Allergien etc.) auf einem Armband gespeichert sein.
- RFID-Karten werden häufig bereits vom Personal für die Zugangs- und Arbeitszeitkontrolle eingesetzt, sie können auch für die weiteren Identifikationsvorgänge in der Klinik genutzt werden.

Abbildung 5-66 und Abb. 5-67 zeigen das Beispiel der Identifikation einer Patientin und der Behandlungsperson am Krankenbett. Diese Identifikation wird mit einem mobilen Lesegerät und einem Armband bei jeder Behandlung durchgeführt und anschließend mit dem Klinikinformationssystem (KIS) abgeglichen. Je nach Auslegung des Systems kann zur jeweiligen Behandlung auch eine Vorgangsnummer bzw. Autorisierung für die Behandlung erteilt werden.

Für die Identifikation des Personals mit RFID kommen mehrere Möglichkeiten infrage: eine Armbanduhr mit integriertem Transponder, ein Armband oder eine ISO-Karte, die mit einem Clip an verschiedenen Stellen der Kleidung angebracht oder auch in einer Tasche getragen werden kann. In manchen Kliniken sind Armbänder aller Art aus Hygienegründen nicht erlaubt – hier wäre die ISO-Karte die angemessenere Lösung.

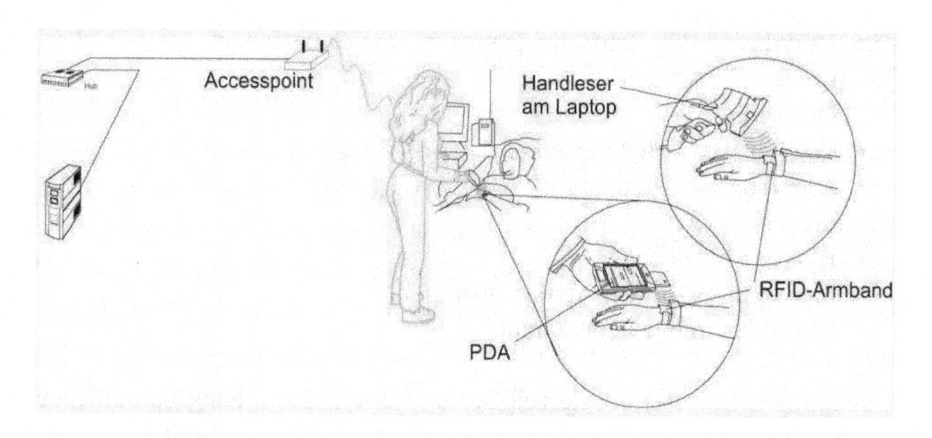

Abb. 5-67. Einsatz eines RFID-Systems zur Patienten- und Behandlungspersonen-Identifikation und die Verbindung zum Klinikinformationssystem (KIS)

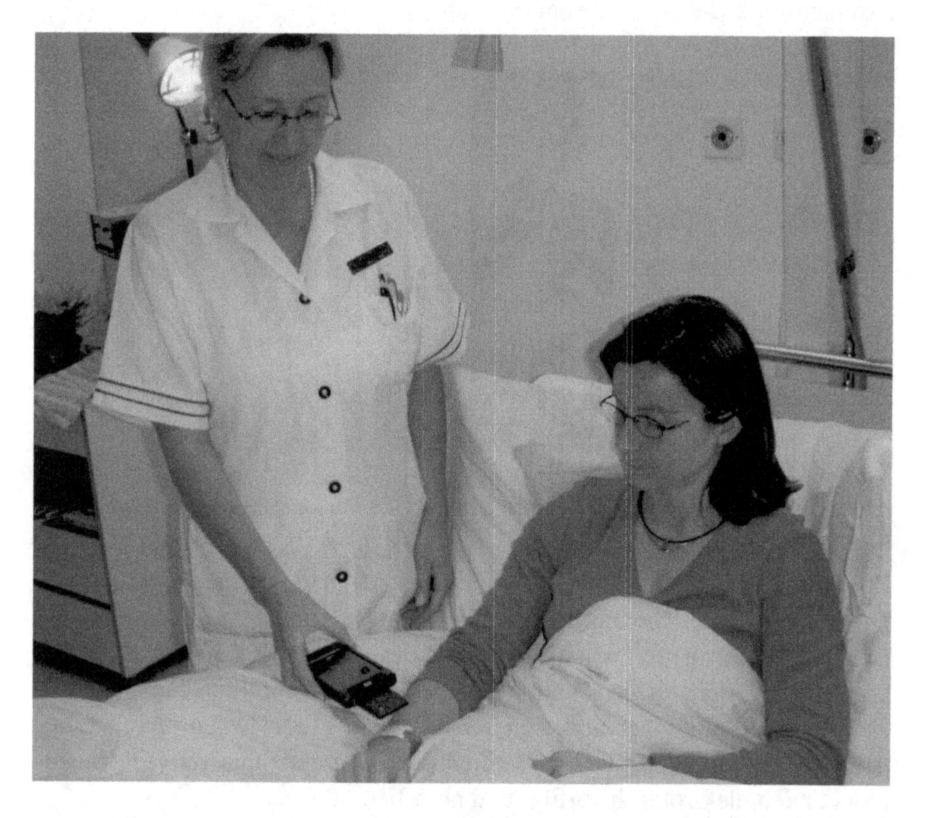

Abb. 5-68. Lesen eines Armbandes mit einem Handscanner (InfoMedis)

Eine Zuordnung der Behandlungsperson zum Patienten ist bei fast allen Tätigkeiten erforderlich:

- Diagnose
- Zuteilung von Medikamenten
- Zuteilung von Diäten
- Infusionen
- Bluttransfusionen
- Identifikation im OP vor der Operation
- Identifikation im Röntgenraum

Abbildung 5-68 zeigt ein derzeit in den USA in Erprobung befindliches System zur Kennzeichnung von Körperstellen der Patienten mit RFID-Etiketten. Dies stellt eine weitere Vereinfachung in der Qualitätssicherung dar. Es nutzt die gleiche Technik, nur die Form des Transponders (Etikett anstatt Armband) und die Software ändern sich.

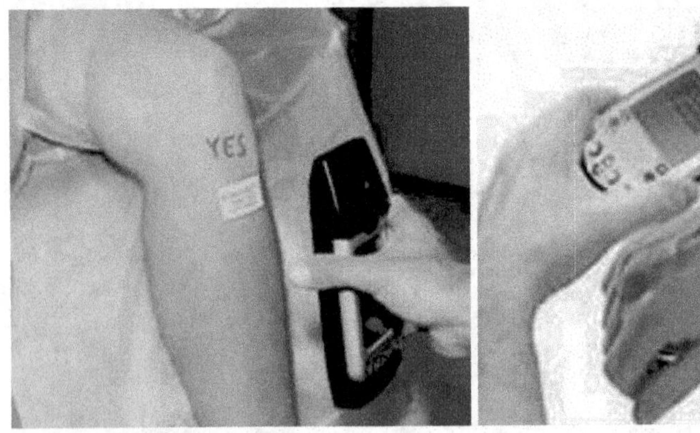

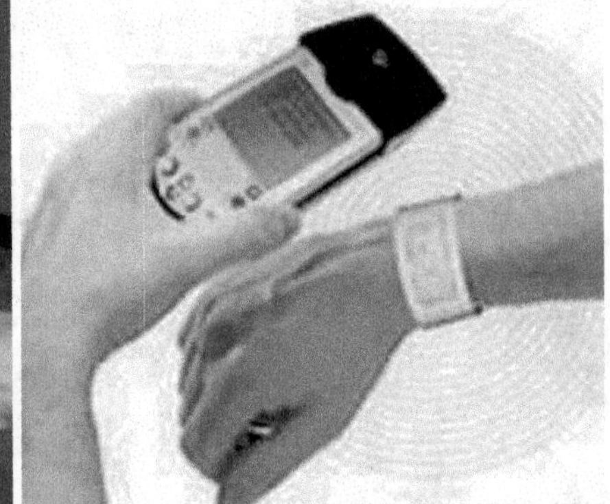

Abb. 5-69. Identifikation einer Körperstelle und des Personals (Precision Dynamics)

Ein weiteres Beispiel ist die Verwendung des Armbands in der Notaufnahme. Die Daten werden bereits in den Transponder eingegeben, während die Behandlung am Unfallort oder während des Transportes erfolgt. Dadurch können vor allem in der Hektik bei mehreren verunfallten Personen die Zuordnungen einfacher und sicherer erfolgen. Diese Daten sind bei der Ankunft des Patienten an der Notaufnahme sofort und ohne Verwechslungsmöglichkeit elektronisch verfüg- und abrufbar.

Neben diesen Anwendungen sind im täglichen Klinikbetrieb noch viele weitere denkbar, etwa dass die Identifikation durch den Patienten selbst durchgeführt wird, um Zutritt zu bestimmten Räumen zu erhalten, die Bezahlung in der Cafeteria oder am Getränkeautomat durchzuführen oder um die Berechtigung zur Nutzung von elektronischen Medien (Internetzugang, Video, Telefon etc.) zu erhalten. In Abb. 5-69 sind einige der möglichen Anwendungen zusammengefasst. Besonders viele Anwendungen ergeben sich bei den Gegenständen (medizinische Instrumente, Wäsche, Behälter etc.).

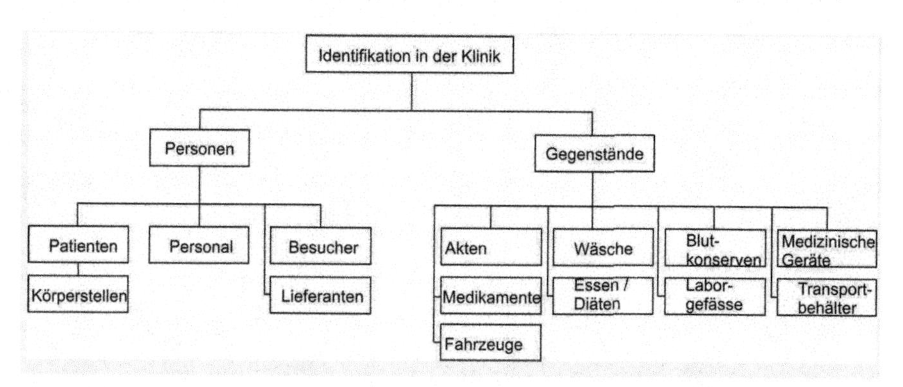

Abb. 5-70. Einsatz von RFID im Gesamtsystem der Klinik

Die vielfältigen Möglichkeiten für den Einsatz von RFID in der Klinik stehen noch am Anfang, daher sind noch keine verlässlichen Einsatzerfahrungen wie bei Bibliotheken oder anderen RFID-Anwendungen verfügbar.

6 Standardisierung

Standards sind von grösster Bedeutung für den breiten Einsatz und die weitere Entwicklung der RFID-Technologie. Sie wirken sich wie folgt aus:

- Klein- und Grossabnehmer haben die Möglichkeit, zwischen mehreren gleichen (oder kompatiblen) Produkten zu wählen und dadurch ihre Anwendung langfristig abzusichern.
- Die Standardisierung wirkt sich aufgrund der Wahlmöglichkeit zwischen kompatiblen Produkten auf die Preise aus. Es entsteht Wettbewerb.
- Die Standardisierung treibt durch diesen Wettbewerb die technische Weiterentwicklung der Systeme voran. Ein Standard bietet eine Vergleichsbasis für den Wettbewerb. Ohne Standards könnten Unterschiede bzw. die Vor- und Nachteile zwischen den Systemen kaum dargestellt werden.
- Die Standardisierung ermöglicht einen überbetrieblichen Einsatz der Chips und kann Knotenpunkte (Abb. 5-4) miteinander verbinden, das heisst die RFID-Etiketten können an jedem Punkt in einem Netzwerk gelesen und genutzt werden.
- Es werden bestimmte Frequenzbereiche, Sendeleistungen und Kommunikationsweisen definiert. Diese Definitionen schützen andere Anwendungen (Mobilfunknetze, Radiosender usw.) vor Störungen.

Abbildung 6-1 veranschaulicht verschiedene Ansatzpunkte für Standards. Der Hauptansatzpunkt betrifft die Luftschnittstelle, d.h. die Kommunikation zwischen Leser und Transponder, wie auch die zugelassenen Frequenzen und Sendeleistungen, sowie den Dateninhalt der Transponder. Vereinfachend kann gesagt werden, dass die Luftschnittstelle eine erste Ebene für Standards ist, in der die Sprache und ihre Regeln festlegt werden. Die Standards zum Dateninhalt hingegen ermöglichen die Formulierung eines Satzes, der vom Gegenüber (vom Lesegerät, das die gleiche Sprache spricht) inhaltlich verstanden und interpretiert werden kann.

Mit zunehmender Festlegung einzelner Parameter innerhalb eines Standards erfolgt auch eine gewisse Festlegung auf bestimmte Anwendungsbereiche. Ein einfacher Transponder, der nur eine UID enthält, ermöglicht zwar viele, jedoch nur relativ anspruchslose Anwendungen. Bei komplexeren Anwendungen werden eine Datenbank im Hintergrund und die entsprechende Infrastruktur benötigt. Der Transponder gibt nur einen Zugang oder eine Berechtigung zum Bezug von Daten aus. Erst die Datenbank liefert die notwendigen Informationen zum Objekt.

Auf der anderen Seite stehen Transponder mit grösserem Speicher, die selber Informationen zum gekennzeichneten Produkt enthalten. Diese ermöglichen off-line-Anwendungen und benötigen eine geringe Infrastruktur. Dabei ist der Chip immer stärker in seinen Eigenschaften und vor allem seinem Dateninhalt spezialisiert. Für die Chiphersteller stellt sich daher die Frage, welchen Charakteristiken ihren Chip zu einem austauschbaren Massenprodukt werden lassen und mit welchen Eigenschaften er proprietär wird. Wenn der Chip vollkommen spezialisiert ist, lohnt sich für den Systemanbieter mitunter die Herstellung eines ASIC (Application Specific Integrated Circuit).

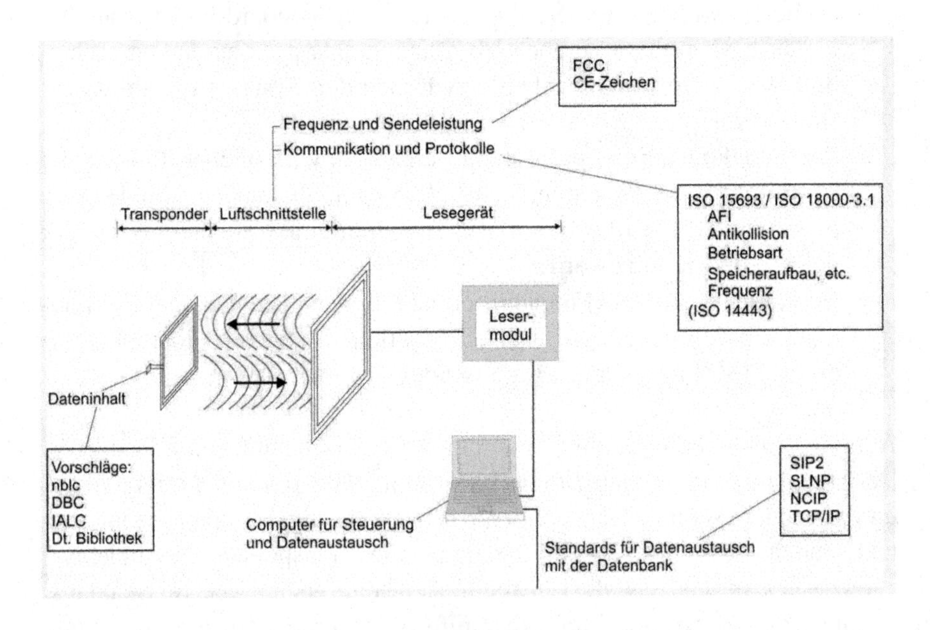

Abb. 6-1. Relevante Standards am Beispiel von Bibliotheken

Häufig wird die Standardisierung als Verkaufsargument eingesetzt. Dem Kunden wird eine Kompatibilität versprochen, aber die Einschränkungen, die eigentlich für den Anwender relevant sind, bleiben unerwähnt. Oft werden Eigenschaften in die Chips integriert, die sehr herstellerspezifisch sind und folglich nur von einem bestimmten Chipproduzenten angeboten werden. So erhält der Kunde ein Produkt, das zwar einem Standard unterliegt, dann aber im Detail inkompatibel mit anderen ist. Dem Kunden bleibt es überlassen, sich die für ihn relevanten Eigenschaften herauszusuchen und zu nutzen. Daher ist es wichtig, die im Standard definierten Eigenschaften genauer zu hinterfragen und zu verstehen.

Es ist schwierig nachzuvollziehen, dass einerseits von den Chipherstellern sehr viel Arbeit in die Generierung von Standards gesteckt wird, andererseits diese Standards dem Kunden nicht erklärt oder nur sehr zögerlich offen gelegt werden. Dass dann von Kundenseite das Fehlen ausreichender Standards bemängelt wird, ist kaum verwunderlich. Nur fehlen diese oft gar nicht, sondern werden nicht (auf jeden Fall nicht in einer für Nichttechniker verständlichen Form) kommuniziert. Dies wirkt sich insgesamt hemmend auf die Marktentwicklung aus.

6.1 Frequenzen und Sendeleistungen

Die Standards für Frequenzen sind international nicht einheitlich. Die freigegebenen Frequenzen für die gleiche Anwendung sind pro Land unterschiedlich, wie auch ihre Bandbreite und Sendeleistung [13, 18] (s. Kap. 4.3.2 und Abb. 4-4). Während in Europa und den USA die Bedingungen für HF-Transponder etwa gleich sind, werden derzeit in den USA die UHF-Transponder mit 915 MHz und einer Sendeleistung von 4 W favorisiert (Tab. 6-1). In Zukunft soll die Sendeleistung in Europa für UHF-Transponder auch leicht erhöht werden (die Frequenz liegt in Europa bei 868 MHz). In den USA ergibt sich eine Lesereichweite der UHF-Etiketten von 6–8 m. In Europa dagegen sind bei 0,5 W Sendeleistung mit den gleichen Etiketten nur 1–2,5 m Lesereichweite erzielbar.

Erst im Jahre 2004 ist eine Erhöhung der Peak Power in Europa um 18 dBμV/m für 13,56 MHz erfolgt. Diese Sendeleistung ermöglicht den dafür geeigneten Chips eine höhere Energieaufnahme. Die Chiphersteller erwarten durch diese Massnahme eine deutlich erhöhte Lesereichweite. Allerdings lagen bis Anfang 2005 noch keine diesbezüglichen Ergebnisse vor.

Tabelle 6-1. Frequenzen und zugelassene Sendeleistungen in verschiedenen Ländern

Frequenz	Zugelassene Sendeleistung
< 134 kHz	**72 dBμA/m**
6,76 bis 6,79 MHz	42
7,4 bis 8,8 MHz	9
13,53 bis 13,56 MHz	**42***
26,95 bis 27,28 MHz	42
433 MHz	10 ... 100 mW
868 bis 870 MHz	**500 mW in Europa**
902 bis 928 MHz	**4 W in USA und Kanada**
2,40 bis 2,48 GHz	500 mW in Europa
2,40 bis 2,48 GHz	4 W in USA und Kanada
5,72 bis 5,87 GHz	500 mW in Europa
5,72 bis 5,87 GHz	4 W in USA und Kanada

6.2 Standards für die Kommunikation

Die für Transponder gültigen internationalen Normen für die Luftschnittstelle werden durch ISO/IEC Gremien erarbeitet. Die in Tab. 6-2 aufgeführten Standards sind heute für die wichtigsten Anwendungen verfügbar.

ISO 18000-3.1 ist der für 13,56 MHz-Transponder und damit für die meisten RFID-Anwendungen relevante Standard. Darin enthalten ist ISO 15693 (Abb. 6-2). Zwar wurde ISO 15693 [29] ursprünglich für Smart Cards entwickelt, er eignet sich aber auch für eine ganze Reihe weiterer Anwendungen wie Logistik, Bibliotheken, etc. Ob die in ISO 18000 zusammengefassten Standards eine Vereinfachung in der oben angesprochenen Kommunikation zum Kunden bringen werden, ist noch offen. Zunächst lässt sich sagen, dass die Erwartung des Kunden, dass die in ISO 18000 enthaltenen Chips zueinander kompatibel sind, nicht erfüllt wird.

Tabelle 6-2. Wichtige ISO-Standards für RFID

Norm	Kriterium
ISO/IEC 7810	ID-Cards
ISO/IEC 10536	close coupled cards
ISO/IEC 14443	proximity cards
ISO/IEC 15693	vicinity cards
	part 1: physical characteristics
	part 2: radio frequency power and signal interface
	part 3: anticollision and transmission protocol
ISO 18000	Part 1 General
	Part 2 LF
	Part 3 (Mode 1, Mode 2)
ISO 18001	Item Management
ISO 11784/11785	Animal Identification
ISO 10374	Freight Control
ISO 15960	Item Management
ISO/IEC 10373-7	Identification cards - Test methods Part 7: Vicinity cards
ISO/IEC 13239	Information technology – Telecommunications and information exchange between systems – High level data link control (HDLC) procedures
ISO/IEC 7816-5	Identification cards – Integrated circuit(s) card with contacts – Part 5: Numbering system and registration procedure for application identifiers
ICAR test procedure for animal applications, ISO number not yet available	

Teilweise wird auch eine scheinbare Kompatibilität angepriesen, da ein bestimmtes Lesegerät die standardisierten Chips verschiedener Hersteller und gleichzeitig einen proprietären Chip lesen kann. Wird jedoch versucht, die proprietären Chips mit einem anderen Lesegerät zu lesen, stellt sich heraus, dass dies nicht funktioniert. Folglich entsteht eine Abhängigkeit vom Hersteller des entsprechenden Lesegerätes und des einen proprietären Chips.

In gewissen Fällen wird die Inkompatibilität sogar als Vorteil im Sinne des erhöhten Datenschutzes angepriesen [59]. Es würde also empfohlen, veraltete, proprietäre Chips einzusetzen, deren Daten von niemandem sonst gelesen werden könnten. Das Risiko, das ein Kunde dabei eingeht, ist sehr hoch. Es gibt mehrere andere Möglichkeiten, die Daten gegen unberechtigtes Auslesen zu schützen (Verschlüsselung etc.).

Die Erwartungen in den electronic product code (epc-Standard) sind hoch [11]. Die Struktur und Eigenschaften der Chips wurden bewusst einfach angelegt. Inzwischen wird allerdings auch hier die Kommunikation zum Kunden bezüglich der Vor- und Nachteile schwieriger, da immer weitere Klassen von Standards erarbeitet werden. Für den Kunden wird es immer schwieriger, die Unterschiede zwischen Kommunikation, Frequenz und Dateninhalt zu unterscheiden.

Im Folgenden wird nur der innerhalb ISO 18000-3 beschriebene Teil behandelt, da dieser die am stärksten verbreiteten Transponder betrifft. In ISO 18000 sind mehrere Frequenzen enthalten (Abb. 6-2, ISO 18000-1 Item Level Standard generell, 18000-2 LF-Transponder, 18000-3 HF-Transponder, 18000-6 UHF-Transponder). Wie bereits angedeutet ist es wichtig zu verstehen, dass die Kompatibilität der Chips in der Praxis nicht immer gewährleistet ist. Innerhalb dem am meisten verbreiteten ISO 18000-3 Mode 1 befinden sich viele Chips von Anbietern, deren wichtigste Eigenschaften untereinander kompatibel sind. Für Bibliotheken beispielsweise, die auf Kompatibilität angewiesen sind, ist der einzige gemeinsame Nenner für eine Buchsicherung die Nutzung des AFI. Alle anderen Möglichkeiten zur Sicherung mit EAS-bits sind proprietär.

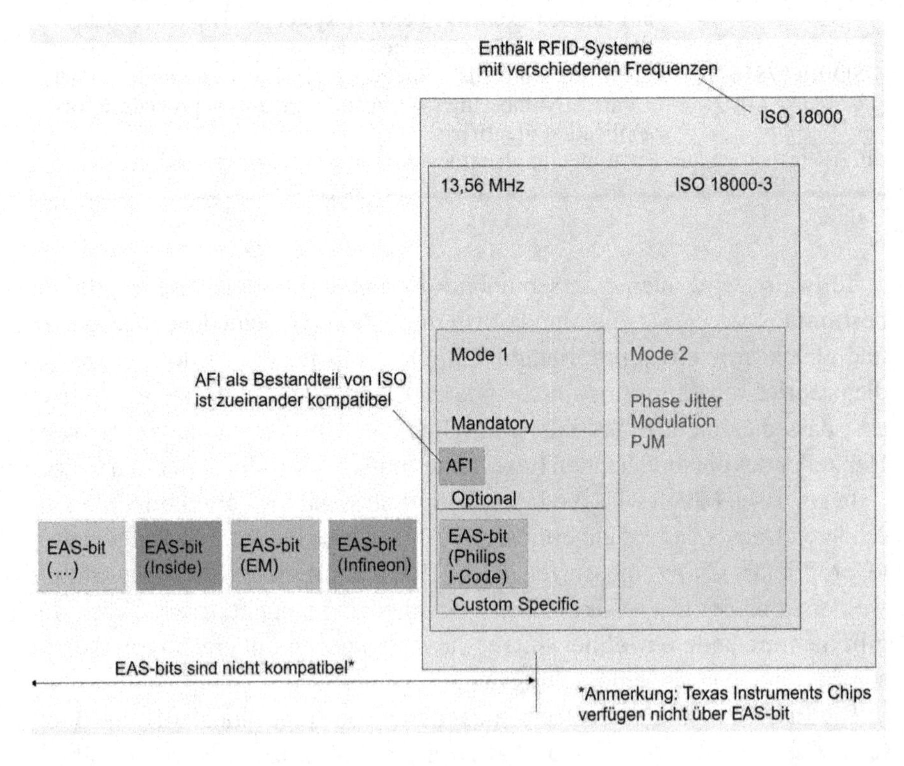

Abb. 6-2. ISO 18000-Standards und ausgewählte Eigenschaften

Tabelle 6-3. Details zu ISO-Standard 15693 / 18000-3.1 sowie wichtige Eigenschaften (RFU: reserved for future use)

Command Code	Mandatory	Optional	Custom Specific	Proprietary
01	Inventory (mit Übertragung der UID)		EAS	EAS
02	Stay Quiet			
03 – 1F	RFU			
20		Read Single Block		
21		Write Single Block		
22		Lock Block		
23		Read Multiple Blocks		
24		Write Multiple Blocks		
25		Select (Anticollision)		
26		Reset to Ready		
27		Write AFI		
28		Lock AFI		
29		Write DSFID		
2A		Lock DSFID		
2B		Get System Information		
2C		Get Multiple Block Security Status		
2D – 9F		RFU		
A0 – DF			IC manufacturer dependent (e.g. EAS-bit)	
E0 – FF				IC manufacturer dependent (e.g. EAS bit)

Tabelle 6-3 ist ein Auszug aus der ISO-Vorschrift und fasst die verschiedenen Teile (Pflichtteil, optionaler und kundenspezifischer Teil) zusammen. Genau genommen sind Chips der verschiedenen Hersteller nur mit den Eigenschaften zueinander kompatibel, die im Pflichtteil wie auch im optionalen Teil enthalten sind.

In Tab. 6-4 ist die bisherige Zuteilung des AFI für bestimmte Funktionsbereiche aufgeführt. Es ist zu erwarten, dass die Zuteilung in den kommenden Jahren überarbeitet wird.

Tabelle 6-4. AFI Coding (ISO 15693)

AFI most significant nibble	AFI least significant nibble	Meaning VICCs respond from	Examples/note
'0'	'0'	All families and subfamilies	No applicative preselection
X	'0'	All sub-families of family X	Wide applicative preselection
X	Y	Only the Yth sub-family of family X	
'0'	Y	Proprietary sub-family Y only	
'1'	'0', Y	Transport	Mass transit, Bus, Airline
'2'	'0', Y	Financial	IEP, Banking, Retail
'3'	'0', Y	Identification	Access control
'4'	'0', Y	Telecommunication	Public telephony, GSM
'5'	'0', Y	Medical	
'6'	'0', Y	Multimedia	Internet services
'7'	'0', Y	Gaming	
'8'	'0', Y	Data storage	Portable files
'9'	'0', Y	Item management	
'A'	'0', Y	Express parcels	
'B'	'0', Y	Postal services	
'C'	'0', Y	Airline bags	
'D'	'0', Y		
'E'	'0', Y		
'F'	'0', Y		

6.3 Standards für Daten im Transponder

Die Art und Organisation der Daten (Datenmodell) im Transponder ist stark anwendungsspezifisch [51]. Das Datenmodell ist einerseits durch die Anforderungen der Anwendung bestimmt, andererseits muss es auch den Eigenschaften der Chips entsprechen. Die Definition eines Datenmodells ist allerdings nur bei komplexeren Anwendungen (offenen Systemen) erforderlich.

Die Dateninhalte werden zum Beispiel im Handel und in Bibliotheken zunehmend standardisiert. Im Handel ist EPCglobal mit der EAN-UCC die federführende Organisation, bei Bibliotheken im deutschsprachigen Raum die IALC, NBLC und die Arbeitsgemeinschaft MHSW. Beide Beispiele werden weiter unten näher betrachtet.

Bei der Wahl eines Datenmodells ist es wichtig zu wissen, ob und wann der Zugriff auf eine Datenbank gegeben ist (Tab. 6-5). Tendenziell sind einfache Datenmodelle (nur eine UID) eher in geschlossenen Systemen, komplexere eher in offenen Systemen vorzufinden, weil in letzteren direkt auf die Informationen zugegriffen werden muss.

Tabelle 6-5. Ausgewählte Kriterien bei der Festlegung eines Datenmodells

Kleiner Speicher	Grosser Speicher
Anwendungen mit ständigem (und schnellem) Datenbankzugriff	Off-line-Anwendungen mit limitiertem Datenbankzugriff
einfache Chips, nur mit UID	Programmierbarkeit
Keine Fälschungssicherheit, geringe Ansprüche an Datensicherheit	hohe Fälschungssicherheit, hohe Ansprüche an Datensicherheit
Vorwiegend geschlossene Systeme	Vorwiegend offene Systeme
Kein Datenmodell	Datenmodell erforderlich – Datenmodell nicht zugänglich (proprietär) – Datenmodell standardisiert (siehe Bibliotheken) – Datenmodell definiert und von gesonderter Organisation verwaltet
Relativ geringe Kosten	Relativ hohe Kosten
Breites Angebot	Eingeschränktes Angebot

Electronic Product Code

In den zurückliegenden Jahren wurde der electronic product code (epc) generiert [11], mit dem Produkte – ähnlich wie beim Barcode mit den EAN-Codes – gekennzeichnet werden können. Der epc-Standards bezieht sich derzeit auf UHF-Transponder. Im epc-Chip werden nur eine Nummer bzw. wenige Produktdaten hinterlegt. Alle weiteren Daten können über das Internet von einer Datenbank abgerufen werden. Abbildung 6-3 zeigt die Struktur des Kodes. Inzwischen sind weitere Klassen entwickelt worden, die umfangreichere Dateninhalte zulassen. Damit werden allerdings auch Erwartungen bezüglich geringerer Chipkosten bei epc-Chips gedämpft.

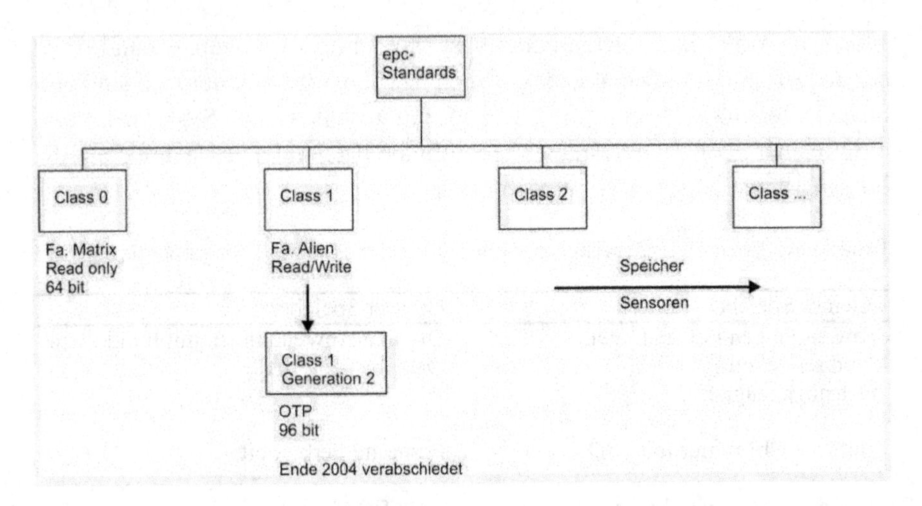

Abb. 6-3. Verschiedene epc-Standards

Neuer Standard	Epc Code Typ 1 - Klasse 1 (128 bit)				
Erster Standard	Epc Code Typ 1 (96 bit)				
Stellen	04	01234DA	0134DA	01234DA0	01234DA
Bezeichnung	Header	epc Manager	Object Class	Serial Number	Item Information
Speicher	fest	fest	fest	fest	variabel
Anzahl bit	8 bit	28 bit	24 bit	36 bit	32 bit
Verwendung	Versionsnummer	Firma, Organisation, ist verantwortlich für Zuteilung Object class und Serial number	Objektart	Nummer Einzelobjekt	Informationen zum Einzelobjekt - Beschreibung - Zustellungsort - Behandlungshinweise
Beispiel Menge		268 Mio	16 Mio	68 Mrd	

Abb. 6-4. Struktur des epc [61]

Datenmodell für Bibliotheken

Tabelle 6-6 zeigt ein Beispiel zur Definition von Datenmodellen bei Bibliotheken. An dieser Stelle werden nur ausgewählte Punkte diskutiert:

– **Sicherung im Durchgangsleser:** Aufgrund der eingeschränkten Verfügbarkeit von RFID Chips, welche zueinander kompatible EAS-bits enthalten, wird empfohlen, für diese Funktion den AFI zu verwenden.

- **Transaktionen mit dem LMS:** Für die Durchführung von Transaktionen muss eine eindeutige Nummer verwendet werden. Hier würde sich die UID anbieten, die in jedem Chip als fortlaufende Nummer enthalten ist. Allerdings hat sich diese in Bibliotheken nicht durchgesetzt, da dann eine weitere Spalte in die Datenbank des LMS hätte eingegeben werden müssen. Besser erscheint das Verfahren, eine bestehende Nummer, die bereits in der Datenbank verwendet wird, auf den Chip zu programmieren.
- **Chiperkennung:** Die standardisierten Chips sind nicht baugleich, daher variiert auch der Speicher und die Art und Weise, wie die Daten abgelegt werden. Es ist daher erforderlich, die Chipart zu erkennen.
- **Datenverifizierung:** Zur Verifizierung der Daten soll mit CRC (Cyclic Redundancy Check) gearbeitet werden. Diese sollen nicht auf einzelne Felder beschränkt, aber auf den Chips so angeordnet werden, dass die für die Anwendung notwendigen Daten mit möglichst wenigen Lesezyklen ausgelesen und überprüft werden können.
- **Shelf ready Bücher**[12]: Um Bücher mit Etikett und vorprogrammiertem Datenmodell an die Bibliothek auszuliefern, müssen die Daten so weit definiert sein, dass ein Zulieferer die Transponder ohne direkten Zugriff zum LMS initialisieren kann.

An dieser Stelle kann das Datenmodell für Bibliotheken nicht abschliessend dargestellt werden, da noch weitere Anpassungen zu erwarten sind. Wünschenswert wäre eine internationale Einigung, da hierbei die Lieferungen aus Verlagshäusern direkt an Bibliotheken mit einbezogen werden könnten.

Um die Informationskette zu schließen, aber dabei eine grösstmögliche Ausnutzung des verfügbaren Datenspeichers im Chip zu erreichen, wäre auch folgendes Vorgehen denkbar: Vom Verlag bis in den Verkaufsladen würden die für den Vertrieb notwendigen Daten einprogrammiert. Um möglichst wenig Datenspeicher zu belegen und dadurch kleine Chips zu verwenden, könnten die in der Lieferkette benutzten Daten später vom Lieferanten (bei der Übergabe an die Bibliothek oder auch von der Bibliothek selber) mit dem eigentlichen Bibliotheks-Datenmodell überschrieben werden.

[12] Shelf ready bedeutet, dass die Bücher bereits mit RFID-Etiketten und der richtigen Programmierung vom Buchlieferanten angeliefert werden.

Tabelle 6-6. Vergleich der Datenfelder im Datenmodell der NBLC, IALC und Ergänzungsvorschläge durch die Bibliotheken (Wien, Stuttgart, München, Hamburg, Zürich, Winterthur, Liestal [51])

Nutzung für	NBLC	IALC	Platz (byte)	Neuer Vorschlag / Ergänzung
Sicherung im Durchgangsleser	EAS-bit	EAS-bit		AFI und EAS-bit
Art des Labels	Type of identification 1 Nummer 0: Medium 1: User	Type identifier 2 Nummern, 1 Byte, 00 – 79: Medium mit Typenerkennung, 80 – 99: User	4 bit	Type identifier (0: Med., 1: User), 0: Acquisition, 1: Item for circulation, 2: Item not for circulation, 8: Patron card
Erkennung, welcher Chip verwendet wird				UID Bereich
Erkennung, welches Datenmodell verwendet wird	Data Model ID (2 Nummern, 1 Byte)	Data Model ID (2 Nummern, 1 Byte)	2	Data Model ID (only Data Model Version)
Erkennung, welche aktuelle Version des Datenmodells verwendet wird	–	–	2	Data Model Version
Eindeutige Nummer zur Objektidentifizierung	Object identifier (14 Nummern im BCD Format mit 1 Byte für Checksumme, total 8 Bytes)	Object identifier (14 Nummern im BCD Format mit 1 Byte für Checksumme, total 8 Bytes)	16	Item ID Kann Barcodenummer sein, Nummern und Alphabetische Zeichen, Checksumme separat als Mechanismus über die ganze Datenstruktur Kodierung UTF-8
Medienpaketerkennung	Item identifier 4 Nummern, 2 Bytes	Item identifier 4 Nummern, 2 Bytes	2	MediaPack MediaPackPart
Zugehörigkeitserkennung, Inter-Library Loan	– (in der Library ID enthalten)	National identifier (Alphanumerisch)	2	Country ID, 2 Bytes (Alphanumerisch) Gemäss ISIL, bei Organisationen chr(0) und entsprechender Wert in Extension
Zugehörigkeitserkennung, Inter-Library Loan	Library ID	Owner identifier Nach ISO/FDIS 15511 (ISIL)	11	Library ID Nach ISO/FDIS 15511 (ISIL) (ab Position 4, da Ländererkennung separat)

Nutzung für	NBLC	IALC	Platz (byte)	Neuer Vorschlag / Ergänzung
Profilidentifikation	–	Profile identifier		-
Alle Transaktionen, wenn Barcodennummer einfach auf den Chip übertragen wird	Barcode (für eventuell vor-handenen Barcode)	Barcode (für eventuell vor-handenen Barcode)	14	-
Identifikation des Lieferanten	Logistic party 2 Nummern, 1 Byte	Logistic party	4	-
Verwendung durch die NBLC bei der Vergabe der Nummernkreise	Logistic number 10 Positionen (nicht definiert ob Nummern, Alphanumerisch, ...)	Logistic party's object info	16	-
Frei benutzbarer Teil für Systemlieferanten	Dynamic part			
Erkennung, welche Version des dynamischen Teils verwendet wird				Dynamic Part ID

7 RFID-Middleware

RFID-Middleware wurde im Laufe der letzten vier Jahre entwickelt (z.B. Infineon, Oat Systems). Ihre wichtigste Aufgabe ist in Abb. 7-1 in verschiedenen Ebenen dargestellt. Die RFID-Middleware ist dann erforderlich, wenn

- das Ansteuern mehrerer verschiedener Lesegeräte erforderlich ist,
- eine hohe Datenmange aus mehreren Lesegeräten anfällt,
- die Daten auf ihre Plausibilität hin geprüft werden,
- Teilprozesse bereits auf einer unteren Ebene abgewickelt und
- Daten für den Austausch mit einem Datenbanksystem aufbereitet werden müssen.

Folglich kommt die RFID-Middleware besonders dann zum Tragen, wenn komplexere Systeme zusammengestellt werden. Sie wird insbesondere in der Logistik bei Warenhäusern und Lieferketten eingesetzt.

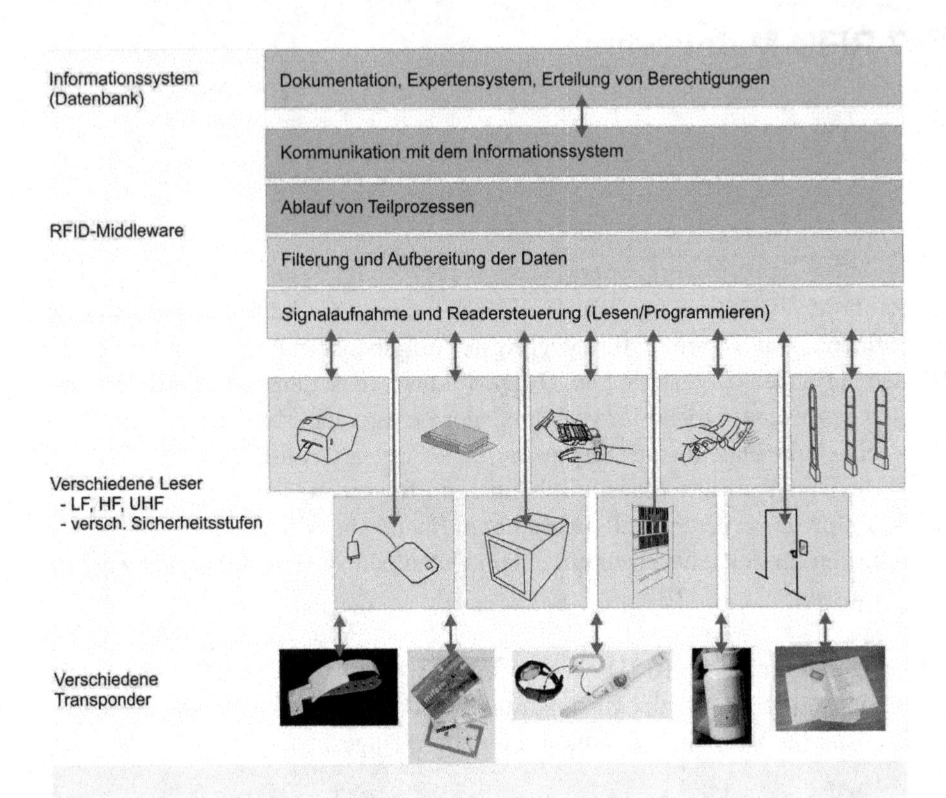

Abb. 7-1. Aufgaben und Struktur von RFID-Middleware

8 Herstellung von Transpondern

Bei der Herstellung von Transpondern sind in den letzten Jahren grosse Fortschritte erzielt worden. Diese beziehen sich sowohl auf die Vorprodukte (Chips) als auch die Weiterentwicklung der Produktionsprozesse. Im Folgenden sollen die Schritte zur Herstellung am Beispiel der Glastransponder und der RFID-Etiketten (flexible Transponder) erläutert werden.

Die Herstellung von Glastranspondern und Etiketten ist bereits weitgehend etabliert. Aufgrund der längeren Entwicklungszeit ist sie bei Glastranspondern am stärksten ausgereift. Weitere Transponder in Form von Plastikmarken sind ebenfalls in der Herstellung etabliert und werden nicht näher behandelt, da es dazu eine Vielzahl von Sonderformen und entsprechend vielfältige Herstellungsverfahren gibt.

Bei den Etiketten sind noch Weiterentwicklungen, vor allem was gedruckte integrierte Schaltungen anbelangt, zu erwarten (PolyTech). Über den zeitlichen Horizont zur Verfügbarkeit dieser Technologie herrscht allerdings noch Uneinigkeit. Etwa 5 Jahre erscheinen als realistisch, bis sie marktreif ist.

8.1 Glastransponder

Glastransponder waren eine der ersten Formen moderner Transponder. Das Material erwies sich in den ersten Versuchen, bei denen sie unter die Haut von Tieren injiziert wurden, als körperverträglich und widerstandsfähig. Die Glasröhrchen wurden an beiden Enden verschmolzen. Die wesentlichen Produktionsschritte sind in Abb. 8-1 zusammengefasst.

Alle Transponderteile, die in das Röhrchen eingebracht werden, müssen zuvor zusammengesetzt (assembliert) werden. Dies umfasst den Chip mit internem oder externem Kondensator, die Ferritantenne, den Draht der Antenne und eine Halterung zwischen Antenne und Chip. Der Chip wird über Lötstellen mit dem Draht der Ferritantenne verbunden. Als Puffer gegenüber Stosseinwirkungen wird meist ein Silikonmaterial verwendet, in das die Elektronik eingebettet wird. Wenn das ganze Innenleben des Transponders zusammengesetzt ist, wird dieses in ein Glasröhrchen eingebracht. Das Röhrchen ist bereits an einem Ende verschlossen. Im Anschluss daran wird das andere Ende entweder über eine Flamme oder einen Laserstrahl verschmolzen. Der Laser hat eine geringere Wärmeauswirkung auf die innen liegende Elektronik. Sein Einsatz bedingt jedoch auch, dass das Glas eine gewisse Einfärbung aufweist, um das Licht gut in Wärme umzusetzen. Für die Verschmelzung mittels einer Flamme muss entsprechend Raum über der Elektronik vorgehalten werden.

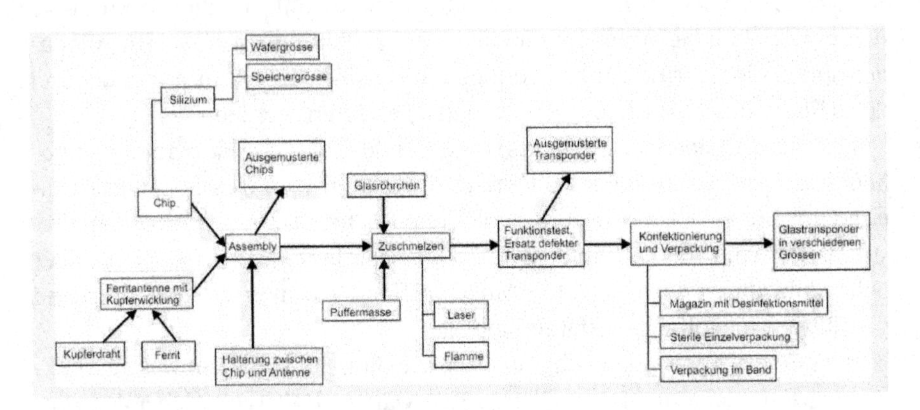

Abb. 8-1. Wichtige Schritte beim Herstellungsprozess von Glastranspondern

Glas ist langfristig sehr stabil und gegenüber chemischen Einwirkungen weitgehend resistent. Allerdings ist die Biegefestigkeit relativ gering. Mit zunehmender Länge des Glasröhrchens muss daher die Glasstärke angepasst werden, um eine ausreichende Stabilität zu gewährleisten.

8.2 RFID-Etiketten

Unter RFID-Etiketten werden Klebeetiketten, Anhängeetiketten und Tickets verstanden. Sie sind flexibel und können mit verschiedensten Träger- oder Schutzmaterialien laminiert sein. Am häufigsten werden Papier und Kunststofffolien verwendet. Genau genommen müssten auch Karten mit dazugezählt werden, da es auch bei diesen flexible Formen gibt. Bei Karten wird jedoch ein absetziges, (stop and go- oder Batch-) Verfahren zur Produktion angewendet: es werden dabei einzelne Bögen und nicht Rollen mit Inlays verarbeitet. Dieses absetzige Verfahren hat in der Kartenherstellung eine hohe Zuverlässigkeit erreicht, ist jedoch für die Massenherstellung von flexiblen Transpondern nur wenig geeignet. Es sind entweder zu viele Handarbeitsschritte nötig und/oder es wird keine ausreichende Produktionsgeschwindigkeit erreicht. Daher haben sich fliessende Verfahren (Rolle zu Rolle) für die Massenproduktion etabliert. Inwiefern diese auch auf die traditionelle Kartenproduktion übertragbar sind und das Batch-Verfahren ersetzt werden kann, bleibt vorerst noch offen.

Abbildung 8-2 zeigt die wichtigsten Schritte in der Produktion von Etiketten: Die Antennenfertigung, die Montage (Assembly) von Antenne und Chip, das Laminieren, das Bedrucken und das Prüfen. In den zurückliegenden Jahren sind viele Teilprozesse zusammengeführt und dadurch stark vereinfacht worden. Zu Beginn der RFID-Etikettenproduktion waren Chip-, Antennenproduktion, Assembly und Lamination klar voneinander getrennt. Inzwischen ist die Kette der Schritte Antennenproduktion - Assembly - Lamination bei den meisten Anbietern fertiger Produkte geschlossen. Dadurch entfallen die zusätzlichen Handlingkosten (Distribution, Verpackung, Zwischenkontrollen, Abrechnungen etc.) und die Gesamtkosten sinken entsprechend. Nicht zu vernachlässigen ist auch die schnellere Reaktionsfähigkeit bei der Entwicklung von Spezialprodukten (Antennenlayouts, Abstimmung mit dem Chip). Dies ist im noch jungen RFID-Markt, in dem ständig neue Anwendungsmöglichkeiten und Anforderungen entstehen, von besonderer Bedeutung.

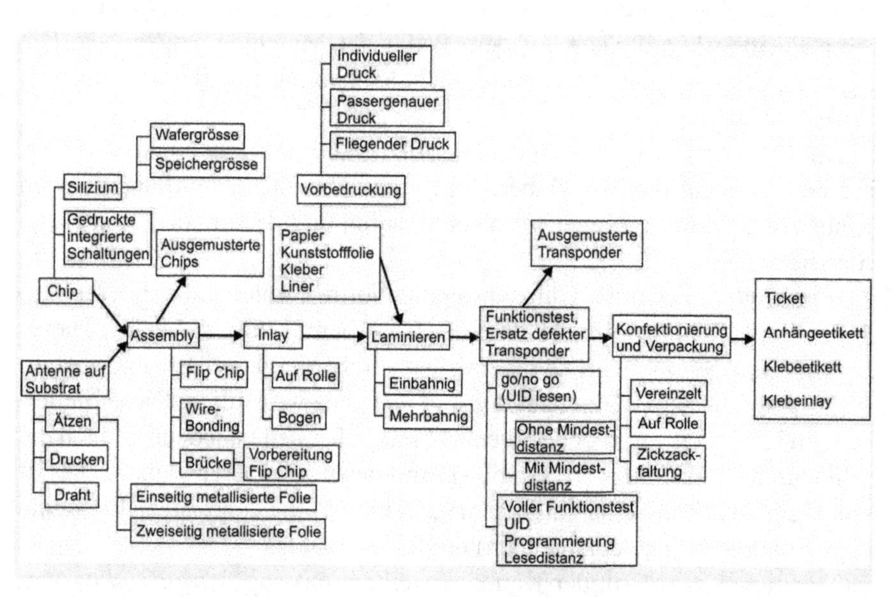

Abb. 8-2. Wichtige Schritte bei der Herstellung von RFID-Etiketten

Der Prozess der Chipproduktion ist von den weiteren Teilprozessen klar zu trennen. Innerhalb der Chipproduktion können verschiedene Herstellungsverfahren ausgewählt werden, die hier nicht näher dargestellt werden sollen. Wesentliche Merkmale sind die Grösse der *Wafer* (Siliziumscheibe, auf der sich die einzelnen Chips befinden) und die Grösse des benötigten Speichers auf dem Chip - und damit die Chipgrösse. Diese Parameter bestimmen direkt die Kosten.

Die auf dem Wafer befindlichen Chips werden durch Sägen vereinzelt. Sie kleben auf einem flexiblen Material, auf dem sie beim Assemblieren mit einem Dorn angehoben werden. Nun kann ein Greifer den Chip von der Fläche abnehmen, ihn um 180° drehen und mit zwei Kontakten auf die Antenne setzen (daher der Name Flip-Chip-Verfahren). Bei der Chip-Vorbehandlung ist das Dünnschleifen eine Möglichkeit, den Chip selber flexibel zu machen, so dass dieser beim fertigen Etikett fast nicht mehr fühlbar ist. Dies ist eine bei verschiedenen Halbleiterherstellern untersuchte Methode. Vorerst werden jedoch die herkömmlichen, nicht dünngeschliffenen Chips eingesetzt.

Die Kontaktstellen zur Antenne werden *Bumps* genannt. Sie sind, aus Gründen der Korrosinsminimierung (Kontaktkorrosion bei unterschiedlichen Metallen), mit einem Edelmetall (z.B. Gold oder Platin) versehen. Bevor die Chips abgenommen werden, werden sie einer Funktionsprüfung unterzogen. Nicht funktionsfähige Chips werden markiert und / oder mit ihren Positionskoordinaten auf dem Wafer der Maschine eingegeben. Die defekten Chips werden vom Greifer nicht abgenommen und später aus dem Prozess ausgeschleust.

Die Befestigung auf der Antenne erfolgt mit einem anisotropen *Kleber*, der den Chip auf die Metalloberfläche zieht. Verschiedene Materialien im Kleber (z.B. Korund) tragen zu einer sicheren und dauerhaften Kontaktierung bei.

Eine weitere Form der Chipanbringung auf der Antenne ist die Verwendung einer *Metallbrücke*, auf dem der Chip bereits angebracht ist. Dieser Schritt kann bereits beim Chiphersteller durchgeführt werden und vereinfacht später die Anbringung auf der Antenne ganz wesentlich. Diese Methode wird in Firmen angewendet, die zwar Inlays herstellen, jedoch nicht in die sehr teuren Bestückungs-(Assembly-) Automaten investieren wollen. Dies ist vor allem auch dann eine gute Lösung, wenn verschiedene Spezialprodukte (z.B. Sondergrössen der Antennen) produziert werden.

Traditionell wurde in der Kartenherstellung das sog. *Wire-Bonding* verwendet. Dabei wird der Chip mit den Kontakten nach oben (nicht wie beim

Flip-Chip nach unten) auf die Antennenfläche gesetzt. Die Kontakte werden über zusätzliche feine Drähte mit der darunter liegenden Antenne verlötet. Die nach oben in einem Bogen abstehenden Drähte werden anschliessend mit einem so genannten Glob-Top versehen, der aus einem Kunstharz besteht, das aushärtet und so den Chip und die Drähte in einem festen Bett zueinander fixiert. Biegekräfte können so vom Chip und den Verbindungsstellen ferngehalten werden.

In der Produktion 46.887 „Rolle zu Rolle" bedingt dies allerdings, dass die (im Gegensatz zu den im Flip-Chip-Verfahren aufgebrachten) Chips mit dem Glob-Top um ein Vielfaches dicker sind (z.B. 0,1 mm bei Flip Chip, 0,3 mm bei Wire-Bonding). Dies hat zur Folge, dass zumindest die Rollen, über die die Inlays während der Etikettenproduktion gezogen werden, an den Chippositionen entsprechende Aussparungen haben müssen. Aufgrund weiterer Komplikationen beim Laminieren und Bedrucken empfiehlt es sich, die Inlays dieser Art nicht für fliessende Verarbeitungsprozesse zu verwenden. Es treten ansonsten grosse Verluste durch Zerbrechen des Glob-Tops, des Chips und / oder Abreissen der Drahtverbindungen auf. Ausserdem können in der späteren Anwendung Probleme auftreten, wenn die Etiketten durch RFID-Drucker bedruckt und programmiert werden sollen und der Druckspalt dabei nicht gross genug ist. Bis dato werden diese Chips in Bibliotheken und Karten angewendet. Beim Einkleben ins Buch wird ein Decketikett von Hand aufgeklebt. Der Chip bleibt deutlich fühlbar. Bei Karten ist der Chip beispielsweise in ein Passepartout eingebettet.

Antennen für RFID-Etiketten können auf vier Arten hergestellt werden:
- durch direktes Verlegen von Draht,
- durch Ätzen von Leiterbahnen auf einer Folie,
- durch Drucken einer leitfähigen Paste und
- durch ein Abscheideverfahren.

Das **Verlegen von Drähten** ist ein kaum noch verwendetes Verfahren aus der Kartenherstellung (Amatech). Dabei werden die Kupferdrähte durch einen Automaten auf einer klebenden Oberfläche exakt verlegt. Dadurch sind fast beliebige Variationen der Antennenformen und -grössen möglich. Besonders bei grossen Antennen kann dies durchaus ein kostengünstiges Verfahren sein, da auch kein überflüssiges Material wie beim Ätzen entfernt werden muss. Allerdings ist die Arbeitsgeschwindigkeit dieser Automaten begrenzt. Im Vergleich ist ein Ätzverfahren, in dem bis zu mehreren Metern breite Bahnen behandelt werden können, für die Massenproduktion deutlich effektiver.

Das **Ätzen von Antennen** wird traditionell bei der Herstellung von EAS-Etiketten angewendet und ist daher ein seit längerem etabliertes Verfahren. Als Basismaterial dient eine ein- oder beidseitig mit Kupfer oder Aluminium beschichtete PET-Folie. Die Folie wird an den Stellen, an denen das Metall zurückbleiben soll, mit einem so genannten Resist-Lack bedruckt. Dieser schützt die Metallfläche während des eigentlichen Ätzvorganges vor der Säureeinwirkung und das umgebende Material wird entfernt. Nach dem Säurebad wird die überschüssige Säure und in manchen Verfahren auch der Resist-Lack durch Waschen entfernt. Beim Ätzen werden von den Herstellern verschiedene chemische Verfahren mit spezifischen Vor- und Nachteilen angewendet. Ein besonders umweltfreundliches Verfahren ist von Lucatron (Abb. 8-3) entwickelt worden, bei dem Restsäure aus der Elektronikindustrie verwendet wird. Das nach dem Ätzprozess anfallende Aluminiumsalz (z.B. Aluminiumchlorid) wird wiederum für die Reinigung und Aufbereitung von Abwässern verwendet. Dies gewährleistet einerseits durch das Aufbrauchen von Restsäure ein besonders umweltfreundliches Verfahren, andererseits können die Nebenprodukte zusätzlich veräussert werden.

Die beiden Metalle Kupfer und Aluminium unterschieden sich in ihrer Leitfähigkeit und weiteren Eigenschaften, die beim Antennendesign berücksichtig werden müssen (Q-Faktor etc.). Grundsätzlich können mit Kupfer feinere Strukturen und kleinere Antennen gefertigt werden. In der Praxis ist jedoch nur ein marginaler Unterschied zwischen RFID-Etiketten gleicher Antennengrösse in der Lesereichweite festzustellen.

Generell wird beim Ätzen eine relativ hohe Qualität der Antennen erreicht. Die Ränder sind, unter dem Mikroskop betrachtet, relativ gerade. Auch im Leiter selber ist eine hohe Leitfähigkeit gegeben.

Abb. 8-3. Ätzstrasse für RFID-Antennen (Lucatron)

Das **Drucken von Antennen** ist bereits für die Herstellung von RFID-Tickets weit vorangetrieben worden. Hierbei ist die zu erzielende hohe Präzision und die erforderliche Leitfähigkeit beim Drucken der Antennen das Hauptthema. Beim Druckverfahren wird eine leitfähige, aushärtende Paste mit Silberpartikeln aufgebracht. Die Partikel stehen zueinander über Brücken in Kontakt.

Die Firma ASK (Frankreich) bietet Etiketten mit gedruckten Antennen an (Abb. 8-4). Grundsätzlich ist das Drucken von Antennen eine elegante Herstellmethode, da hierbei nur ein Minimum an leitendem Material benötigt wird. Zusätzlich kann auf eine der Trägerfolien verzichtet werden. Im einfachsten Fall wird die Antennenbahn direkt auf Papier gedruckt. Es sind jedoch sehr hochwertige Metalle (Silber) erforderlich, die einen entsprechend höheren Preis als Kupfer oder gar Aluminium aufweisen.

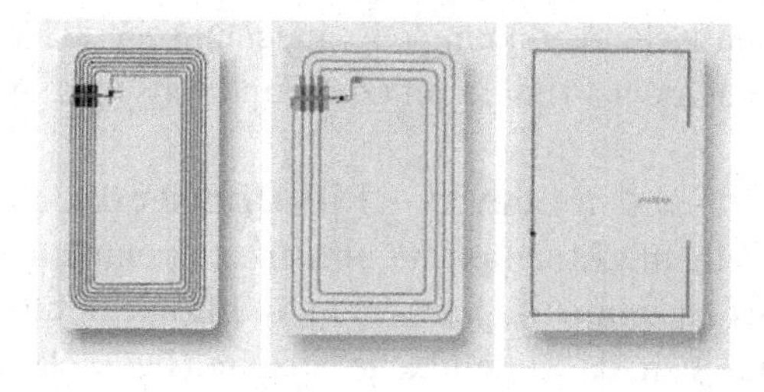

Abb. 8-4. Gedruckte Antennen (ASK, Frankreich)

Wesentlicher Antrieb bei der Entwicklung von **gedruckten integrierten Schaltungen** ist die Aussicht auf deutlich verringerte Herstellkosten infolge des Verzichts auf einen Silizium-Chip. Die Vorstellung ist auch, dass die Antenne zusammen mit der integrierten Schaltung gedruckt wird. Dadurch entfallen das Assemblieren und die Antennenproduktion. Durch diese Vereinfachung des Produktionsprozesses erscheint es erstmals möglich, Kosten von nur noch 5-Cent für die Etiketten zu erreichen. Vorerst allerdings gilt es sich mit den gegebenen (und gut funktionierenden) Technologien zu begnügen.

Ein dem Drucken ähnliches Verfahren ist das **Abscheiden von Metall**, zum Beispiel von Kupferpartikeln. Die Abscheidung erfolgt durch elektrische Aufladung nur an den Stellen, an denen das Antennenmaterial erwünscht ist. Für eine genauere Beschreibung dieses Verfahrens liegen derzeit keine veröffentlichten Ergebnisse vor. Es handelt sich um ein noch sehr junges Verfahren, bei dem noch etliche technische Fragestellungen zu lösen sind.

Nach dem Assemblieren des Chips ist das Inlay fertig und es folgt der Prozess der **Lamination**. Dies bedeutet, dass das Inlay im Falle eines Etiketts auf der Unterseite mit einer Kleberschicht versehen wird, auf der Oberseite wird Papier oder Kunststoff laminiert. Für die Kleber werden sowohl Heissleimwerke (mit Hotmelt-Kleber) verwendet, als auch Bänder, die beidseitig einen Kleber enthalten. Diese zusätzlichen Bänder sind zwar etwas teurer, ermöglichen jedoch eine einfachere Variation der Klebereigenschaften (es können z.B. Lösungsmittelkleber eingesetzt werden), die häufig genauer auf die Oberfläche der später zu kennzeichnenden Objekte abgestimmt werden können.

Das Obermaterial aus Papier oder Kunststoff kann blanko oder bereits vorbedruckt sein. Die Bedruckung im Werk kann über herkömmliche Offset-Maschinen erfolgen, falls das Papier erst hinterher mit dem Transponder zusammengefügt wird.

Solange die Antenne und der Chip auf dem Inlay ungeschützt sind, können Funktionsausfälle durch elektrostatische Aufladung oder mechanische Schäden auftreten. In jedem Fall ist nach der Produktion eine Funktionsprüfung erforderlich.

Eine Sonderform der Lamination stellen **Convert-RFID-Drucker** dar, die eine Rolle mit Inlays und eine Rolle mit Etiketten auf einem Liner enthalten und diese beiden Teile bei Bedarf zusammenfügen (Zebra, in Entwicklung). Solch ein Drucker ist dafür vorgesehen, dass er einfache Etiketten bedrucken und dann auf die Lamination kompletter Etiketten umschalten kann. So kann das Gerät einmal komplette RFID-Etiketten, ein nächstes Mal einfache Papieretiketten ohne Elektronik ausgeben.

9 Einfache Testverfahren

Für den RFID-Nutzer bzw. den Projektleiter stellt sich oft die Frage, wie die Funktion eines RFID-Etiketts auf einfach Weise (ohne Messgeräte) getestet werden kann. Die im Folgenden beschriebenen Tests sind auf die praktische Anwendung bezogen. Es sind keine Laboruntersuchungen, in denen wechselnde Umwelteinflüsse minimiert oder konstant gehalten würden. Auch entsprechen die Messgenauigkeiten und Wiederholbarkeiten in keiner Weise einem wissenschaftlichen Vorgehen. Sie geben aber Anhaltspunkte, die oft für eine erste Beurteilung ausreichend sind, ob ein bestimmtes System überhaupt infrage kommt, oder ob es während des Betriebes Unregelmäßigkeiten aufweist. Während die einfache Lesereichweite und Kopplungskurven sehr einfach erfasst werden können, ist bei der Bestimmung der Lesegeschwindigkeit ein etwas höherer Aufwand für den Testaufbau erforderlich. Daher ist dieser Test eher unter Laborbedingungen durchzuführen.

Der Zweck der Tests ist also ein Vergleich zwischen der normalen (erwarteten) Funktionsweise und derjenigen, bei welcher eine Störung auftritt. Die am häufigsten gemachten Beobachtungen sind:

- der Transponder wird nicht gelesen,
- der Transponder weist eine geringe Lesereichweite auf,
- der Transponder weist eine mit der Zeit wechselnde Lesereichweite auf,
- der Transponder wird zusammen mit anderen Transpondern im Durchgang nicht sicher erkannt,
- die Transponder eines Herstellers werden gelesen, diejenigen eines zweiten jedoch nicht, trotz des Hinweises, sie seien kompatibel / bzw. standardisiert,
- die Transponder verschiedener Hersteller sind auf einem Lesegerät lesbar und programmierbar, unterscheiden sich aber in Detailfunktionen.

9.1 Test der Lesereichweite

Gemäß den Kopplungskurven, die bereits in Kap. 4 dargestellt wurden, wird bei LF- und HF-Systemen die maximale Lesedistanz dann erreicht, wenn die

Antennenachsen des Lesegerätes und des Transponders einander entsprechen. Die maximale Lesedistanz wird ermittelt, indem der Leser über ein einfaches Programm (z.B. von Feig oder Scemtech) betrieben wird, um den Einfluss sonstiger Systemsoftware auszuschalten. Unter Laborbedingungen wird die Ansprechfeldstärke gemessen (mA/m). Dies ist bei pratischen Tests selten möglich. Sollten beim Test der Lesereichweite Unterschiede zwischen verschiedenen Transpondern ermittelt werden, so ist diese in jedem Fall durch ein Labor bzw. einen HF-Techniker zu ermitteln. Nur so können vergleichbare Werte ermittelt werden.

Die Umgebung muss in diesem Fall ca. 50 cm um die Antenne (in allen drei Dimensionen) frei von Metall sein. Ebenfalls dürfen sich keine weiteren Transponder in diesem Bereich befinden. In der Mitte der Leserantenne wird ein nichtmetallischer Messstab gehalten und der Transponder an diesem entlang an die Leseantenne angenähert. Der Transponder bleibt in der Orientierung konstant (Achsen beider Antennen deckungsgleich). Beim Auslesen wird die entsprechende Reichweite (in cm) notiert. Die Erfassung der Lesereichweite bei UHF-Systemen wird etwa auf die gleiche Art erfasst, nur dass hierbei deutlich größere Lesedistanzen (bis zu mehreren Metern) erreicht werden. Allerdings ist die gemessene wirkliche maximale Distanz bei UHF-Transpondern nicht repräsentativ für die Verhältnisse in der Praxis, weil zwischen dem Punkt der maximalen Lesereichweite und dem gekennzeichneten Objekt Lücken auftreten können. Diese Lücken sind wiederum stark von umliegenden Objekten abhängig. Messungen (auch weitere zum Erkennungsbereich und zur Lesegeschwindigkeit) mit UHF-Transpondern sollten von HF-Technikern durchgeführt werden.

Handelt es sich um einen Durchgangsleser für LF- oder HF-Transponder mit aktiver und passiver Antenne, so ist die aktive Antenne als Referenz auszuwählen. Der Transponder wird für Vergleichsmessungen zwischen Transpondern von der Seite (nicht zwischen den Antennen) angenähert, etwa in der Mitte. Dort können einigermaßen wiederholbare Ergebnisse erzielt werden, sofern es sich bei den Leseantennen um zwei einfache Schlaufen handelt. Die Messung erfolgt wiederum mit einem Messstab.

9.2 Ermittlung von Kopplungskurven

Bei der Installation und Kontrolle eines RFID-Systems ist es hilfreich, nicht nur die Lesereichweite, sondern auch den Erkennungsbereich (die Kopplungskurven um den Erkennungsbereich) zu kennen. Hierfür wird eine

Antenne am Rand einer Ebene mittig installiert (Abb. 9-1). Der Transponder wird an die Antenne in gleich bleibender Orientierung herangeführt. Aus der Ver-bindung der Messpunkte, die auf der Ebene markiert wurden, ergibt sich die Kopplungskurve.

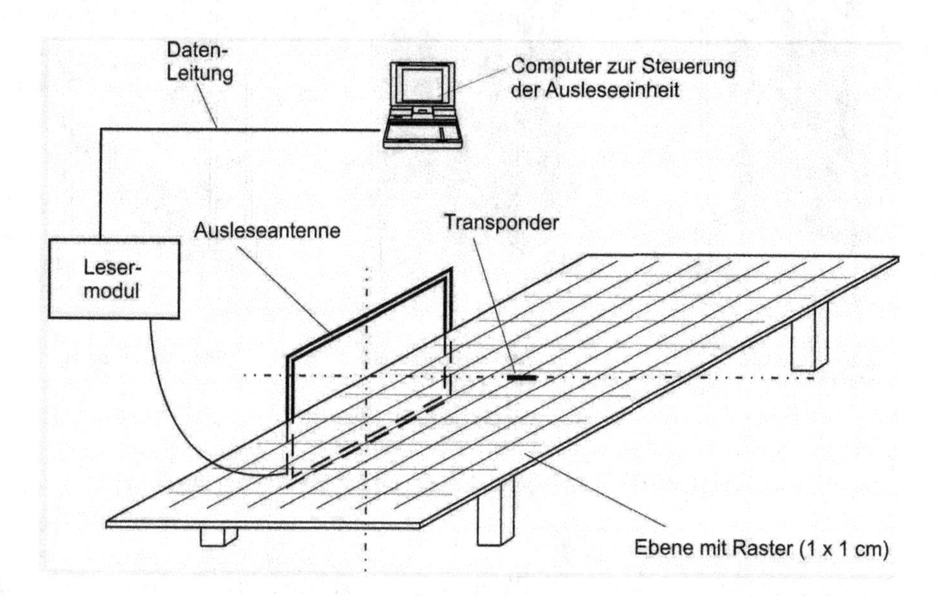

Abb. 9-1. Ermittlung einer Kopplungskurve [36]

Ein für die Praxis sehr wichtiger Test ist die Messung des Erkennungsbereiches zwischen den Antennen: es wird geprüft, wo die Lesung zwischen den Antennen erfolgt. Diese kann in drei verschiedenen Orientierungen erfolgen (0°, 90° und horizontal, Abb. 9-2). Dabei sollte auch die dynamische Komponente getestet werden, indem der Transponder auf einer Linie zwischen den Antennen hindurchgeführt wird. Dabei passiert er verschiedene Felder mit unterschiedlicher Ausrichtung der Feldlinien.

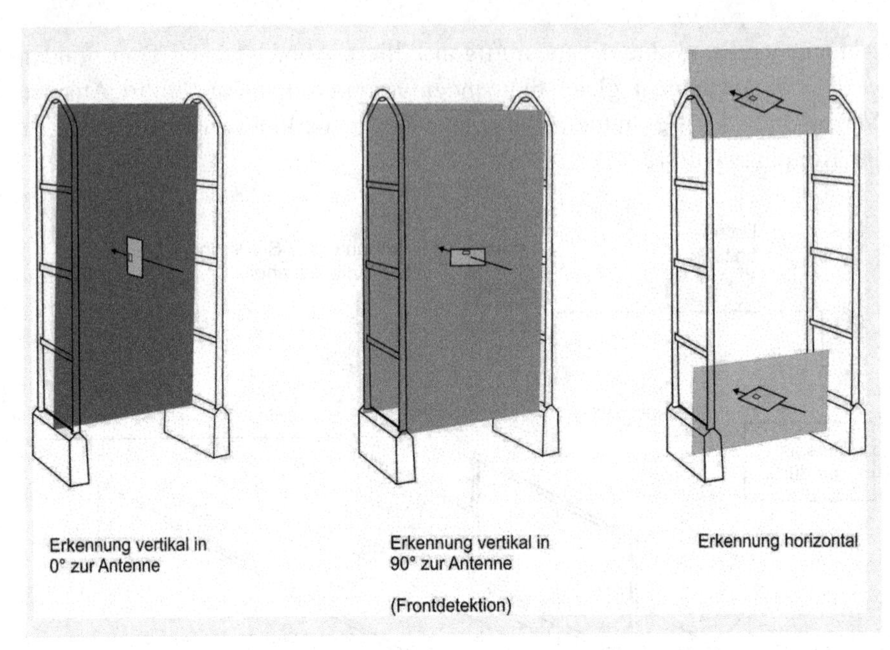

Abb. 9-2. Prüfung des Erkennungsbereiches bei einem HF-Durchgangsleser

Zu beachten ist dabei, dass die Transponder in solchen Praxistests gemeinsam mit dem zu kennzeichnenden Objekt untersucht werden sollte, da die Transponder oftmals auf das Material abgestimmt sind (z.B. Vorverstimmung von Etiketten bei Büchern, CDs etc.).

In Abb. 9-3 ist eine Anlage gezeigt, mit der auch Erkennungsbereiche mit UHF-Systemen ermittelt werden können (Infineon Technologies, 2005).

Abb. 9-3. Anlage für die Ermittlung von Erkennungsbereichen (Infineon Technologies, 2005)

9.3 Ermittlung der Lesegeschwindigkeit

Die Lesegeschwindigkeit eines Transponders ist in der Praxis dann relevant, wenn das zu kennzeichnende Objekt (der Transponder) oder das Lesegerät sich aneinander vorbei bewegen. Der Transponder befindet sich nur für eine begrenzte Zeit im Lesebereich. Dies ist bei stationären Antennen (Einzelantennen, Tunnelleser, Durchgangsleser etc.) oder bei stationären Transpondern mit bewegten Lesegeräten der Fall. Maßgeblich für den Erfolg der Auslesung sind das Zeitfenster und die Größe des Erkennungsbereiches. Je größer beide sind, desto höher ist die Wahrscheinlichkeit, dass ein Signal erfolgreich übertragen wird. Wie bei der Erfassung der Lesereichweite und der Kopplungskurven wird auch hier ein einfaches Leseprogramm verwendet, um Einflüsse nach gelagerter Verarbeitungssoftware auszuschliessen.

Beim Test sollte der Transponder mit einer konstanten Geschwindigkeit, konstanter Orientierung und konstantem Abstand an der Leserantenne vorbeigeführt werden. Hilfreich ist dabei eine Anordnung, bei welcher der Transponder entweder auf einem Band (Abb. 9-4) oder auf einem größeren Rad angebracht wurde.

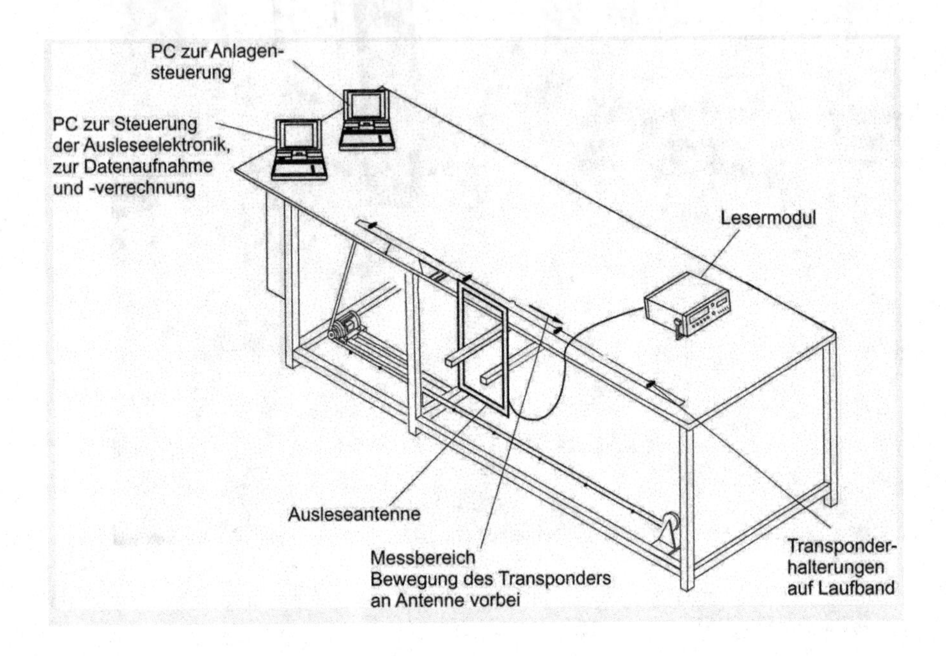

Abb. 9-4. Ermittlung der Lesegeschwindigkeit beim Passieren einer Antenne [36]

9.4 Einfacher Kompatibilitätstest für Etiketten verschiedener Lieferanten

Vielfach entsprechen die Chips zwar dem ISO-Standard, sie unterscheiden sich jedoch in einzelnen Eigenschaften, so dass für den Kunden trotzdem eine proprietäre Situation geschaffen wird (s. Kap. 6). Um die Kompatibilität der Chips zu untersuchen, können einfache Tests durchgeführt werden. Die im Folgenden beschriebene Vorgehensweise kann durchaus mit unterschiedlichen Lesegeräten, Transpondern oder Software ausgeführt werden.

Material

1. Referenztransponder
   5 Referenzetiketten, Inlays in 45 x 75 mm Antennen, von mindestens zwei Herstellern
2. Referenzlesegeräte
   z.B. Feig (Midrange Reader) und Leseprogramm auf unterer Ebene
3. Zu untersuchende Transponder

Durchführung

1. Inventory Command
2. Lesbarkeit der UID (eine der ersten Ziffern in der UID gibt an, welcher Chiphersteller es ist)
3. Lesbarkeit der UID mit mehreren Transpondern
4. Vollständige Lesbarkeit und Programmierbarkeit (wiederholtes Beschreiben) des gesamten variablen Speichers, inkl. AFI
5. Durchführung vor und nach der Lieferung.

Ergebnisse

- Alle Transponder sollten vollständig lesbar und programmierbar sein.
- Alle Transponder sollten (bei gleicher Antennengrösse) eine ähnliche Lesereichweite aufweisen.

Diese Eigenschaften sollten vertraglich langfristig abgesichert sein und sich auch auf Firmware-Updates des Lesegerätes beziehen. Der Test muss immer wieder mit neuen Chips wiederholt werden können. Wichtig ist auch – neben den Firmware-Updates – die Kompatibilität neuer zu alter Chipgenerationen in der bestehenden Anwendung (Auf- und Abwärtskompatibilität). Über die Leistung in Bezug auf Lesedistanzen, Lesegeschwindigkeit etc. kann mit diesem Test keine Aussage gemacht werden.

10 Datenschutz

RFID wird immer stärker im Zusammenhang mit Datenschutz diskutiert [25, 50, 54, 55, 63]. Man stelle sich vor, dass durch das direkte Auslesen oder „Mithören" der Transpondersignale unbemerkt Daten aufgezeichnet und so Verhaltensprofile erstellen würden, die zu Marketingzwecken missbraucht werden könnten. Diese Diskussion haben vor ca. zwei Jahren RFID-Karten für Kunden in Warenhäusern ausgelöst. Die Karten enthielten Transponder und wurden ohne weitere Erklärungen an die Kunden ausgegeben. Die in den Karten gespeicherten Daten konnten vom Betreiber des Warenhauses (zumindest prinzipiell) unbemerkt ausgelesen werden (Nachforschungen durch Foe-Bud).

Zum Verständnis der Diskussion ist eine Einschränkung auf die in der Öffentlichkeit diskutierten Warenhäuser hilfreich. Wie in Kap. 4. dargelegt, handelt es sich bei Kaufhäusern um ein vernetztes System (innerbetriebliche und überbetriebliche Nutzung, Tab. 7). Für die RFID-Nutzung, die innerhalb der Lieferkette und im Warenhaus selber erfolgt, bestehen kaum Datenschutzbedenken. Es geht alleine um die Übergabe der Waren an den Kunden, dessen potentielle Überwachung und um das Hinterlassen von Datenspuren bzw. daraus erzeugte Verhaltensprofile. In der gesamten Nutzungskette mit RFID ist dieses Auslesen ein relativ geringer, aber aus Datenschutzgründen sehr wesentlicher Teil.

Auf die rechtlichen Bedingungen und Schranken für den Einsatz von RFID kann an dieser Stelle nicht eingegangen werden. Wohl aber auf einige technische Eigenschaften, d. h. welche Hürden für denjenigen bestehen, der unbemerkt Daten erheben möchte, bzw. welche Maßnahmen durch den Kunden ergriffen werden könnten, um dies zu verhindern.

Das Deutsche Bundesamt für Sicherheit in der Informationstechnik [63] hat 2004 eine Studie veröffentlicht, in der die Risiken und Chancen der RFID-Technologie in Bezug auf den Datenschutz näher untersucht wurden.

In Tab. 10-1 und Tab. 10-2 werden verschiedene Möglichkeiten aufgelistet, die ein unkontrolliertes Lesen der Transponder verhindern. Es sind einerseits *Manipulationen*, die ein *Kunde* durchführen kann, andererseits auch *Maßnahmen* die vom *Warenhaus* vorgenommen werden können.

Tabelle 10-1. Technische Einschränkungen beim Lesen von Transpondern (Teil 1)

Manipulation durch den Kunden	Kommentar
Zerstören des Etiketts/der Karte, Ablösen vom Objekt	
Umgehen der Leserantenne	
Verstimmen durch Auflegen eines zweiten Etiketts	
Bestrahlen mit Gammastrahlen	Theoretische Möglichkeit
Einwirkung eines starken elektromagnetischen Feldes	Theoretische Möglichkeit
Entladen der Batterie bei aktiven Transpondern	Theoretische Möglichkeit
Temperatureinwirkung	
Killer Tags	Verwirren des Lesegeräts durch ständige Rücksendung von Signalen durch den Transponder
Mit Al-Folie kaschierte Tragetaschen	
Störsender	
Unzuverlässigkeit beim Lesen durch ,falsche' Orientierung zur Antenne	Generelle Eigenschaft, die zur unzuverlässigen Datenaufnahme führt. Die Lesereichweite ist keineswegs konstant, d. h. eine sichere Aufzeichnung von Bewegungsdaten bei passiven Transpondern kaum möglich.

Tabelle 10-2. Technische Einschränkungen beim Lesen von Transpondern (Teil 2)

Massnahmen des Warenhauses	Anmerkung
Löschen oder Überschreiben der Daten	An der Kasse oder danach durch den Kunden selbst
Keine personenbezogenen Daten auf dem Transponder speichern, Verschlüsselung der Daten. Geringe Datenmengen auf dem Transponder.	Verschlüsselung der Lesegeräte und der Daten auf dem Transponder. Verhinderung, dass fremde Lesegeräte eingesetzt werden können. Die Daten können nur vom Warenhaus gelesen werden.
Geringe Lesereichweite bei Karten	
Verwendung von Passwörtern	
Verwendung proprietärer Transponder	Widerspruch zu allen Standardisierungsbemühungen, langfristig hohe Kosten
Erkennung und Absicherung von Manipulationen durch Plausibilitätsprüfungen	Keine Abfragen, die keinen Sinn ergeben oder Störungen durch fremde Geräte
Hinweis darauf, dass sich ein RFID-Etikett am oder im Objekt befindet	Ermöglicht dem Kunden, den Ort und Zeitpunkt für die Auslesung selber zu bestimmen
Hinweis darauf, wo sich ein RFID-Leser befindet	s. o.
Dateneinsicht durch den Kunden und die Möglichkeit sie zu löschen oder zu überschreiben (Abb. 10-1)	s. o.

Interessant ist nun die Frage, ob RFID überhaupt ein zuverlässiges Mittel ist, um Daten für die Erstellung von Verhaltensprofilen zu erheben. Derzeit wird von der Unzuverlässigkeit von RFID bei der Datenerfassung in diesem Zusammenhang kaum gesprochen. Passive Transponder weisen aus den in Kap. 4.3 dargestellten Gründen (Orientierung, Entfernung, Materialien etc.) eine gewisse Unzuverlässigkeit auf, im Gegensatz zu aktiven Transpondern (oder auch Mobiltelefonen), welche eine viel dichtere Datenspur hinterlassen. Es bedeutet, dass die erhobenen Daten mit passiven Transpondern mehr oder weniger lückenhaft sein werden. Aus dem gleichen Grund müssen Verbuchungen von Büchern in der Bibliothek vom Benutzer wissentlich und willentlich an einer Station durchgeführt werden. Bei einer Verbuchung im Durchgangsleser würde nur ein Teil der Objekte erfasst. Der Durchgangsleser kann nur (mit relativ hoher Erfolgswahrscheinlichkeit) kontrollieren, ob sich ein nicht verbuchtes Objekt in der Tasche des Besuchers befindet, er kann aber keine zuverlässigen Transaktionen durchführen. Hinzu kommt, dass mit einem kleinen Stück Aluminiumfolie oder einer mit Metallfolie kaschierten Tragetasche die Lesung des Transponders ganz verhindert oder zumindest erschwert wird.

Eine interessante Argumentation brachten Molnar et al [59] auf: Wenn bisherige einfache WORM-Transponder, die mit anderen vollkommen inkompatibel sind, eingesetzt würden, dann wären auch keine Manipulationsmöglichkeiten gegeben, da niemand außer dem Systemeigner die Daten auslesen könnte. Dadurch würden natürlich jegliche Standardisierungsbemühungen ad absurdum geführt.

Zwar ist das Warenhaus selber zum Datenschutz verpflichtet, aber ein wesentlicher Punkt blieb bisher beim Einsatz der Kundenkarten mit RFID unbeachtet: der Kunde wurde nicht darüber informiert, dass seine Identität ohne sein Wissen erfasst werden könnte. Darin unterscheidet sich die RFID-Karte ganz wesentlich von den bisherigen Kunden- oder Rabattkarten (oder auch Kreditkarten). Auch bei diesen Karten wird ein direkter Bezug zwischen gekaufter Ware und Person hergestellt. Auch dies wird dem Kunden häufig nicht mitgeteilt. Aber zumindest kann er das Einlesen der Karte ablehnen, eine RFID-Karte würde hingegen unbemerkt ausgelesen.

In der weiteren Diskussion zu Datenschutz beim Einsatz von RFID könnten folgende Punkte zu konstruktiven Lösungen führen:

- Der Einsatz von Personenkarten, die nur auf kurze Distanz arbeiten und in jedem Fall verschlüsselt sind.
- RFID-Etiketten, deren Inhalt nur bis zum Punkt des Verkaufs verwendet wird. Da die Etiketten nicht im geschlossenen Kreislauf verwendet

werden, können sie beim Verlassen des Warenhauses vollständig gelöscht werden.

- Der offene Umgang mit der Technologie und eine professionelle Kommunikation gegenüber den Kunden sind sicherlich hilfreich, um der inzwischen stark emotionalisierten Diskussion zu begegnen.

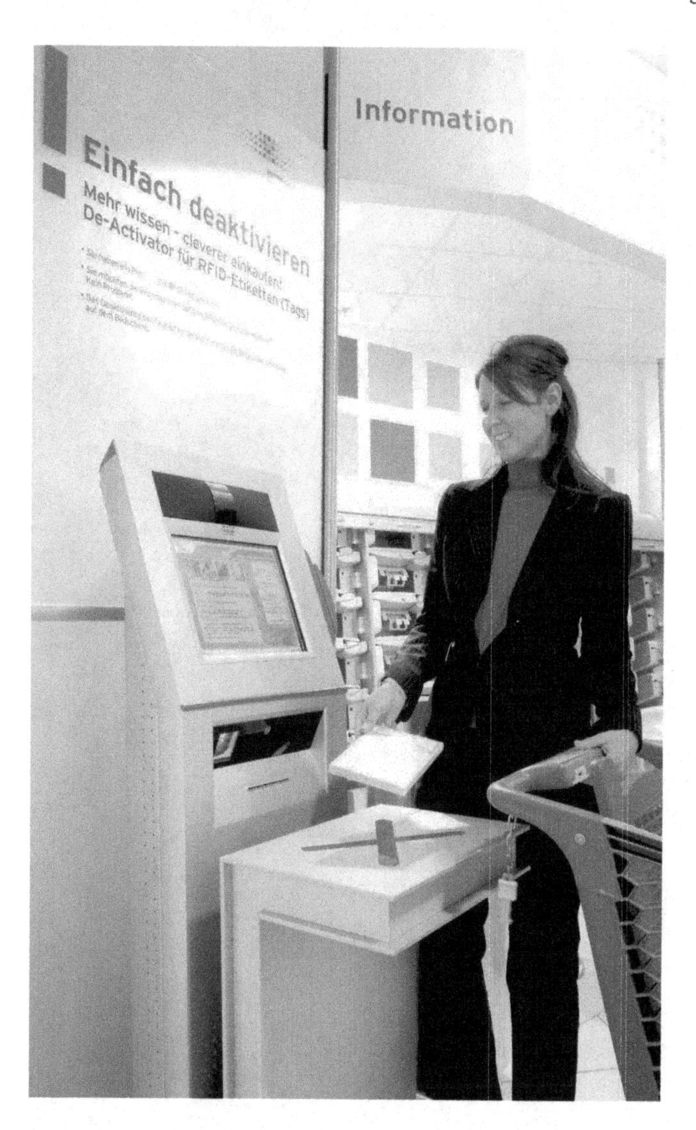

Abb. 10-1. Deaktivierung von epc-Etiketten (Metro)

11 NFC – Near Field Communication

NFC ist eine sehr junge Weiterentwicklung der RFID-Technologie, die nur für die Nutzung durch Personen vorgesehen ist [57]. Neu ist im Vergleich zu den bisher dargestellten Systemen, dass

- das Mobiltelefone (oder PDAs) als Lesegeräte genutzt werden (Abb. 11-1, Abb. 11-2)
- nicht nur Etiketten oder Karten vom Reader gelesen werden, sondern auch die Lesegeräte untereinander kommunizieren können (peer to peer),
- bewusst eine kurze Lesedistanz verwendet wird, damit stets eine eindeutige Zuordnung zwischen Leser – Transponder bzw. Leser – Leser gewährleistet ist,
- eines von zwei Lesegeräten einen aktiven, das andere eine passiven Part (im Sinne der Generierung des HF-Feldes, nicht der Batterieversorgung) übernehmen kann, oder beide gleichzeitig aktiv sind,
- mehrere Protokolle unterstützt werden (ISO 15693, ISO 14443, Mifare®, FeliCa™) und
- die Kommunikation, sofern der Reader in ein Mobiltelefon integriert ist, in mindestens zwei Richtungen erfolgen kann (GSM – RFID), d. h. eine Verbindung von einem Transponder über das Mobiltelefon in das Telefonnetz bzw. das Internet und schließlich zu einem Server aufgebaut werden kann.

Im Gegensatz zu Bluetooth und anderen drahtlosen Kommunikationstechnologien ist der Einsatz so vorgesehen, dass jede Aktion mit einer Berührung des Objektes verbunden ist (‚touch and go' und so mit einer eindeutigen und willentlichen Zuordnung). Die Lesedistanz ist auf etwa 10 cm beschränkt. Durch diese Einschränkung kommt auch kaum eine Diskussion über Datenschutz auf, da der Benutzer stets derjenige ist, der die Kontrolle ausübt. Zudem wird der Leser für die Zuteilung von Berechtigungen über Passworteingabe etc. genutzt. Die Übertragungsgeschwindigkeit beträgt bis zu 424 kbit/s.

Folgende Anwendungen sind vorgesehen (wobei die Liste beliebig fortgesetzt werden kann):

- Herunterladen von Informationen von Postern mit RFID-Etiketten
- Buchen von Veranstaltungen (Abb. 11-2)
- Zutrittsberechtigung zu Veranstaltungen an Durchgangslesern
- Herunterladen von Internet-Links von RFID-Etiketten
- Zutrittskontrolle zu Gebäuden (Funktion als elektronischer Hausschlüssel)
- Dateiübertragungen zwischen zwei Geräten
- Geldtransfer

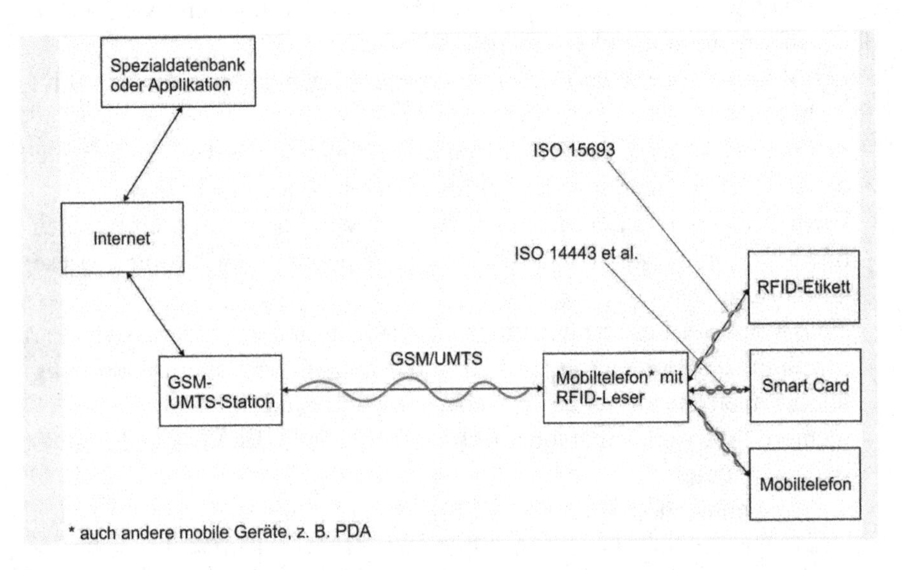

Abb. 11-1. Kommunikationswege mit NFC

Abb. 11-2. Mobiltelefon und Ticketstation (Philips Semiconductors)

Mit der NFC-Technologie können Geräte sowohl in sehr einfacher (Übertragung einer ID-Nummer) als auch in sehr komplexer Weise (Verschlüsselung, bis hin zum Austausch von Dateien) miteinander kommunizieren. Damit ist auch die Grenze zwischen Lesegerät und dem ursprünglichen Transponder, der nur eine ID-Nummer lieferte und hauptsächlich für die Identifikation des Objektes zuständig war, nicht mehr deutlich erkennbar. Es hat eine Entwicklung in Richtung elektronischen Datenaustausch (RFDE, wie zu Beginn des Buches angesprochen, Kap. 2) stattgefunden. Bei dieser Anwendung wurden die Belange des Datenschutzes berücksichtigt, indem die benutzende Person jede Transaktion selber steuert.

12 Diskussion der Marktentwicklung

Wie eingangs in Kap. 2 dargestellt, weist die RFID-Technologie seit ca. 15 Jahren eine sehr dynamische Entwicklung auf. Dies ist an der Anzahl neuer Standards, neuer Herstellmethoden und vor allem neuer Anwendungen deutlich sichtbar. Aus der bisherigen Entwicklung lässt sich ableiten, dass mittelfristig eine weitere Zunahme der im Markt abgesetzten Transponder erfolgt. Für eine Prognose über die langfristige Marktentwicklung, insbesondere ob diese moderat oder exponentiell sein wird, müssen allerdings weitere Einflussfaktoren berücksichtigt werden. Die These des Autors lautet, dass es keinen plötzlichen Durchbruch, kein „Jahr der RFID-Technologie" geben wird, sondern sich die bisherige moderate, aber stetige Entwicklung fortsetzt. Basis dafür sind nicht die so genannten Killer-Applikationen, sondern die vielen kleinen und mittleren Anwendungen, die bisher den Boden bereitet haben. Hauptgrund für diese These ist, dass eine RFID-Installation auch zukünftig Anpassungsarbeit erfordert und beratungsintensiv sein wird. In den meisten Fällen sind damit auch größere Investitionen verbunden, sei es für die Technik oder für die notwendige Infrastruktur (Software). RFID wird in absehbarer Zukunft somit kein Produkt werden, das vom Endkunden ab Stange über das Internet bestellt wird – dafür ist es zu teuer und anspruchsvoll.

- Bei Neueinsteigern in den RFID-Markt können einige, stets ähnliche Beobachtungen gemacht werden. Die Arbeit und die Zeit, die notwendig sind, um als Systemanbieter vertikal in einen spezifischen Anwendungsbereich einzudringen, werden meist unterschätzt. In der Regel werden drei Jahre benötigt, um sich als kompetente Firma in einem spezifischen Markt zu positionieren. Zu Beginn müssen bereits ein fertiges, auf eine bestimmte Anwendung zugeschnittenes System und ein verlässliches Netzwerk an Lieferanten vorhanden sein. Der Kunde erwartet außerdem vom Systemanbieter, dass seine fachlichen Anforderungen bestens bekannt sind.
- Eine Positionierung als horizontaler Anbieter von RFID-Komponenten ist ebenfalls nicht einfach, weil dieser sehr tief in die Technik eindringen und entsprechend qualifizierte Mitarbeiter und Mitarbeiterinnen finden muss. Dementsprechend braucht es eine lange Vorbereitungszeit. Noch immer

werden viele neue Anforderungen von den Endkunden bzw. Systemanbietern an die Komponentenlieferanten gestellt, welche auf der Technikseite in neue Produkte bzw. deren Anpassungen umgesetzt werden müssen. Sobald dann System-Know-how und System-Software für die Integration einer bestimmten Anwendung erforderlich werden, wird der Beitrag horizontal aufgestellter Firmen naturgemäß geringer und geht an die spezialisierten Systemintegratoren über.
- Fehlende Referenzprojekte für eine spezifische Anwendung sind der Grund für mangelhafte Glaubwürdigkeit und Verzögerung von Projekten. Zwar könnten viele Ergebnisse übertragen werden, die Kunden erwarten jedoch ein Beispiel in ihrem spezifischen Anwendungsbereich.
- Technische Überraschungen und Fehlkonzeptionen führen häufig dazu, dass die Leistung nicht mit dem Versprechen übereinstimmt, welches beim Verkauf des Systems abgegeben wurde. RFID wird oft noch fälschlicherweise mit dem Ersatz des Barcodes gleichgesetzt.
- Mangelhafte Kommunikation mit dem Kunden oder mit den Endnutzern lösen emotionale Diskussionen über Datenschutz und Arbeitsplätze aus. Es wäre sicherlich hilfreich, wenn sich manche Marketingabteilung enger mit den Technikern abstimmen und die Konsequenzen ihres Tuns beim Kunden durchdenken würde.
- Große Projekte werden oft mit zu vielen Beteiligten durchgeführt. Deren genaues Zusammenspiel ist nur schwer zu koordinieren. Je mehr Beteiligte, umso größer wird der Zwang zum positiven Ergebnis. Folglich bleibt nur wenig Raum, mit eben diesen (teilweise auch ernüchternden) Ergebnissen offen und pragmatisch umzugehen.
- Wenn ein Kunde mehrere Zulieferer einlädt, werden häufig sehr unterschiedliche Erklärungen zu gleichen Produkteigenschaften präsentiert. Dies deutet für den Kunden darauf hin, dass möglicherweise keines der RFID-Produkte ausgereift ist. Es kommt automatisch die Frage nach den Referenzprojekten in der spezifischen Branche. Wenn diese nicht vorhanden sind, geht der Kunde in Warteposition.

Jede Firma, die sich ernsthaft dem Thema RFID widmen möchte, sollte sich mit den oben aufgeführten Punkten rechtzeitig auseinander setzen.

Im Folgenden werden Maßnahmen definiert, die dem RFID-Markt möglicherweise zusätzliche Dynamik verleihen können:

- Die Klärung der Frage nach den richtigen Frequenzen und dem geeigneten RFID-System für eine bestimmte Anwendung (LF, HF, UHF) könnten durchaus beschleunigt werden, wenn bisherigen Testinstallationen (mehr) Glauben geschenkt und auch ,unangenehmere' Testergebnisse veröffentlicht würden.

- Die Schaffung einer Verhaltensrichtlinie (Code of Conduct) für RFID-Anbieter würde es dem Kunden erleichtern, unerfahrene Neueinsteiger von bewährten, spezialisierten Firmen zu unterscheiden.
- Standards sollten vereinfacht und verständlicher kommuniziert werden. Die derzeitige Zusammenfassung verschiedenster Standards in ISO 18000, mit vielen Ausnahmen und Besonderheiten, ist vorwiegend von den Halbleiterherstellern getrieben. Sie nimmt nur wenige der Kundenbedürfnisse auf, bzw. ist zu kompliziert, um sie dem Kunden zu vermitteln. In jedem Falle lohnt sich heute für den Anwender ein Hinterfragen der für ihn relevanten Funktionen.
- Nicht die Schaffung immer weiterer Standards, sondern die Durchsetzung der Bestehenden ist wichtig. Handlungsbedarf ist bei der Regulierung der Frequenzen und Sendeleistungen auf internationaler Ebene gegeben. Weitere Standards sollten die spezifischen Anforderungen der Anwendungen und die notwendigen Dateninhalte zum Ziel haben.
- Eine kostengünstigere Herstellung der Transponder ist nach wie vor wünschenswert, aber in vielen Fällen nur eine Ausrede seitens potentieller Kunden, um eine Projektidee nicht umzusetzen. Oft wurde die Anwendung nicht ausreichend auf ihren Nutzen hin analysiert. Die Gegenfrage, bei welchem Preis eine RFID-Anwendung lohnend wäre, kann vom Kunden sehr oft nicht beantwortet werden. Wenn diese aber klar beantwortet und begründet wird, beispielsweise eine 5-Euro-Cent-Grenze genannt wird, sollte ein Hersteller diese auch akzeptieren. Besser ist es, sich dann auf vielleicht kleinere, aber dafür lohnende Anwendungen zu konzentrieren.
- Im Zusammenhang mit der Preisdiskussion ist oft nicht klar erkennbar, wo ein RFID-System einem bereits etablierten Barcodesystem überlegen ist. Dieser Grenznutzen sollte vor einem Projekt klar definiert und nach Möglichkeit quantifiziert werden.
- Die Kostenentwicklung wird sich zwischen HF- und UHF-Transponder nicht entkoppeln. Selbst wenn ein epc-Chip (UHF-Transponder) weniger Speicher benötigt: dies macht nur einen kleinen Teil des Chips aus, denn der RF-Teil muss in jedem Fall vorhanden sein. Die Kosten für die Herstellung des fertigen Etiketts werden etwa die gleichen sein. Folglich sind nur geringe spezifische Kostenvorteile von UHF- gegenüber HF-Transpondern zu erwarten.

- Die Entwicklung von Softwareplattformen (RFID-Middleware) ist in komplexeren Anwendungen noch nicht abgeschlossen. Derzeit befassen sich fast alle größeren Softwareanbieter mit dem Thema und investieren große Summen. Ob die Hürde, die für die Vermarktung eines Massenproduktes übersprungen werden kann (große Unternehmen brauchen meistens einfach multiplizierbare Produkte), bleibt abzuwarten. Der Beitrag dieser Firmen ist in jedem Fall für die Marktentwicklung positiv, solange nicht die Erwartungen beim Kunden überhitzt und anschliessend enttäuscht werden.
- Mit mehr Lesereichweite wird beim Kunden oft die Möglichkeit zur Ortung von Objekten, Tieren oder Personen verstanden. Eine Ortung ist aber nur dann möglich, wenn nur ein Objekt im Lesefeld ist. Bei mehr als einem Objekt kann das Lesegerät nicht unterscheiden, welches gerade seine Identifikationsnummer gesendet hat. In sofern ist auch der Vorteil der UHF-Etiketten zu relativieren, da diese nur bei größeren Distanzen und bei schneller Signalübermittlung ihre Stärken zeigen können. Im Hochregallager ist, wenn mehrere Etiketten dem Leser antworten, nichts weiter als eine Anwesenheitskontrolle der Objekte möglich. Eine genaue Lokalisierung ist - eben wegen der großen und zudem noch unregelmäßigen Lesedistanz - nicht möglich.
- Wenn verstanden wurde, dass eine geringere Lesedistanz auch Sicherheit in der Zuordnung bewirkt, entspannt sich auch die Datenschutzdiskussion. Derzeit gilt immer noch das Credo im Verkauf „unser RFID-System hat die größte Reichweite". Zum einen ist dies sehr oft unseriös, weil mit der Distanz auch die Sicherheit der Erkennung abnimmt, zum anderen schürt es die Ängste bei unbeteiligten Personen, dass sie geortet und überwacht werden könnten.

13 Glossar

13.1 Abkürzungen und Fachbegriffe

AFI	Application Family Identifier
AI	Application Identifier
AM	Amplituden-Modulation, Nutzung der wechselnden Amplitude einer Radiowelle zur Informationsübertragung
Anticollision	Algorithmus zur Vorbereitung und Durchführung eines Dialogs zwischen einem Lesegerät und einem oder mehreren Transpondern
API	Application Programming Interface
ASCII	American Standard Code for Information Interchange
ASIC	Application Specific Integrated Circuit
Assembly	Aufsetzen des Chips auf die Antenne (Montage)
ASK	Amplitude Shift Keying
Auto-ID	Automatische Identifikation. Allgemeine Bezeichnung für maschinenlesbare Identifikation. Auch Auto-ID-System.
BAPT	Bundesamt für Post und Telekommunikation
Bolus	Transponder in einer Keramikkapsel, der Wiederkäuern in den Pansen eingegeben wird und dort für die Lebenszeit des Tieres verbleibt
BMBF	Bundesministerium für Bildung und Forschung
C	Capacity (Kondensatorkapazität)
CCG	Centrale für Coorganisation GmbH (Vergabe von EAN-Codes)
CD	Compact Disk
CRC	Cyclic Redundancy Check, Prüfnummer zur Überprüfung der korrekten Übertragung eines Datenpaketes
dB	Logarithmisches Mass (z.B. dBmV) XXX
DB	Datenbank
DIN	Deutsche Industrienorm

DVD	Digital Versatile Disk
EAN	European Article Number, EAN-Barcode
EAS	Electronic Article Surveillance
ECC	European Communications Committee
EPROM	Erasable and Programmable Read Only Memory
EEPROM	Electric Erasable and Programmable Read Only Memory
EM	Electro Magnetic, Sicherungsstreifen auf Basis magnetischer Aktivierung und Deaktivierung
EMC	Electro Magentic Compatibility
EMV	Elektromagnetische Verträglichkeit (=EMV)
EPC	Electronic Product Code
ETS	European Telecommunications Standard
ETSI	European Telecommunications Standard Institute
FCC	Federal Commission of Communication
FDX	Full Duplex
FHSS	Frequency Hopping Spread Spectrum
Flash-EPROM	Flash-Erasable and Programmable Read Only Memory, vorwiegend in Smart Cards
FM	Frequenz-Modulation. Nutzung der wechselnden Frequenz einer Radiowelle zur Informationsübertragung
FSK	Frequency Shift Keying
GSM	Global System for Mobile Communication
GTag	Global Tag. Zur Kennzeichnung von Gütern in der Logistik. Initiative von EAN, UCC und Chipherstellern
Half Duplex	Verfahren der Kommunikation mittels Radiowellen.
HDX	Half Duplex
HF	High Frequency, Frequenzbereich 3 bis 30 MHz
HTML	Hyper Text
Hz	Hertz, 1 Hz = 1 Schwingung / s
ID	Identification
IC	Integrated Circuit, Integrierte Schaltung, auch als Chip bezeichnet
Inlay	Inneres Material eines Smart Labels mit den Hauptbestandteilen Kunststoffsubstrat, Chip, Antennenbahnen
ISM Band	Industrial, Scientific and Medical, Frequenzbereich, der diesen Anwendungsbereichen und RFID vorbehalten ist
ISO	International Standardization Organization
ISO 15693	ISO Norm für die Kommunikation zwischen Transponder und Leser

ISO 18000	ISO Norm für die Kommunikation zwischen Transponder und Leser
λ	Wellenlänge
LAN	Local Area Network
LF	Low Frequency, Frequenzbereich 30 bis 300 kHz
LMS	Library Management System, Bibliotheks-Management-System (auch ACS Applied Circulation System in den USA)
MC	Musikkassetten
MHz	Mega Hertz (Frequenzbereich)
NCIP	NISO Circulation Interchange Protocol
NISO	National Information Standards Organization
nömL	Nicht öffentlicher mobiler Landfunk (Industrie, Taxi)
NRZ	Non-Return to Zero Encoding
OCR	Optical Character Recognition
OEM	Original Equipment Manufacturer
ÖPNV	Öffentlicher Personennahverkehr
OTP	One Time Programmable
PC	Personal Computer
PDA	Personal Digital Assistant
PIN	Personal Identification Number
PML	Physical Markup Language
PSK	Phase Shift Keying
Q-Faktor	Quality-Factor
RAM	Random Access Memory
Read Only Tag	Siehe ROM
Read Write Tag	Transponder mit beschreibbarem Speicher, EEPROM oder batteriegestützter Speicher
RF	Radio Frequency, Sicherungsstreifen auf Basis einer bestimmten Frequenz. Kann nur einmal deaktiviert werden, wird in Bibliotheken auch im Bypass-System verwendet
RFID	Radio Frequency Identification. Dient zur Identifikation eines Objektes oder einer Person, indem ein Transponder ein Informationspaket (z.B. ID-Nummer) zu einem Lesegerät überträgt
ROI	Return On Investment
ROM	Read Only Memory. Information auf dem Chip, die nicht verändert oder überschrieben werden kann.
SEQ	Sequenzielle Betriebsart
SIP2	Standard Interchange Protocol

SLNP	Simple Library Network Protocol
Smart Cards	Allgemeine Bezeichnung für Karten im ISO-Format aus Kunststoff oder Papier/Pappe, mit oder ohne elektronische Bauteile, unterschiedliche Bedruckungen mit Barcode, Magnetstreifen, Hologramme etc. möglich.
Smart Label	Bezeichnung für Transponder als RFID-Etiketten
Smart Tag	Bezeichnung für Transponder als RFID-Anhängeetiketten (Smart Label und Smart Tag werden häufig gleichgesetzt)
Smart Ticket	Bezeichnung für Transponder als RFID-Eintrittskarten
SNR	Serial Number
TCP/IP	Transmission Control Protocol / Internet Protocol
Transponder	Sender am Objekt oder an einer Person, der auf einen Leser antwortet
UHF	Ultra High Frequency. 300 MHz bis 3 GHz-Bereich
UID	Unique Identifying Number
UPC	Universal Product Code
V	Volt
VCD	Vicinity coupling device
VICC	Vicinity integrated circuit card
VDE	Verein Deutscher Elektrotechniker
Wafer	Siliziumscheibe, auf der sich einzelne Chips befinden. Vorprodukt beim Assembly
WLAN	Wireless LAN
WORM	Write Once Read Many. Einmalig beschreibbarer Speicher eines Chips.
XML	Extensible Markup Language

13.2 Markennamen

BiblioChip®	Markenname des BiblioChip®-Systems und der Einzelprodukte der Firma Bibliotheca RFID Library Systems AG
BiStatix™	Markenname des kapazitiven RFID-Systems von Motorola
I-Code®	Eingetragenes Warenzeichen der Firma Philips Semiconductors
Legic®	Eingetragenes Warenzeichen der Firma Kaba Security Locking AG
Mifare®	Eingetragenes Warenzeichen der Firma Philips Semiconductors

My-d®	Eingetragenes Warenzeichen der Firma Infineon
Obid®	Eingetragenes Warenzeichen der Firma Feig Electronic
Tag-it®	Eingetragenes Warenzeichen der Firma Texas Instruments
Trovan®	Eingetragenes Warenzeichen der Firma AEG ID-Systeme

Anhang

Institute

Institut für Wirtschaftsinformatik, Universität St. Gallen	Prof. Dr. E. Fleisch iwi-info@unisg.ch
Department of Computer Science, ETH Zürich	Prof. Dr. F. Mattern http://www.ethz.ch/
TUM-Weihenstephan	Dr. G. Wendl, http://www.tec.wzw.tum.de/landtech/deutsch/forschung/forschung.html
JRC Ispra, Zertifizierungsstelle in Italien	Dr. C. Korn Tel: +39 332 789515 Fax: +39 332 785145
Universität Dortmund Fachgebiet Logistik	Prof. Dr. Jansen www.flog.mb.uni-dortmund.de/
Universität Karlsruhe – Institut für Fördertechnik und Logistik-systemeUniversität Karlsruhe (TH)	Prof. Dr. Arnold http://www.uni-karlsruhe.de/
Universität Erlangen, Lehrstuhl für Betriebswirtschaftslehre und Logistik	Prof. Dr. P. Klaus info@logistik.uni-erlangen.de alexander.pflaum@atl.fraunhofer.de

Organisationen und Verbände

AIM International, Association for Automatic Identification and Mobility	http://aimgermany.aimglobal.org/
AIM Deutschland e.V., Association for-Automatic Identification and Mobility	http://aimgermany.aimglobal.org/
EPCglobal Inc.	http://www.epcglobalinc.org/
ISO, International Organization for Standardization	http://www.iso.org/iso/en/ISOOnline.frontpage
DIN, Deutsche Industrienorm	http://www2.din.de/
NISO, National Information Standards Organiszation	http://www.niso.org/
Smart Card Forum Schweiz	http://www.smartcardforum.ch/portal.cfm
ID-TechEx, Cambridge, UK	http://www.idtechex.com/

Firmenverzeichnisse

	Chip	Antennen, Assembly	Etiketten, Karten, etc.	Lesegeräte	RFID-Drucker	System-Int./SW
Atmel Heilbronn, Deutschland	X					
E-Marin Marin Schweiz	X					
Infineon München Deutschland	X					X
Inside Aix en Provence Frankreich	X					
Legic Ident-systems Wetzikon, Schweiz	X			X		
Philips Semicon-ductors Österreich	X					
STMicro-electronics Genf, Schweiz	X					
Texas Instruments Dallas, USA	X	X	X	X		
ACG Identifi-cation Walluf, Deutschland		X	X	X		
ASK Paris, Frankreich		X	X		X	
KSW microtech Dresden, Deutschland		X	X			

	Chip	Antennen, Assembly	Eti-ketten, Karten, etc.	Lese-geräte	RFID-Drucker	System-Int./SW
Lab ID Bologna, Italien		X	X	X		X
Lucatron Volketswil, Schweiz		X				
Omron Langenfeld, Deutschland		X	X	X		X
PM-Engineering Greifensee, Schweiz		(X)		(X)		(X) (1)
Poly-Flex Circuits Cranston, RI, USA	(X) (2)	X	X			
Sokymat Granges, Schweiz		X	X			
Toyo Japan		X				
Trierenberg Linz, Österreich		X	X			X
UPM-Rafsec Tampere, Finnland		X	(X) (3)			
Bielomatik Deutschland			(X) (4)			
Hunkeler Wikon, Schweiz			(X) (4)			
Melzer Schwelm, Deutschland			(X (4)			
Gieseke und Devrient München, Deutschland			X (5)			X

	Chip	Antennen, Assembly	Etiketten, Karten, etc.	Lesegeräte	RFID-Drucker	System-Int./SW
PAV Card Lütjensee, Deutschland			X (5)			
Schlumberger Frankreich			X (5)			
Trüb Aarau, Schweiz			X (5)			
Allflex Neuseeland			X (6)	X		X
Baumer Ident Weinheim Deutschland			X	X		X
Checkpoint USA			X			X
Datatronic Österreich			X	X		
Euro-ID Weilerswist Deutschland			X			X
Filitrix B.V. Oosterzee, Niederlande			X	X		X
Gevalo NV Neiuwerkerken, Belgien			X			X
Gesimpex Barcelona, Spanien			X (6)	X		
Herma GmbH Deizisau, Deutschland			X			
Idesco Oulu, Finnland			X	X		
Inotec Neumünster, Deutschland			X			X

	Chip	Antennen, Assembly	Etiketten, Karten, etc.	Lesegeräte	RFID-Drucker	System-Int./SW
Moore Grand Island, USA			X			
Nagra ID La Chaux-de-Fonds Schweiz			X			
Planet ID Essen, Deutschland			X (6)			
Scemtec Reichshof-Wehnrath, Deutschland			X	X		X
Schreiner Logidata München, Deutschland			X		(X)	X
Samsys Richmond Hill, Kanada			X	X		X
Sessions of York York, UK			X			
Siemens A+D Fürth, Deutschland			X	X		X
Smart Tec Ober-haching, Deutschland			X			
Tagsys Doylestown, USA			X			X
X-ident technology GmbH			X			
Dueren, Deutschland						

	Chip	Antennen, Assembly	Etiketten, Karten, etc.	Lesegeräte	RFID-Drucker	System-Int./SW
Baltech Hallbergmoos, Deutschland				X		
Brooks Automation Mistelgau, Deutschland				X		
Deister Electronic Barsinghausen, Deutschland				X		X
Feig Electronic Weilburg, Deutschland				X		
Rea Mühltal-Waschenbach Deutschland				X	X	X
Avery Dennison Eching Deutschland					X	
Canon Finetech Ibaraki, Japan					X	
F + D Neckarsteinach Deutschland					X	
Intermec Düsseldorf Deutschland					X	
Printronix Offenbach Deutschland					X	X
Sato Europe Brussels, Belgien					X	

	Chip	Antennen, Assembly	Etiketten, Karten, etc.	Lesegeräte	RFID-Drucker	System-Int./SW
Zebra High Wycombe, UK					X	
TEC-Toshiba Brussels, Belgien					X	
3M Library Systems St. Paul, MN, USA						X (7)
Bibliotheca RFID Library Systems AG Zug, Schweiz						X (7)
Dilites Amsterdam, Niederlande						X (8)
D-Tech Direct UK						X (7)
Global ID Attalens, Schweiz						X
IBM, Middlesex, UK						X
Identec Solutions Lustenau Österreich						X
InfoMedis AG Alpnach-Dorf, Schweiz						X (9)
Intellident Ltd Manchester, UK						X

	Chip	Antennen, Assembly	Etiketten, Karten, etc.	Lesegeräte	RFID-Drucker	System-Int./SW
Interflex Tuttlingen Deutschland						X (10)
Moba Mobile Automation, Dresden, Deutschland				(X)		X
Nedap BV Niederlande						X (7)
Skidata Gartenau, Österreich						X (10)
ST Logitrack Singapore						X (7)
Tagnology, Bernbach, Österreich						X
Thax Berlin, Deutschland						X (11)
Tricon Traun, Österreich						X
xXess Zaandam, Niederlande						X (12)
Zühlke Engineering Zürich, Schweiz				X		X (13)

[1] RFID-Entwicklung
[2] gedruckte Schaltungen
[3] Grossmengen
[4] Maschinenbau
[5] Karten
[6] Tierkennzeichnung
[7] Bibliotheken
[8] Bibliotheken, Archive
[9] Kliniken/Pharma
[10] Zutrittskontrolle
[11] Anwaltskanzleien
[12] Bezahlsysteme
[13] Entwicklung

Literatur

1. AIM, Draft Paper on the Characteristics of RFID-Systems, July 2000, AIM Frequency Forums AIM FF 200:001, Ver 1.0, AIM Inc. Frequency Forum White Paper
2. AIM Japan (2001) Technology Comparison. Automatic Identification Seminar, Sept.14
3. Amlaner CJ, MacDonald DW (Eds. 1979): A Handbook on Biotelemetry and Radiotracking. Proceedings of an International Conference on Radio Tracking in Biology and Medicine, Pergamon Press, Oxford, New York, Sydney, Paris, Frankfurt
4. Angerer A, Dittmann L (2003) Einsatzfelder von RFID in der Logistik am Beispiel der Warenrückverfolgung. Kühne-Institut für Logistik, Universität St. Gallen
5. Arndt J, Wiedemann C (1991) Zusammenfassung von Verträglichkeitsprüfungen mit Transpondern des elektronischen Markierungssystems INDEXEL. Kleintierpraxis, 36. Jg., Nr. 7, S 381-389
6. Artmann R (1982) Elektronische Systeme zur Tiererkennung und deren Anwendung. Landbauforschung Völkenrode, Programmierte Fütterung und Herdenüberwachung in der Milchviehhaltung, Sonderheft 62, S. 49–65
7. Artmann R (1992) Anforderungen an neue Tieridentifikationssysteme aus Sicht der Prozeßsteuerung. In: Berichte der Gesellschaft für Informatik in der Land-, Forst- und Ernährungswirtschaft, Band 2, Hrsg Petersen B et al., S 23-38
8. Atick J (2004) The Biometrics Industry and Gouvernment: a Match Made in Heaven. ID-World International Congress 17-19. Nov., Barcelona, Spain
9. Brock L (2001) The Compact Electronic Product Code - A 64-bit Representation of the Electronic Product Code. White Paper, Auto-ID Center, Nov. 1.
10. Behlert O (1992) Gewebsreaktionen auf implantierte Transponder eines elektronischen Markierungssystems. Kleintierpraxis, 37. Jg., S 51-54
11. Bhuptani M, Moradpour S (2005) RFID Field Guide – Deploying Radio Frequency Identification Systems. Sun Microsystems Press, ISBN 0-13-185355-4
12. Datalogic (2000), Strichcode-Fibel. Datalogic S.p.A., Rel. 5.0, Datalogic Communication Division
13. Deutsche Bundespost (1989) Fernmeldetechnisches Zentralamt, Referat S 24:

Technische Richtlinie für Fernwirk-Funkanlagen kleiner Leistung des nichtöffentlichen mobilen Landfunks (nömL). FTZ 17 TR 2100

14. Dorn HJ (1987) Vorstellung des Euro-ID-Systems zur Kennzeichnung von Tieren mit Mikrochips in Transpondern. Tierärztliche Umschau, Nr. 42 (12), S 978-981
15. Erwin E, Kern C (2003) Radio-Frequency-Identification for Security and Media Circulation in Libraries. Library and Archival Security, Vol. 18 (2), pp 23-38, Haworth Press, Digital Object Identifier 10.1300/J114v18n02_04, ISSN: 0196-0075
16. Eichinger G, Semrau G (1993) Application of Small Lithium Batteries in Injectable Transponders. Symposium on Animal Monitoring and Identification – The European System AMIES, Frankfurt, pp 31-35
17. ESR (2005) History of DNA Analysis http://www.esr.cri.nz/features/esr_and_dna/history/index.htm
18. European Commission (2005) Idea Project http://idea.jrc.it/HOME.HTM
19. Fallon RJ, Rogers PAM (1991) Use and Recovery of Implantable Electronic Transponders in Beef Cattle. In: Automatic Electronic Identification Systems, Ed.: Lambooij, E., Commission of the European Communities, Report EUR 13198 EN, Luxemburg
20. Finkenzeller K (2002) RFID-Handbuch – Grundlagen und praktische Anwendungen induktiver Funkanlagen, Transponder und kontaktloser Chipkarten. Carl Hanser Verlag, München Wien
21. Flammann J (1995) Technische Laboruntersuchungen zur Optimierung der Tieridentifikation mit injizierbaren Transpondern. Diplomarbeit, Technische Universität München, Fakultät für Landwirtschaft und Gartenbau, Institut für Landtechnik
22. Fleisch E, Dierkes M (2003) Betriebswirtschaftliche Anwendungen des Ubiquitous Computing – Beispiele, Auswirkungen und Visionen. In: Mattern F (2003, Hrsg) Total vernetzt – Szenarien einer informatisierten Welt, S 143-157. Expert.Press, ISBN 3-540-00213-8, 2003, Springer Verlag Berlin Heidelberg New York
23. Fleisch E, Tellkamp C, Thiesse F (2004) Intelligente Waren beschleunigen Prozesse. IO New Management Nr. 12, S 28-31
24. Fryer TB (1979) The Advantages of Short Range Telemetry Through the Intact Skin for Physiological Meas-urements in Both Animals and Man. A Handbook on Biotelemetry and Radio Tracking, Eds.: Amlaner et al.. Proceedings of an International Conference on Radio Tracking in Biology and Medicine, Oxford, Pergamon Press, Oxford, New York, Sydney, Paris, Frankfurt
25. GIL-Stellungnahme Datenschutz

26. Gabel AA, Weisbrode SE, Knowles RC, 1988: Horse Identification: a Field Trial Using an Electronic Identification System. Journal of Veterinary Science, pp 172-175
27. IATA (1999) Empfehlung RP 1740C
28. ISO-Standard 15693 (2001): Part 1: Physical characteristics – Part 2: Air interface and initialization, Part 3: Anticollision and transmission protocol
29. ISO/IEC FDIS 18000-3:2003(E) Information Technology AIDC techniques - RFID for item management - air interface, -Part 3: Parameters for air interface communications at 13.56 MHz
30. Kaiser U, Steinhagen W (1994) A Low Power Transponder IC for High Performance Identification Systems. Proceedings of the CICC, Custom Integrated Circuits Conference, San Diego, USA
31. Kern C (1994) Möglichkeiten der Antennenanpassung zur Erkennung von injizierten Transpondern in der landwirtschaftlichen Prozeßtechnik. GME-Fachbericht Identifikationssysteme und kontaktlose Chipkarten, GME-Fachtagung, 4.-5. Mai, Frankfurt/Main, S. 111
32. Kern C, Pirkelmann H (1994) Application and Use of Injectable Transponders with Cattle. Report N. 94-C-081, XII CIGR World Congress and AgEng 94´ Conference on Agricultural Engineering, 29.Aug.-01.Sept., Milano, Italy.
33. Kern C, Pirkelmann H (1994) Einsatzerfahrungen mit injizierbaren Transpondern in der Rinder¬haltung. KTBL-LAV-Fachgespräch am 15.-16. März, Fulda, Arbeitspapier 205, S 36-49
34. Kern C, Schön H, Pirkelmann H (1995) Injizierbare Transponder – biologische und technische Maßnahmen zur sicheren Tiererkennung. Landtechnik 1/95, 50. Jg.,
35. Kern C, Wendl G (1997) Tierkennzeichnung – Einsatz elektronischer Kennzeichnungssysteme in der extensiven und intensiven Rinderhaltung am Beispiel von Deutschland und Australien. Landtechnik Heft 3
36. Kern C (1998) Technische Leistungsfähigkeit und Nutzung von injizierbaren Transpondern in der Rinderhaltung. Dissertation, Technische Universität München-Weihenstephan, Forschungsbericht Agrartechnik VDI-MEG 316, ISSN 0931-6264
37. Kern C (1999) RFID-Technologie – Bisherige Entwicklung und zukünftige Anforderungen. Smaid99, 4. Internationale Fachtagung für automatische Datenerfassung, 25.–26. März, Universität Dortmund
38. Kern, C (1999) Transponder als neue Schlüsseltechnologie zur automatischen Identifizierung von Objekten – wo liegen die Einsatzmöglichkeiten und Grenzen? Zukunftsforum, 14.–15. April, Friedrichsruhe
39. Kern C (1999) RFID-Technology – Recent Development and Future Require-

ments. Proceedings of the European Conference on Circuit Theory and Design ECCTD99, 30.Aug.-02.Sept., Stresa, Italy, Vol. 1, p 25–28
40. Kern C (1999) RFID-Technologie – bisherige Entwicklung und zukünftige Anforderungen. 16. Deutscher Logistik-Kongress, Hrsg. BVL Bundesvereinigung Logistik, 20.–22. Okt., Bd. 2, S 1341–1357
41. Kern C (1999) Transponder als Identifizierungssysteme – Stand der Technik und zukünftige Entwicklungen. Logistik Management, 1.Jg. 1999, Ausg. 3, S 221–225
42. Kern C (1999) Funkgestützte Rollenidentifikation. IFLA-Seminar Material Management, 23.–24. Juni, Darmstadt
43. Kern C (2000) Wissenswertes zur Transponder-RFID-Technologie – Funktionsprinzip und Einsatzbereiche. Konferenz der Deutschen Logistik Akademie DLA, Identifikationssysteme für die durchgängige Logistik. 22./23.02.2000, Bremen
44. Kern C, Geiges L (2000) Radio Frequency Identification in Security Applications – Function and Use in Modern Library Systems. PISEC-Conference on security applications, April 03.-04., Lisboa, Portugal
45. Kern C (2001) Für eine bessere Mehrweglogistik. Fracht und Materialfluss, März, S. 21–22
46. Kern C (2002) RFID - Benefits of an Open Advanced Technology for Libraries. 21st Annual Meeting of the Amicus – Dobis-Libis User Group, Madrid, Spain, Sept. 11-13., Newsletter of the Amicus-Dobis/Libis Users Group, Vol. 20, No. 2, November 2002, ISSN 0771-4009
47. Kern C (2002) Radio-Frequenz-Identifikation zur Sicherung und Verbuchung von Medien in Bibliotheken. ABI-Technik 22, H 3, S 248–255
48. Kern C, Weiss R. (2004) Zentrale und dezentrale Positionierung der Funktionseinheiten in der Bibliothek – Raumplanung für die Integration von RFID. ABI-Technik 24, H 2, S 135–139
49. Kern C (2004) Radio-Frequency-Identification for security and media circulation in libraries. The Electronic Library, Vol. 22, Nr. 4, 2004, pp 317–324. Emerald Group Publishing limited, ISSN 0264-0473
50. Kern C (2004) Der Spion im Buch? Wie realistisch sind Datenschutzbedenken in Bibliotheken? RFID-Forum 07/08. 2004, S 26–29
51. Kern C, Hotz G (2005) Standards für RFID in Bibliotheken – Diskussion eines Datenmodells. in Erscheinung. ABI-Technik, Deutschland
52. Kern C, Henner H (2005) Radio-Frequenz-Identifikation (RFID) – Patienten sicher identifizieren. Deutsches Ärzteblatt, Jg 102, H 20, S B1232-B1234

53. Kleist RA, Chapman TA, Sakai DA, Jarvis BS (2004) RFID Labelling – Smart Labelling Concepts and Applications for the Consumer Packaged Goods Supply Chain. Printronix Inc., 14600 Myford Rd., P.O. Box 19559, Irvine, CA 92623-9559, ISBN 0-9760086-0-2
54. Krempl S (2005) Privat war gestern. Die Zeit Nr. 8, 17.2.2005, S 23–25
55. Kühne U (2004) Joghurt an Kühlschrank: Bin abgelaufen! Süddeutsche Zeitung, 3./4. April 2004, Nr. 79, S 15
56. Lambooij E (1990) Das Injizieren eines Transponders in den Tierkörper zur Identifikation. In: Agrarinformatik, Band 20, Hrsg.: REINER, L. et al., Ulmer Verlag, Stuttgart, S 18-22
57. Maass H (2004) Interoperable NFC Solutions. Philips Reesearch Laboratories, Aachen, Germany
58. Mattern F (2003, Hrsg) Total vernetzt – Szenarien einer informatisierten Welt. Vom Verschwinden des Computers – die Vision des Ubiquitous Computing. Expert.Press, ISBN 3-540-00213-8, 2003, Springer Verlag Berlin Heidelberg New York
59. Molnar, D.; Wagner, D.: Privacy and Security in Library RFID Issues, practices and Architectures. CCS ,04, October 25–29, 2004, Washington, DC, USA
60. Motorola Inc. (1999) Bistatix Technology. White Paper
61. Müller, D.: Der globale RFID-Standard für die Supply Chain – Aufbau, Möglichkeiten und Grenzen. EAN Schweiz, Fachseminar RFID – Radio Frequency Identification, 26.1.2005, Gottfried Duttweiler Institut (GDI), Rüschlikon, Schweiz
62. Nickel, R. und A. Schummer, E. Seiferle,1984: Lehrbuch der Anatomie der Haustiere. Verlag Paul Parey, Band 1, 5. Auflage, S. 267
63. Oertel, B.; Wölk, M; Hilty, L.; Köhler, A.; Kelter, H.; Ullmann, M.; Wittmann, S.: Risiken und Chancen des Einsatzes von RFID-Systemen. Bundesamt für Sicherheit in der Informationstechnik, Godesberger Allee 185-189, 53175 Bonn, 2004, ISBN 3-922746-56-X
64. Pflaum A, Grün T, Bernhand J (2005) Verschmelzung von Lokalisierungs- und Identifikationstechnologien. Beitrag zum Aufbau einer technologischen Roadmap für die Weiterentwicklung der RFID-Technologie. http://www.m-lab.ch/rfid-workshop/fraunhofer_iis_paper.pdf
65. Pirkelmann H, Kern C (1992) Entwicklungsstand der injizierbaren Transponder. BML-Arbeitstagung, 31.März-01. April, Göttingen, Hrsg. KTBL, Arbeitspapier 167, S 125-130
66. Pirkelmann H, Wendl G, Kern C (1992) Elektronische Tieridentifizierung als Voraussetzung für den Einsatz rechnergesteuerter Verfahren in der Tierhaltung. AEL-HEA-KTBL-Vortragstagung, 29. April, Würzburg, KTBL-Arbeitspapier 170, S 9-19

67. Pirkelmann H, Kern C (1994) Aktueller Stand der elektronischen Tierkennzeichnung. BML-Arbeitstagung 22.-23. März, Stuttgart-Hohenheim, Hrsg. KTBL, Arbeitspapier 202, S 108-113
68. Plotzke O, Stenzel E, Frohn O (1994) Elektromagnetische Exposition an elektronischen Sicherungsanlagen. Eine Studie in Berliner Kaufhäusern. Bundesanstalt für Arbeitsmedizin, Forschungsgesellschaft für Energie und Umwelttechnologie – FGEU mbH, Berlin
69. Ruprecht, H.: Physikalische Einflüsse und praktische Aspekte zur Kennzeichnung von Paletten mit UHF-Transpondern. Vortrag Metro AG, Düsseldorf, 12.2004
70. Sander R (2004) EPC Technology: Solutions and Market Outlook for Smart Labels with a New Technology. ID-World International Congress 17.–19. Nov., Barcelona, Spain
71. Schön H (1992) Rinderhaltung. 14. Hülsenberger Gespräche, S 89–107, http://www.schaumann-stiftung.de/deutsch/13/pb.php3
72. Schürmann J (2000) Information Technology – Radio Frequency Identification (RFID) and the world of radio regulations. ISO Bulletin, May, p. 3–4
73. Soreon (2005) http://www.soreon.de/
74. Stewart AL (2004) The Growing Role of Biometric Fingerprints for Security and Access Control in Today's Mobile Society. ID-World International Congress, Barcelona, Spain, 17.–19. Nov.
75. Stäubli M, Suter J (2004) Die Komplikationenliste der Schweizerischen Gesellschaft für Innere Medizin. Schweizerische Ärztezeitung, Nr 21, S 1109-1116
76. Texas Instruments Inc., 1999: Antenna Reference Guide, Haggerty Straße 1, D-85350 Freising
77. US-Patent 5291560, Biometric personal identification system based on iris analysis
78. Vincenz M (2003) Möglichkeiten und Grenzen heutiger Transpondertechnologien in der Logistik. VDI-Bericht Nr. 1744, 12. Deutscher Materialflusskongress
79. Wampfler HR 2003) Mediensicherung in Bibliotheken. SAB-Info-CLP 2, S 21-24
80. Wilhelm J (1989) Elektromagnetische Verträglichkeit (EMV)., Hrsg. Bartz WJ, Bd 41, Expert Verlag, Ehningen

Index